量子力学

主　编　刘　蓉　刘王云　李亚清

U0279066

华中科技大学出版社
中国·武汉

内容简介

本书根据国家战略发展方向，结合“厚基础、宽口径、显特色、强实践”的工程技术人才培养需求，以及“新工科”背景下的教学改革要求，由浅入深地介绍了量子力学的相关知识。第1章介绍原子物理学的理论基础知识；第2、3章介绍量子力学建立的背景与意义，并构建量子力学理论框架；第4章系统介绍波动力学；第5、6章详细阐述矩阵力学；第7至10章深入探讨微扰理论、自旋与全同粒子、量子跃迁理论以及散射理论。

与现有的量子力学教材相比，本书系统讲授量子力学的基本原理和计算方法，重点培养学生抽象思维能力、逻辑推理能力和采用量子理论方法分析与研究问题的能力；同时，本书注重理论联系实际，引入与量子力学有关的前沿技术与应用，例如激光技术、量子通信、量子计算机等，培养学生的科学探索精神以及解决问题的能力。此外，为打造立体化教材，本书配套了MOOC在线课程等教学资源，以方便学生学习。

本书可作为理工科本科教学用书，也可作为非物理专业研究生和各类科技人员的参考用书。

图书在版编目(CIP)数据

量子力学/刘蓉，刘王云，李亚清主编. —武汉：华中科技大学出版社，2023.12
ISBN 978-7-5772-0102-3

Ⅰ.①量…　Ⅱ.①刘…　②刘…　③李…　Ⅲ.①量子力学-高等学校-教材　Ⅳ.①O413.1

中国国家版本馆CIP数据核字(2023)第246209号

量子力学
Liangzi Lixue

刘　蓉　刘王云　李亚清　主编

策划编辑：王　勇
责任编辑：杨赛君
封面设计：廖亚萍
责任监印：周治超
出版发行：华中科技大学出版社(中国·武汉)　　电话：(027)81321913
武汉市东湖新技术开发区华工科技园　　邮编：430223
录　　排：武汉三月禾文化传播有限公司
印　　刷：武汉市洪林印务有限公司
开　　本：787mm×1092mm　1/16
印　　张：14
字　　数：345千字
印　　次：2023年12月第1版第1次印刷
定　　价：45.00元

本书若有印装质量问题，请向出版社营销中心调换
全国免费服务热线：400-6679-118　竭诚为您服务
版权所有　侵权必究

前　言

第四次工业革命的到来，彻底改变了人类社会的发展进程，不同于前三次工业革命——蒸汽技术革命、电力技术革命、计算机及信息技术革命，只是在某个单独领域发展，进而带动社会发展，第四次工业革命是一个全方位爆发的以量子信息技术、人工智能、新材料技术、分子工程、虚拟现实、可控核聚变、清洁能源以及生物技术等为技术突破口的工业革命，是人类社会发展进程中的一个拐点。因此，在进入新时代之际，我们面临时代巨变，而这个巨变将会给我们提供一个大的舞台。伴随着新技术的诞生、数字技术的涌现，新赛道出现了，这将决定一个国家、一个民族在这个时代的发展进程。能否开辟新赛道、引领新赛道、做这个时代的弄潮儿，将考验着我们每一个有志于报效国家的人。新时代意味着新征程，新征程需要先进的技术，更需要勇气、胆识、科学思维；需要用超前的眼光和魄力规划未来，更需要我们脚踏实地做好当下的工作，勇于接受新时代、新赛道、新征程带给我们的新挑战。

量子力学是研究微观粒子结构与运动规律的学科，与相对论并称为20世纪物理学的两个划时代的里程碑。量子力学的创立，揭示了微观世界中物质的结构、运动与变化规律，是20世纪人类文明发展的一个重大飞跃，造就了20世纪人类科学技术的辉煌，引发了一系列划时代的科学发现与技术发明，推动了原子能技术、航天航空技术、电子技术等的发展，并开辟了光子技术的诞生之路，将人类社会推进了信息时代。基于量子力学发展起来的高科技，例如激光器、半导体芯片和计算机、电子通信、核磁共振成像、核能发电等，其产值在发达国家国民生产总值中目前已超过30%。除了量子信息领域之外，量子力学正逐步渗透到各个科学领域，并导致交叉领域的重大进展，量子生物学、量子生命科学、量子神经网络、量子化学、量子材料科学、量子信息科学、量子计算机科学等学科应运而生，未来还将在以下领域发挥极其重要的作用。

(1) 量子信息技术：量子计算、量子通信和量子密码学是当前的热门研究方向。量子计算能够极大地提高计算机处理速度和解决复杂问题的能力，量子通信能够实现绝对安全的通信，量子密码学则能够有效地抵御信息被窃听和攻击。量子信息技术的发展将在未来的科技竞赛中占据极为重要的地位，其成果将直接影响国家安全和科技创新水平。

(2) 量子材料与器件：随着量子物理的不断发展和深入，许多具有特殊功能和性能的量子材料得到了研究并被应用到实际工程中。量子点、量子阱和量子线等低维结构材料表现出的量子限制效应能够被用来制造高性能传感器、超导器件和高光谱成像仪等器件，这些器件对于提高生产效率和加快制造业发展具有重要意义。

(3) 量子能源：量子物理研究为能源转换和存储技术提供了新的思路。基于量子点的太阳能电池将太阳能转换成电能的效率大大提高，而基于超导性质的储能技术也有望实现高效率、低损耗的电能存储。这些能源技术能够提高能源的利用效率，实现可持续发展的目标。

(4) 量子医学：量子物理研究能够为医学领域提供新的视角，加速疾病的治疗进程。例如，使用表面等离激元共振实现精准药物运输，使用量子点实现更高分辨率的生物成像，可以提高疾病诊断和治疗的准确性。

量子技术的应用广泛，影响深远，这些技术在科技创新和科技强国战略中占据着重要位置。正如党的二十大报告中所阐述的："基础研究和原始创新不断加强，一些关键核心技术实现突破，战略性新兴产业发展壮大，载人航天、探月探火、深海深地探测、超级计算机、卫星导航、量子信息、核电技术、新能源技术、大飞机制造、生物医药等取得重大成果，进入创新型国家行列。""必须坚持科技是第一生产力、人才是第一资源、创新是第一动力，深入实施科教兴国战略、人才强国战略、创新驱动发展战略，开辟发展新领域新赛道，不断塑造发展新动能新优势。"党的二十大报告强调了创新的重要性以及创新型国家需要拥有先进的技术和工具、高质量的人才、完善的制度和法规体系等方面。量子力学作为现代科技的重要基石，对推动科技创新和实施科技强国战略有着至关重要的作用。相信量子力学在未来的应用领域中将得到更广泛的应用，把人类社会带入一个更加美好的时代。

为贯彻落实党的二十大精神，更好地培养造就大批爱党报国、敬业奉献、德才兼备的高素质人才，本书紧紧围绕人才培养根本任务，坚持立德树人，夯实"以本为本"，积极探索新时代大学生课程思政教育教学，开拓"课程思政"与"思政课程"同频同向、交互融合的有效路径。本书介绍了先破后立的哲学认识论和方法论，让学生从理论知识中体会辩证唯物主义思想；结合吴有训、王之江、潘建伟等科学家的先进事迹，介绍物理学者精益求精的科学精神和创新精神；从"墨子号"量子通信卫星联想到中国航天工程名字的文化含义，展示博大精深的中国传统文化，增强文化自信、民族自信，体现了中国人精益求精的工匠精神。通过有机融入人物事迹、专业背景、学科内涵、工程案例、时事政治等内容，本书将理想信念、我国社会主义核心价值观、中华优秀传统文化等课程思政元素引入课堂教学，实现从知识层面到素质层面和价值认同的跃升，实现价值引领、知识教育和能力培养的有机统一，达到专业入脑、家国入心、润物无声的育人效果。

本书针对理工科院校学生，构建以"旧量子论—波动力学—矩阵力学"为主线的量子力学知识体系，阐述量子力学的基本原理和计算方法，引入了量子物理方面的最新研究成果，介绍了激光技术、量子通信、量子计算机、量子纠缠等前沿技术，培养学生的科学探索精神以及解决问题的能力，是一本具备较强的理论性、应用性和前沿性的量子力学教材。本书在内容组织方面，沿着量子力学历史发展路线，围绕体系状态波动性和粒子性共存、力学量取值有连续性和不连续性(即粒子和量子)概念的形成及应用这两条主导思想展开。本书前三章为原子物理学基础、经典物理学的困难与量子力学的建立、量子力学概述，用接近科普著作的笔法，先建立量子力学的总体思路和发展历程，以更加符合学生的思维规律，同时也为教师针对不同的教学对象和不同的课时要求提供一个弹性空间，可供学生自学阅读或者复习总结。每章前面给出本章内容提要、教学目标，后面配置习题，帮助学生理解和巩固量子力学的物理原理及概念，使学生在进行数学推导计算时保持物理思维。

希望学生通过本书的学习，可以达到两个目的：第一是建立物理思维，用物理学知识和思维方法研究物质运动特性；第二是建立创造性思维，量子力学突破性的成果和物理学前辈们开创性的工作，特别是量子力学这门理论的产生，是物理学史上罕见的精彩篇章，也是一代物理学精英们智慧和创造性思维的记载。

周世勋先生所著的《量子力学教程》是笔者学习量子力学的启蒙教材，曾谨言教授所著的《量子力学》、钱伯初教授编著的《量子力学》、苏汝铿教授编著的《量子力学》、张永德教授著的《量子力学》、井孝功教授编著的《量子力学》、Hiseng Song 的 *Quantum Mechanics*、P. A. M. Dirac 的 *Quantum Mechanics* 和 Fayyazuddin、Riazuddin 的 *Quantum Mechanics* 等书是笔者学习和理解量子力学的重要教材。这些著作为笔者学习和研究量子理论和量子信息学等奠定了坚实的基础，也为笔者编写本书积累了必要的知识。借此机会，向这些著作的作者表示诚挚的敬意和感谢！

本书共十章。第 1 章介绍原子物理学基础的理论知识；第 2 章总结经典物理学的困难与量子力学建立的原因；第 3 章构建量子力学理论体系，阐述学习量子力学的意义；第 4 章以状态波函数和薛定谔方程为抓手，系统介绍波动力学；第 5、6 章引入算符概念，系统介绍矩阵力学；第 7 章探讨微扰理论；第 8 章详细介绍自旋与全同粒子的基础理论知识；第 9 章深入分析量子跃迁理论；第 10 章介绍散射理论。

本书由刘蓉、刘王云、李亚清担任主编，具体编写分工如下：第 1 章由李亚清编写，第 2～5 章、第 8～10 章由刘蓉编写，第 6、7 章由刘王云编写，全书由刘蓉统稿。董威、侯宏录两位教授对本书提出宝贵意见，张林松、卜庆泽、袁磊参与本书的整理和校对工作，冯瀚霆参与绘图工作，在此对以上人员一并表示衷心的感谢！

本书的内容架构、组织和许多概念的阐述都是基于笔者学习和讲授量子力学的体会，鉴于笔者的水平和知识有限，书中不妥之处在所难免，恳请同人和读者批评指正。

刘蓉

2023 年于西安

二维码索引

名称	二维码	页码	名称	二维码	页码
2-1 经典物理学的成功与困难		14	4-1 波函数的引入与统计解释		58
2-2 黑体辐射实验与普朗克能量量子化假说		22	4-2 量子态叠加原理		63
2-3 原子线状光谱与玻尔的原子结构量子理论		29	4-3 薛定谔方程		67
2-4 微粒的波粒二象性与德布罗意波		33	4-4 定态薛定谔方程		70
3-1 量子力学概述		45	4-5 一维无限深方势阱		72

续

名称	二维码	页码	名称	二维码	页码
4-6 粒子数守恒定律——再论波函数的性质		89	5-5 算符与力学量的关系		113
5-1 表示力学量的算符(上)		98	5-6 共同本征态定理与不确定关系		114
5-2 表示力学量的算符(下)		102	6-1 态的表象		128
5-3 动量算符和角动量算符		106	6-2 算符的矩阵表示		132
5-4 厄米算符本征函数的性质		110	6-3 量子力学公式的矩阵表示		132

续

名称	二维码	页码	名称	二维码	页码
6-4 幺正变换		134	7-3 态的叠加应用——量子通信与“墨子号”		166
7-1 非简并定态微扰理论		153	9-1 激光技术		189
7-2 简并条件下的定态微扰理论		156	9-2 激光雷达的最大作用距离		191

目　录

第 1 章　原子物理学基础 …… (1)

1.1　原子的壳层结构 …… (2)

1.2　原子的能级 …… (3)

1.3　泡利不相容原理 …… (5)

知识拓展 …… (6)

思政小课堂 …… (9)

人物介绍 …… (9)

习题 …… (12)

第 2 章　经典物理学的困难与量子力学的建立 …… (13)

2.1　经典物理学的成功之处 …… (14)

2.2　经典物理学的困难 …… (15)

2.3　黑体辐射实验与普朗克能量量子化假说 …… (22)

2.4　光电效应实验与爱因斯坦的光量子理论 …… (25)

2.5　原子线状光谱与玻尔的原子结构量子理论 …… (29)

2.6　微粒的波粒二象性与德布罗意波 …… (33)

知识拓展 …… (35)

思政小课堂 …… (39)

人物介绍 …… (39)

习题 …… (44)

第 3 章　量子力学概述 …… (45)

3.1　量子的本质 …… (45)

3.2　量子力学的发展 …… (46)

3.3　量子力学的理论框架 …… (48)

3.4　量子力学的科学意义 …… (51)

人物介绍 …… (54)

习题 …… (57)

第 4 章　波动力学 ………………………………………………………… (58)
4.1　波函数的引入与统计解释………………………………………… (58)
4.2　量子态叠加原理………………………………………………… (63)
4.3　薛定谔方程……………………………………………………… (67)
4.4　定态薛定谔方程的求解实例…………………………………… (72)
4.5　粒子数守恒定律——再论波函数的性质………………………… (89)
知识拓展 ……………………………………………………………… (92)
人物介绍 ……………………………………………………………… (95)
习题 …………………………………………………………………… (95)

第 5 章　力学量与算符 ……………………………………………………… (97)
5.1　表示力学量的算符………………………………………………… (98)
5.2　动量算符和角动量算符 ………………………………………… (106)
5.3　厄米算符本征函数的性质 ……………………………………… (110)
5.4　算符与力学量的关系 …………………………………………… (113)
5.5　共同本征态定理与不确定关系 ………………………………… (114)
知识拓展……………………………………………………………… (118)
思政小课堂…………………………………………………………… (123)
人物介绍……………………………………………………………… (125)
习题…………………………………………………………………… (126)

第 6 章　表象理论…………………………………………………………… (127)
6.1　态和算符的表象 ………………………………………………… (128)
6.2　矩阵力学的表示 ………………………………………………… (132)
6.3　幺正变换 ………………………………………………………… (134)
6.4　狄拉克符号 ……………………………………………………… (138)
知识拓展……………………………………………………………… (144)
思政小课堂…………………………………………………………… (149)
人物介绍……………………………………………………………… (151)
习题…………………………………………………………………… (152)

第 7 章　微扰理论…………………………………………………………… (153)
7.1　非简并定态微扰理论 …………………………………………… (153)

7.2　简并条件下的定态微扰理论 …… (156)
7.3　变分法 …… (158)
7.4　含时微扰理论 …… (161)
7.5　含时微扰论与定态微扰论的关系 …… (162)
知识拓展 …… (164)
思政小课堂 …… (166)
人物介绍 …… (168)
习题 …… (168)

第 8 章　自旋与全同粒子 …… (169)
8.1　电子自旋 …… (169)
8.2　电子的总角动量 …… (171)
8.3　碱金属光谱的精细结构与塞曼效应 …… (173)
8.4　全同粒子 …… (177)
人物介绍 …… (179)
习题 …… (179)

第 9 章　量子跃迁理论 …… (181)
9.1　量子态随时间的演化 …… (181)
9.2　含时微扰与量子跃迁 …… (182)
9.3　光的吸收与辐射的半经典理论 …… (184)
知识拓展 …… (189)
思政小课堂 …… (191)
人物介绍 …… (195)
习题 …… (197)

第 10 章　散射理论 …… (198)
10.1　散射现象 …… (199)
10.2　玻恩近似 …… (200)
10.3　分波法 …… (203)
10.4　全同粒子散射 …… (207)
习题 …… (209)

参考文献 …… (210)

第1章　原子物理学基础

以“原子”作为物质组成基本单元的假说起源于古希腊哲学。两千多年前，原子论创始者琉息帕斯(Leucippus)和德谟克利特(Democritus)提出：万物都是由“原子”组成的，它们在物理上是不可再分割的，是组成物质的最小单元。但是，差不多同时代的亚里士多德(Aristotle)、阿那萨古腊(Anaxagoras)等人却反对这种物质的原子观，认为物质是连续的，可以无限制地分割下去。这种观点在中世纪时占优势。但是，随着实验技术的发展，物质的原子观在16世纪之后，又为人们所接受，著名学者伽利略(Galileo Galilei)、笛卡儿(René Descartes)、玻意耳(Robert Boyle)、牛顿(Isaac Newton)都支持这种观点。

现代原子概念是在20世纪初形成的，它是随着近代物理学的发展而逐步发展起来的，并形成新的学科——原子物理学。1833年，法拉第(Michael Faraday)提出电解定律：1 mol任何原子的单价离子永远带有相同的电量，这个电量就是法拉第常数F，其值是法拉第在实验中首次确定的。1874年斯通尼(G. J. Stoney)明确指出，原子所带的电荷为一基本电荷的整数倍，并用阿伏伽德罗常数推算出这一基本电荷的近似值，于1881年提出用“电子”这一名称来命名这些电荷的最小单位。1897年，汤姆孙(J. J. Thomson)通过实验发现电子，证明了在原子内部存在比原子小得多的微粒。随后大量实验事实表明：原子是物质结构的一个层次，它可以继续分割下去。原子的内部结构组成、组成原子的微粒的状态及其运动规律是原子物理学研究的主要问题。

本章主要介绍原子的壳层结构、原子的能级和辐射，以及泡利不相容原理，重点理解原子结构和能级理论，为学习量子力学奠定重要的理论基础。

【知识目标】

1. 掌握原子的壳层结构以及原子的能级理论；
2. 理解泡利不相容原理。

【能力目标】

学习和了解原子物理学的理论，并能够运用原子物理学定性、定量表示方法分析微观粒子运动规律。

【素质目标】

能够使用辩证唯物主义思想，以精益求精的科学态度，正确认识问题、分析问题和解决问题。

1.1 原子的壳层结构

1.1.1 量子数的表示方法

元素的性质取决于原子的结构，也就是原子中电子所处的状态。电子状态可通过下列四个量子数来表示。

(1) 主量子数 n　$n=1,2,3,\cdots$，代表电子运动区域的大小和它的总能量的主要部分，运动区域若按轨道描述就是轨道的大小。

(2) 轨道角动量量子数 l　$l=0,1,2,3,\cdots,n-1$，代表轨道的形状和轨道角动量，也同电子的能量有关。

(3) 磁量子数 m_l　$m_l=l,l-1,\cdots,0,\cdots,-l$，代表轨道在空间的可能取向，也代表轨道角动量在某一特殊方向(例如磁场方向)的分量。

(4) 自旋量子数 m_s　$m_s=\pm\dfrac{1}{2}$，代表电子自旋的取向，也代表电子自旋角动量在某特殊方向(例如磁场方向)的分量。

设想原子处于很强的磁场中，电子间的耦合以及每一个电子的自旋同轨道运动的耦合都被解脱，每一个电子的轨道运动和它的自旋的取向对外磁场各自量子化，因而上述 m_l 和 m_s 就成为描述运动的参数，再结合 1.1.2 节量子态上容纳电子数的计算，就可以按照上述四个量子数来推断原子中的电子组态。以钠原子为例，钠原子核外有 11 个电子，其电子组态表示为 $(1s)^2(2s)^2(2p)^6(3s)^1$。

1.1.2 量子态上容纳的电子数

在原子中具有相同主量子数 n 的电子构成一个壳层。一个壳层根据轨道角动量量子数 l 值的不同，又可以进一步划分为不同的次壳层。下面，针对每一个壳层和次壳层可能容纳的最多电子数进行推算。为了方便表示，当 $l=0,1,2,3,\cdots$ 时，分别用符号 s，p，d，f，… 来表示其状态。

考虑具有相同主量子数 n 和轨道角动量量子数 l 的电子所构成的一个次壳层可以容纳的最多电子数。对于一个轨道角动量量子数 l，可以有 $2l+1$ 个磁量子数 m_l 取值；对于每一个磁量子数 m_l，又有两个自旋量子数 m_s 取值，即 $m_s=\pm\dfrac{1}{2}$。由此可推算，每一个轨道角动量量子数 l，可以有 $2(2l+1)$ 个不同的状态。也就是说，每一个次壳层可以容纳的最多电子数 $N_l=2(2l+1)$。

考虑具有相同主量子数 n 的电子所构成的一个壳层最多可以容纳的电子数。对于一个主量子数 n 值，可以有 n 个轨道角动量量子数 l，l 取值分别为 $0,1,2,\cdots,n-1$，表示有 n 个可能的状态。根据泡利不相容原理(将在 1.3 节中详述)，一个壳层最多可以容纳的电子数是

$$N_n=\sum_{l=0}^{n-1}2(2l+1)=2\times[1+3+5+\cdots+(2n-1)]=2n^2 \tag{1-1}$$

以上结论是在原子处于很强的磁场中这一假定下推得的。假设磁场较弱，但每个电子的自旋与其轨道运动之间的耦合不可忽略，形成一个总角动量 p_j。这时描述电子态的量子数不再是上述四个量子数，而是 n、l、j、m_j 这四个量子数。$m_j=j,j-1,\cdots,-j$，共有 $2j+1$ 个，代表电子的总角动量的取向，也就是总角动量在某特殊方向的分量。现在再推算每一个次壳层和每一个壳层可以容纳的最多电子数。

对于每一个 j，有 $2j+1$ 个 m_j。对于每一个 l，有两个 j，即 $j=l\pm\frac{1}{2}$。所以每一次壳层可能的状态数即可以容纳的最多电子数是

$$N_l=\left[2\left(l+\frac{1}{2}\right)+1\right]+\left[2\left(l-\frac{1}{2}\right)+1\right]=2(2l+1) \tag{1-2}$$

那么每一壳层可以容纳的最多电子数也就是式(1-2)取不同 l 的数值的总和，仍然是 $2n^2$。

由此可知，磁场的强弱不影响原子各层可以容纳的最多电子数。即使没有磁场，原子中各电子的轨道运动之间的相对取向也会量子化。只要有一个电子，它的轨道运动就会产生磁场，这时就为其他电子提供了一个特殊方向，其他电子的轨道运动相对于这个电子的轨道运动的取向就会量子化，又因为每一个电子自旋相对于其本身的轨道运动也有两个取向，因此 m_l 和 m_s 两个量子数分别代表轨道运动和自旋可能的取向的描述仍有效。只是它们现在代表的是原子中各电子运动的相对取向，但这不影响状态数的计算，因而也不影响关于每一壳层和次壳层可以容纳的最多电子数的结论。在没有磁场的情况下，对外当然不发生取向的问题。

根据上述结论，各壳层可以容纳的最多电子数如表 1-1 所示。从表 1-1 中可以看到，主壳层可以容纳的最多电子数依次是 2、8、18、32、50、72，这显然同元素周期表中各周期的元素数有关。然而我们都知道，各周期的元素数依次是 2、8、8、18、18、32，与上面计算的各壳层可容纳的最多电子数非常相似，但不完全符合。可以肯定的是，原子中的电子形成壳层和次壳层，每层有一定的最多电子数。综上，我们已经窥见了原子内部结构的一个轮廓。

表 1-1　各壳层可以容纳的最多电子数

主壳层(n)	1	2		3			4				5					6					
最多电子数($2n^2$)	2	8		18			32				50					72					
次壳层(l)	0	0	1	0	1	2	0	1	2	3	0	1	2	3	4	0	1	2	3	4	5
最多电子数($2(2l+1)$)	2	2	6	2	6	10	2	6	10	14	2	6	10	14	18	2	6	10	14	18	22

1.2　原子的能级

从前面的讨论中，我们知道一个原子可以处于不同状态，而每个状态具有一定的内部能量。在能量空间中，不同状态的能量态是彼此分立的，称为能级，将原子内部能量最低的状态称作基态。处于基态的原子可以吸收能量而跃迁到较高能量的状态，这个过程称作原子的激

发，较基态能量更高的状态称作激发态。原子可以从激发态跃迁回基态或其他较低的能态，并通过一定的辐射形式释放出能量。如果是以光辐射形式释放能量，则释放出的能量相当于一个光子的能量 $h\nu$，其大小等于激发态与基态的能级差。下面将分别讨论原子被激发和释放能量等有关问题。

1.2.1 原子同其他粒子的碰撞

我们讨论的碰撞问题包括原子同原子的碰撞和原子同分子的碰撞。当两个粒子碰撞时，如果只有粒子平移能量的交换，也就是说，内部能量不变，这称为弹性碰撞。当两个粒子碰撞，原子或分子的内部能量有增减，也就是说，粒子的平移能量和内部能量间有转变，这称为非弹性碰撞。在这个过程中，如果一部分平移能量转变为内部能量，使原子或分子被激发，那就称作第一类非弹性碰撞。例如，弗兰克-赫兹实验中的情况就属于第一类非弹性碰撞。若在碰撞时原子或分子的内部能量减小，释放的能量部分转变为平移能量，那就称为第二类非弹性碰撞。

当粒子的平移动能较小时，它们之间只能有弹性碰撞。当碰撞粒子的平移动能足够大，原子能够吸收能量从原有的低能级激发到高能级，就可能发生第一类非弹性碰撞。当一个高能级的原子同另一个粒子碰撞，如果两个粒子动能不大，就有可能发生第二类非弹性碰撞，使原子从高能级跃迁到低能级，能量差值转变为粒子的动能。这里谈到，原子能量的释放可以通过碰撞实现，使释放的能量成为粒子运动的动能。

粒子的碰撞是满足力学上的能量守恒和动量守恒定律的。因此两个粒子的碰撞一般不能把它们的全部外部动能变为内部能量，碰撞后仍会保留一部分动能以满足动量守恒定律。但当运动的电子与静止的原子碰撞时，由于电子的质量小，该碰撞有可能使电子的全部动能转变成原子的内能。所以从动能的利用来考虑，用电子碰撞来激发原子比用原子或分子碰撞更有利。

1.2.2 原子在各能级的分布

一个原子的各个状态和相应的各个能级是指该原子的可能状态和相应的一定能量。在某一时刻，一个原子只能处在某一状态。但进行具体观察时，由于观察对象是大量原子，观察到的是大量原子同时分布在不同的状态，例如我们可通过光谱仪同时观测到多条光谱线，这是不同原子从不同的能级跃迁到其他能级的结果。而光谱线的强弱反映了参与发射不同谱线的原子数的多少。

大量原子互相碰撞，彼此交换能量，有些会被激发到较高能级，有些则跃迁到较低能级，当达到动态平衡时，在各个状态的原子数 N_i 取决于该状态的能量 E_i 及其温度 T，它们的关系可表达如下：

$$N_i \propto e^{-\frac{E_i}{kT}} \tag{1-3}$$

式中，k 是玻尔兹曼(Boltzmann)常数，T 是该原子系统所处的绝对温度，其分布规律满足玻尔兹曼分布。如果几个状态具有相同的能量，那么这一能级是简并的，式(1-3)修改为

$$N_i \propto g_i e^{-\frac{E_i}{kT}} \tag{1-4}$$

式中，因子 g_i 称为简并度，其数值表示简并在一起的状态数。根据式(1-3)和式(1-4)所表示的平衡条件下各状态原子数的分布规律可得出，能级愈高，原子数愈少，故基态上的原子数最多。

1.3　泡利不相容原理

1.3.1　历史回顾

玻尔在提出氢原子的量子理论之后，就致力于元素周期表的解释研究。他根据周期性的经验规律及光谱性质得到：当原子处于基态时，不是所有的电子都能处于最内层的轨道。他特别讨论了氦原子最内层轨道的"填满"问题，并认为这与氦原子光谱中存在两套互无关联的光谱的奇怪现象有本质的关系。至于为什么在每一轨道上只能放有限数目的电子，玻尔只是猜测："只有当电子和睦相处时，才可能接受具有相同量子数的电子，否则就厌恶接受。"

泡利是一个伟大的评论家和严肃的人，他并不喜欢这种牵强的解释。早在1921年，年仅21岁的泡利读到玻尔在《结构原则》一文中所写的"我们必须期望第11个电子(钠)跑到第三个轨道上去"时，泡利写下了有两个惊叹号的批注："你从光谱得出的结论一点也没有道理啊!!"他已意识到，在这些规律性现象的背后隐藏着一个重要的原理。

过了四年，泡利在仔细地分析了原子光谱和强磁场内的塞曼效应之后，明确地建立了泡利不相容原理，使玻尔对元素周期表的解释有了牢固的基础。1940年，泡利又证明了泡利不相容原理对自旋为半整数的粒子不是附加的新原理，而是相对论波动方程结构的必然结果。

1.3.2　原理阐述

泡利提出不相容原理是在量子力学产生之前，也是在电子自旋假设提出之前。他发现，在原子中要完全确定一个电子的能态，需要四个量子数并提出不相容原理：在原子中，每一个确定的电子能态上，最多只能容纳一个电子。原来已经知道的三个量子数(n,l,m_l)，只与原子绕原子核的运动有关，第四个量子数表示电子本身还有某种新的性质。泡利当时就预言：它只可取双值，且不能被经典物理理论所描述。

在乌仑贝克-古兹密特提出电子自旋假设后，泡利的第四个量子数就确定为电子自旋量子数 m_s，它可以取 $\pm\frac{1}{2}$。于是，泡利的不相容原理描述为：在一个原子中不可能有两个或两个以上的电子具有完全相同的四个量子数(n,l,m_l,m_s)。换言之，原子中的每一个状态只能容纳一个电子。泡利不相容原理是微观粒子运动的基本规律之一。这一原理可以在经典物理理论中找到某种相似的比喻，例如，两个小球不能同时占据同一个空间——牛顿的"物质的不可穿透性"。应用泡利不相容原理，就可以解释原子内部的电子分布状况和元素周期律。

后来发现，这一原理可以更普遍地表述为：在费米子(即自旋角动量为 $\hbar/2$ 的奇数倍的微观粒子，如电子、质子、中子等)组成的系统中，不能有两个或更多的粒子处于完全相同的状态。

泡利不相容原理所反映的这种严格的排斥性的物理本质是什么？至今还是物理学界未完全解开的一个谜。

知识拓展

X 射 线

X 射线是高速运动的电子束轰击在物质上产生的，X 射线谱的某些特性反映了原子内部结构情况，因而很快被应用于医疗和金属探伤。X 射线又称伦琴射线，是德国物理学家伦琴（W. C. Röntgen）于 1895 年发现的，它与 1896 年天然放射性及 1897 年电子的发现一起，拉开了近代物理的序幕。

考虑到 X 射线的神秘性及其本性的不确定性，人们将其命名为 X 射线。后来证实，这种射线实际上是核外电子产生的短波电磁辐射。X 射线是人眼看不见的，其穿透能力比普通光强，能使某些晶体产生荧光，使照相底片感光，还能使气体电离，它的本质是一种波长很短的电磁波。其中，波长大于 1 Å 的 X 射线叫软 X 射线，波长小于 1 Å 的 X 射线叫硬 X 射线。X 射线具有光的一切特性，比如也会发生反射、折射、干涉、衍射、偏振等现象。

1. X 射线的发现及其产生装置

（1）X 射线的发现。

1895 年 11 月 8 日，伦琴在暗室里做阴极射线管中气体放电的实验时，为了避免紫外线与可见光的影响，特意用黑色纸板把阴极射线管包了起来。但伦琴却发现，在一段距离之外的荧光屏上（涂有铂氰酸钡）竟出现微弱的荧光。经反复实验，他肯定激发这种荧光的东西来自阴极射线管，但绝不是阴极射线本身。在接下来的一个多月内，伦琴对这一神秘的射线进行了一系列的研究，并发现它们以直线前进，不被反射或折射，不被磁场偏斜，在空气中能前进约 2 m。不久后，他又发现了这种射线的穿透性，它能对放在闭合盒子中的天平、鸟枪的轮胴照相；他还在这些照片上观察到他夫人的手指骨的轮廓。

伦琴在 1895 年底宣读了他的第一篇报告《论新的射线》，并公布了他妻子手指骨的 X 光相片。伦琴的发现很快引起全世界的强烈反响，许多国家的实验室重复这一实验，单在 1896 年就发表近千篇关于 X 射线的研究和应用的文章。X 射线的发现为医疗影像技术的发展铺平了道路，并直接影响了 20 世纪许多重大科学发现。例如安东尼·亨利·贝克勒尔（A. H. Becquerel）就因发现天然放射性，与居里夫妇共同获得 1903 年的诺贝尔物理学奖。为了纪念伦琴的成就，X 射线在许多国家都被称为伦琴射线，另外第 111 号化学元素 Rg 也以伦琴命名。伦琴也于 1901 年被授予第一届诺贝尔物理学奖。

（2）X 射线的产生装置。

产生 X 射线的装置如图 1-1 所示。管内有两个电极：一个电极是由钨丝制成的阴极（cathode）；另一个是阳极，又称靶（targe），可用钨、钼、铂等制成，也可用铬、铁、铜等制成，这完全由 X 射线管的具体用途而定。管泡内压强为 $10^{-8}\sim10^{-6}$ mmHg（1 mmHg＝1 torr＝133.3 Pa）。阴极和阳极之间加上高电压，一般是几万伏到十几万伏，甚至更高。因此，由旁热式加热的阴极发射的电子在电场作用下被加速而飞向阳极，电子打在阳极上就产生 X 射线。1895 年，伦琴在实验时只用几千伏电压，因此电子的能量较低，产生的是软 X 射线。

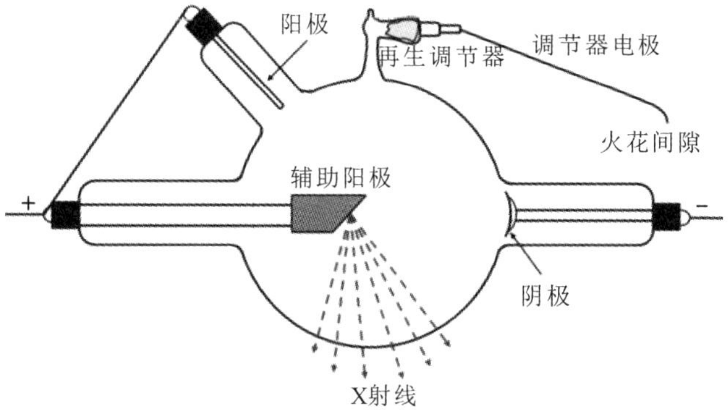

图 1-1　X 射线管示意图

利用图 1-2 所示装置可以测量 X 射线的发射谱，即 X 射线的波长与相对强度的关系图。该装置包括 X 射线管（X 射线发生器）、晶体（相当于光栅或棱镜）和探测器三部分。将 X 射线轰击在晶体上，利用晶体衍射的布拉格公式可测得 X 射线的波长，通过探测器可以测得 X 射线的相对强度。

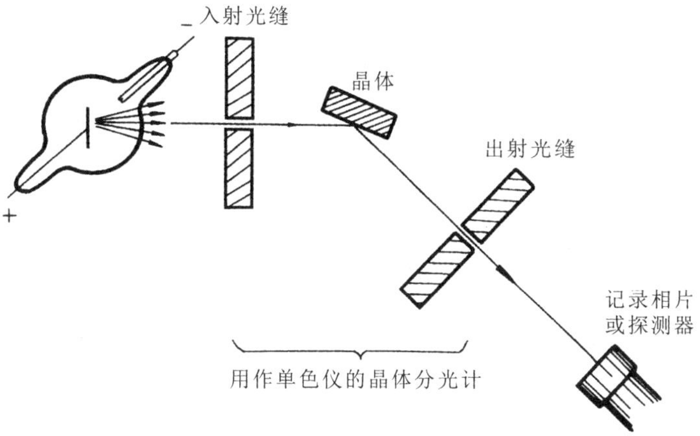

图 1-2　测量 X 射线发射谱的装置示意图

测量结果如图 1-3 所示，从图中可以看出，X 射线发射谱由两部分构成：一部分是波长连续变化的连续谱，当射线管两极电压不超过一定限值时，只发射连续光谱，这种辐射称为轫致辐射，且连续谱的性质与靶极的性质无关；另一部分是具有分立波长的谱线，当管压超过临界值后，发射的光谱除连续谱外还叠加一些线状谱，线状谱的峰值所对应的波长与靶极材料有关，因此也将发射线状谱的辐射称为标识辐射或特征辐射，每一个元素具有特定的线状 X 光谱。

2. 轫致辐射——连续 X 光谱

轫致辐射的连续性是不难理解的。根据经典电磁理论，带电粒子在加速时必伴随着辐射，

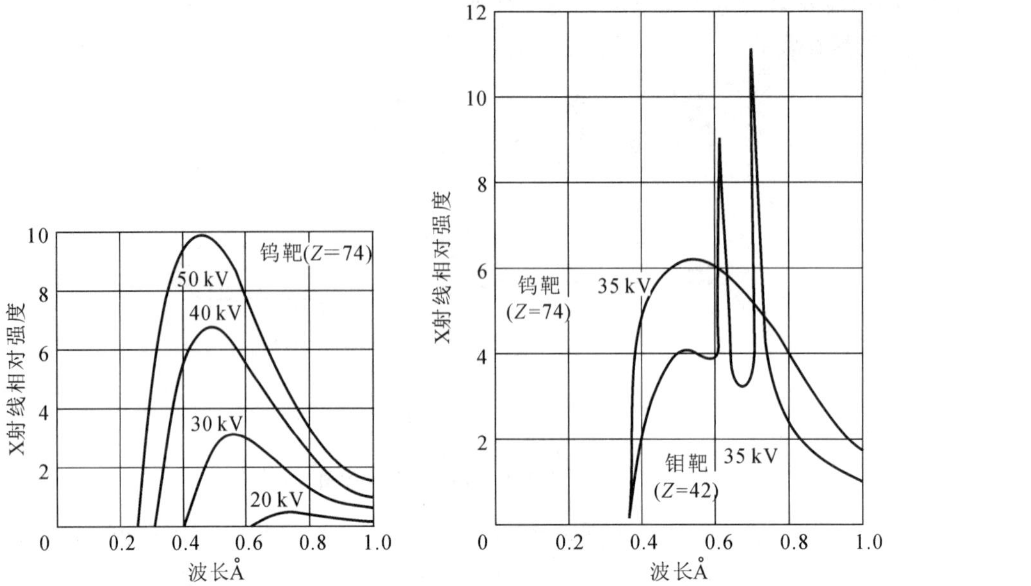

(a) 钨靶，不同的外加电压　　(b) 钨靶和钼靶，固定的外加电压

图 1-3　X 射线发射谱

当高速电子射到靶上因受到靶中原子核的库仑(Coulomb)场作用而骤然减速时伴随产生的辐射称为韧致辐射,又称为刹车辐射。由于带电粒子到达靶子时,在靶核的库仑场作用下电子速度是连续变化的,因此辐射的 X 射线具有连续谱的性质。

韧致辐射的强度与入射带电粒子的质量平方成反比,因此,对于质子等重带电粒子,其韧致辐射相对电子产生的几乎可以忽略。韧致辐射的强度与靶核电荷的平方成正比。由于医学、工业上使用的 X 射线往往主要依靠连续谱的那一部分,因此,X 射线管用得最多的阳极靶是钨靶。因为它的原子序数大,能输出高强度的 X 射线,而且钨的熔点高、导热性好,并易于加工。

X 射线连续谱的形状却与靶子材料无关,存在一个最小波长 λ_{min},λ_{min} 值只依赖于外加电压 V,而与原子序数 Z 无关。杜安(W. Duane)和亨特(P. Hunt)通过大量实验测量得到连续谱的最小波长 λ_{min}(单位为 Å)与外加电压 V 的关系:

$$\lambda_{min} = \frac{1.24 \times 10^4}{V}$$

3. 标识辐射——线状 X 光谱

标识谱是线状光谱,谱线的波长取决于靶子的材料,而与外加电压无关,每一种元素都有一套一定波长的线状谱,它成为该元素的标识,所以称为标识谱。研究证明,标识谱的产生是这样的:阴极发出的经管压加速的高能电子轰击靶原子,将靶原子的一个内层电子击出原子之外,使原子电离,于是在内壳层上产生一个空位,外面邻近壳层上的电子跃迁到这个能量较低的空位上来,并以光子的形式把能量辐射出来,同时伴随 X 谱线的发射。可见,标识谱是内层电子跃迁的结果,而产生空位是获得标识辐射的先决条件。产生空位的方法很多,除高能电子束外,还可用质子束、离于束、X 射线等来轰击原子的内层电子。

俄歇效应(Auger effect)是与标识谱相关的一种效应。当原子内壳层产生空位后，外邻壳层上的电子跃入空位，除发射 X 射线以释放能量外，也可不发射 X 射线，而把这部分能量直接转移给其他外层电子，将其激发到游离状态以脱离原子，这种现象称为俄歇效应，释放的电子称为俄歇电子，它是法国物理学家俄歇(Auger)在 1925 年首次发现的。

思政小课堂

锲而不舍、精益求精的科学精神

我国古人很早就已经开始关于物质是否可无限分割的研究，早在战国时代(公元前 475—公元前 221 年)就出现了两种不同的观点。

主张物质不可无限分割的一派中，最著名的是战国时代的墨家。《墨经》中记载："端，体之无序而最前者也。"意思是"端"是组成物体("体")的不可分割("无序")的最原始的东西("最前者")。"端"就是原子的概念。此外，战国时期的儒家著作《中庸》也明确指出："语小，天下莫能破焉。"宋代朱熹解释说："天下莫能破是无内，谓如物有至小而可破作两者，是中着得一物在；若无内则是至小，更不容破了。"这里所说的"莫能破""无内"，也就是不可分割的意思。严复翻译的《穆勒名学》一书中，首次把"原子(atom)"一词介绍到我国，当时他把"atom"译为"莫破"，把"atom theory"译为"莫破质点论"。

战国时代以公孙龙为代表的一派主张物质是可以无限分割的，他提出："一尺之棰，日取其半，万世不竭。" 从哲学角度来看，世界万物似乎可以无限细分下去。近几百年的物理学一直在验证这句话的正确性，而思想的碰撞也促进了物理学的发展。中国古代先贤们锲而不舍、精益求精的科学精神，值得我们学习和传承。

人物介绍

1. 卢瑟福

欧内斯特·卢瑟福(Ernest Rutherford，1871 年 8 月 30 日—1937 年 10 月 19 日)，英国著名物理学家，被誉为"原子核物理学之父"。学术界公认他为继法拉第之后最伟大的实验物理学家。

卢瑟福 1871 年 8 月 30 日生于新西兰尼尔森的一个手工业工人家庭，并在新西兰长大。他进入新西兰的坎特伯雷学院学习，23 岁时获得了三个学位(文学学士、文学硕士、理学学士)。1895 年在新西兰大学毕业后，他获得英国剑桥大学的奖学金并进入卡文迪许实验室，成为汤姆孙的研究生。他提出了原子结构的行星模型，为原子结构的研究做出很大的贡献。1898 年，在汤姆孙的推荐下，卢瑟福担任加拿大麦吉尔大学的物理教授。他在那里待了 9 年，于 1907 年返回英国出任曼彻斯特大学的物理系主任。1919 年他接替退休的汤姆孙，担任卡文迪许实验室主任，1925 年当选为英国皇家学会会长，1931 年受封为纳尔逊男爵，1937 年 10

月 19 日因病在剑桥逝世，与牛顿和法拉第并排安葬，享年 66 岁。

卢瑟福首先提出放射性半衰期的概念，证实放射性涉及从一个元素到另一个元素的嬗变，而这是一般物理和化学变化所达不到的。这一发现打破了元素不会变化的传统观念，使人们对物质结构的研究进入原子内部这一新的层次，为开辟一个新的科学领域——原子物理学做出了开创性的工作。他又将放射性物质按照贯穿能力分类为 α 射线与 β 射线，并且证实前者就是氦离子。

1911 年，卢瑟福根据 α 粒子散射实验现象创建了原子有核模型（也称为核式结构模型、行星模型），此举把原子结构的研究引上了正确的轨道，于是他被誉为“原子物理学之父”。经典电动力学无法推导得到原子结构的稳定性，导致玻尔提出背离经典物理理论的革命性的量子假设，成为量子力学的先驱。

1919 年，卢瑟福做了用 α 粒子轰击氮核的实验，最先成功地在氮与 α 粒子的核反应里将原子分裂，从氮核中打出一种粒子，并测定了它的电荷与质量。卢瑟福将之命名为质子。

人工核反应的实现是卢瑟福的另一项重大贡献。自从元素的放射性衰变被确证以后，人们一直试图用各种手段（如用电弧放电）来实现元素的人工衰变，而卢瑟福找到了实现这种衰变的正确途径。这种用粒子或 γ 射线轰击原子核来引起核反应的方法，很快成为人们研究原子核和应用核技术的重要手段。在卢瑟福的晚年，他已能在实验室中用人工加速的粒子来引起核反应。由于对元素蜕变以及放射化学的研究，他于 1908 年荣获诺贝尔化学奖。除了他本人获得诺贝尔奖外，他一生中至少培养了 11 位诺贝尔奖得主，对科学的发展做出了卓著贡献。

2. 泡利

沃尔夫冈·泡利（Wolfgang E. Pauli，1900 年 4 月 25 日—1958 年 12 月 15 日），美籍奥地利物理学家。泡利出生在奥地利维也纳一位医学博士的家庭，从童年时代就受到科学的熏陶，在中学时就自修物理学。命运给了泡利良好的生活、学习环境，他也证明了自己并未被命运宠坏。上中学时，泡利就对当时鲜为人知的爱因斯坦的广义相对论产生了浓厚的兴趣，经常埋首研读。

1918 年中学毕业后，泡利带着父亲的介绍信，到慕尼黑大学访问著名物理学家索末菲（A. Sommerfeld），成为索末菲教授的研究生。索末菲教授请他为德国正准备出版的百科全书写一篇关于相对论的文章，泡利居然完成了一部 250 页的专题论著，使索末菲教授大为惊讶。1921 年，泡利获得慕尼黑大学博士学位。爱因斯坦看过泡利的论著后说：“任何一个人看到这样成熟和富于想象力的著作，都不能相信作者只是个 21 岁的学生。”泡利在学生时代就展露出了不同凡响的科学才华，引起了一些著名物理学家的注意。

大学毕业后，泡利先后给马克斯·玻恩和尼尔斯·玻尔当助手。这两位当时站在世界物理学前沿而后又都获得诺贝尔奖的科学家后来在说到泡利时，都对他那寻根究底、追本溯源、一丝不苟的钻研精神和闪现灵敏的思想火花记忆犹新。泡利总是有与众不同的见解而且绝不轻易为别人说服，他好争论但绝不唯我独尊。当他验证了一个学术观点并得出正确结论后，不管这个观点是他自己的还是别人的，他都兴奋异常，如获至宝，并把争论时的面红耳赤忘得一干二净。正是他这种远世俗、重真理的科学态度，赢得了索末菲、玻恩和玻尔的厚爱。他也从这些名师那里学到了富有教益的思维方法和实验技巧，为他后来的科研攀登打下了坚实的基础。最终,他以发现量子的不相容原理而迈入世界著名物理学家的行列。

1925 年春,从汉堡大学传出一个令世界物理学界瞩目的消息:一个新的物理学原理——不相容原理诞生了。它的提出者正是当时在这个大学任教的、尚名不见经传的年轻学者——25 岁的泡利。

泡利的不相容原理可以这样描述:一个原子中,任何两个轨道电子的 4 个量子数不能完全相同。不相容原理并没有立刻呈现出它的价值,可是泡利的才华却因此而得到学界的承认。1928 年,他被任命为苏黎世联邦理工学院教授;1935 年,他应邀前往美国讲学;1940 年,他在美国普林斯顿高等研究院工作。其间,他还以科学的预见性预言了中微子的存在,获得普朗克奖章。直到泡利提出不相容原理 20 年后的 1945 年,这个理论的正确性和它产生的广泛而深远的影响才得以确认。不相容原理被称为量子力学的主要支柱之一,是自然界的基本定律,它使得当时所知的许多有关原子结构的知识变得条理化。人们可以利用泡利引入的第四个表示电子自旋的量子数,把各种元素的电子按壳层和次壳层排列起来,并根据元素性质主要取决于最外层的电子数(价电子数)这一理论,对门捷列夫元素周期律给予科学的解释。泡利因其在 1925 年即 25 岁时发现的不相容原理,于 1945 年获得诺贝尔物理学奖。

泡利把一生都投入了科学研究,他的主要成就均在量子力学、量子场论和基本粒子理论方面,特别是泡利不相容原理的建立和 β 衰变中的中微子假说等,对理论物理学的发展做出重要贡献。在那个天才辈出、群雄并起的物理学史上最辉煌的年代,泡利仍然是夜空中最耀眼的明星之一。

3. 居里夫人

玛丽·斯克沃多夫斯卡·居里(Marie Skłodowska Curie,1867 年 11 月 7 日—1934 年 7 月 4 日),波兰裔法国著名物理学家、化学家,世称“居里夫人”。

玛丽·居里与其丈夫皮埃尔·居里共同研究放射性物质。1898 年,居里夫妇发现:沥青铀矿石的总放射性比其所含有的铀的放射性还要强,由此推断其中必定含有某种未知的放射性成分,其放射性远远大于铀的放射性。同年 12 月 26 日,居里夫人公布了这种新物质存在的设想。居里夫人在后面的实验研究中,设计了一种测量仪器,不仅能测出某种物质是否存在射线,而且能测量射线的强弱。她经过反复实验发现,铀射线的强度与物质中的铀含量成一定比例关系,而与铀存在的状态以及外界条件无关。

1902 年底,居里夫人提炼出十分之一克极纯净的氯化镭,并准确地测定了它的原子量,从此镭的存在得到了证实。镭是一种极难得到的天然放射性物质,它是一种有光泽的、像细盐一样的白色结晶,略带蓝色的荧光,而就是这点美丽的淡蓝色的荧光,融入了一个女子美丽的生命和不屈的信念。在光谱分析中,它与任何已知元素的谱线都不相同。镭虽然不是人类第一个发现的放射性元素,但却是放射性最强的元素。利用它的强大放射性,能进一步查明放射线的许多新性质,使许多元素得到进一步的实际应用。医学研究发现,镭射线对于各种不同的细胞和组织,作用大不相同:那些繁殖快的细胞,一经镭的照射很快都被破坏了。这个发现使镭成为治疗癌症的有力手段。癌瘤是由繁殖异常迅速的细胞组成的,镭射线对它的破坏远比对周围健康组织的破坏大得多。这种新的治疗方法很快在世界各国发展起来。在法兰西共和国,镭疗术被称为居里疗法。镭的发现对促进科学理论的发展和在实际中的应用,都有十分重要的意义。1903 年,居里夫妇和贝克勒尔由于对放射性的研究而共同获得诺贝尔物理学奖,居里夫人也因此成为历史上第一个获得诺贝尔奖的女性。

1911 年,居里夫人因发现元素钋和镭再次获得诺贝尔化学奖,成为历史上第一个两次获得诺贝尔奖的人。出人意料的是,在居里夫人获得诺贝尔奖之后,她并没有为提炼纯净镭的方法申请专利,而是将之公布于众,这种做法有效地推动了放射化学的发展。

居里夫人的成就包括开创了放射性理论、发明分离放射性同位素技术、发现两种新元素钋和镭。在她的指导下,人们第一次将放射性同位素用于癌症治疗。由于长期接触放射性物质,居里夫人于 1934 年因患恶性白血病而逝世。

在此之后,她的大女儿伊雷娜·约里奥·居里于 1935 年获得诺贝尔化学奖,她的小女儿艾芙·居里在母亲去世之后写了《居里夫人传》。在 20 世纪 90 年代,居里夫人的头像曾出现在波兰和法国的货币和邮票上。化学元素锔(Cm,原子序数为 96)的命名就是为了纪念居里夫妇。

习　　题

1-1　简述泡利不相容原理。

1-2　请写出硅原子的电子组态。

第2章　经典物理学的困难与量子力学的建立

19世纪末，正当人们为经典物理学取得的重大成就而欢呼时，一系列经典物理学无法解释的现象一个接着一个地被发现了，直接引发量子理论的诞生。

德国物理学家维恩(Wien)通过测量热辐射能谱发现了热辐射定理。1900年，德国物理学家普朗克为了解释热辐射能谱提出了一个大胆的假设：在热辐射的产生与吸收过程中能量是以$h\nu$为最小单位，一份一份交换的。这个能量量子化的假设不但强调了热辐射能量的不连续性，而且与辐射能量和频率无关而由振幅确定的基本概念相矛盾，无法纳入任何一个经典范畴。当时只有少数科学家认真研究了这个问题。著名科学家爱因斯坦经过认真思考，于1905年提出了光量子说。1916年，美国物理学家密立根发表了光电效应实验结果，验证了爱因斯坦的光量子说。1913年，丹麦物理学家玻尔为解决卢瑟福原子行星模型的不稳定问题，提出原子结构量子理论。玻尔的原子理论以简单明晰的图像解释了氢原子的分立光谱线，并以电子轨道态直观地解释了化学元素周期表，导致72号元素铪的发现，并在随后的短短十多年内引发了一系列重大的科学进展，这在物理学史上是空前的。由于量子论的深刻内涵，以玻尔为代表的哥本哈根学派对此进行了深入的研究，他们对对应原理、矩阵力学、不相容原理、测不准关系、互补原理、波函数的统计解释等都做出极大的贡献。

本章详细介绍了经典物理学的困难，系统总结了旧量子论——黑体辐射实验与普朗克的量子假说、光电效应实验与爱因斯坦的光量子理论、原子线状光谱与玻尔的原子结构量子理论及微粒的波粒二象性与德布罗意波。

【知识目标】

1. 了解量子力学建立的物理背景；
2. 掌握旧量子论的基本原理，深入理解量子理论的实验支撑；
3. 理解光的本质，即光的波粒二象性；
4. 理解德布罗意物质波，掌握德布罗意关系。

【能力目标】

能够梳理量子理论与经典物理理论的区别，对其应用问题进行分类和判断。

【素质目标】

能够理解量子力学研究中蕴含的马克思主义方法论，理解破中有立、破立结合的辩证唯物主义思想。

2.1　经典物理学的成功之处

伴随着文艺复兴和工业革命，物理学发展经历了300多年。到了19世纪末，物理学家普遍存在一种乐观的情绪，认为人类对纷繁复杂的物理现象本质的认识已经基本完成。人们陶醉于17世纪建立起来的力学体系，以及19世纪建立起来的电动力学和热力学与统计物理学中。有的科学家甚至认为物理学已经大功告成了。

2-1　经典物理学的成功与困难

绝对温标的创始人开尔文勋爵于1889年在展望20世纪物理学发展的文章中说道：19世纪已将物理学大厦全部建成，今后物理学的任务就是修饰、完善这座大厦。物理学家们认为物理世界的所有规律差不多都已被发现和掌握，今后没有什么大事可做了，只需进一步将理论精确化和应用到具体问题上。这些科学家这样认为并不是没有任何根据的。的确，经典物理学曾经对众多物理学现象给予了满意的描述。我们来具体看看。

1. 牛顿力学

牛顿力学描述宇宙中宏观物体机械运动的普遍规律。这一理论体系可归结为牛顿三定律。牛顿定律成功地讨论了从天体到地上宏观力学客体的运动。

此外，从牛顿三定律发展出一套分析力学，它不仅具有完善的形式，而且更便于深刻分析和解决实际问题。关于存在海王星的预言及其证明，是分析力学的正确性的有利证据，至于其在工程上的应用更是不胜枚举。作为分析力学的创立者，拉格朗日进一步把数学分析应用于质点和刚性力学，引入广义坐标的概念，建立了拉格朗日方程，为把力学理论推广应用到物理学其他领域开辟了道路。

2. 热力学与统计物理学

到了19世纪末，关于热现象的理论也形成了一个完整的理论体系，这就是热力学与统计物理学。热力学是关于热现象的宏观理论，而统计物理学是关于热现象的微观理论。热力学依据关于热现象的三个基本规律，也就是热力学三定律，进行演绎推理，以解释各种物质系统的热平衡性质；统计物理学则从物质是由大量的分子和原子组成这一事实出发，把关于热现象的宏观性质作为微观量的统计平均值，成功地解释了各种物质系统的热特性。

3. 电动力学

关于电磁现象的理论——电动力学也是经典物理学的一个重要组成部分。1864年，英国物理学家麦克斯韦将前人关于电磁现象的实验定律归纳成四个方程，即麦克斯韦方程组，建立了电磁场理论。麦克斯韦的电磁场理论成功地解释了自然界里存在的各种电磁现象，并将光学归为电磁学中，认为光是一种电磁波，成功解释了光学问题。麦克斯韦的电磁场理论和关于电磁波的传播媒介——“以太”存在的假说，一起构成了描述电磁现象的完整理论体系。

2.2　经典物理学的困难

19 世纪末，经典物理学理论已发展得相当完善，包括描述物体机械运动规律的牛顿力学、描述电磁现象（包括光的运动规律）的电磁场理论、描述热现象的热力学及统计物理学。但是，上面那些成功的理论，在进入 20 世纪后受到了冲击，这些理论在解释一些新的实验现象时遇到了严重的困难。新的实验现象，例如黑体辐射、光电效应、原子线状光谱等，有的用经典物理学理论完全无法解释，有的同经典物理学的规律所得出的结果存在原则性的出入。

1900 年开尔文勋爵在英国皇家学会庆祝会上发表题为“19th Century Clouds over the Dynamical Theory of Heat and Light”的讲话中认为：经典物理学上空出现了两朵乌云，第一朵乌云涉及电动力学中的“以太”问题，当时人们认为电磁场依托于一种固态介质，称为“以太”，电磁场描述的是“以太”的应力。但是为什么天体能无摩擦地穿行于“以太”中？为什么人们无法通过实验测定“以太”本身的运动速度？这些问题一直困扰着科学家们，最终在多年以后证实“以太”是不存在的。第二朵乌云则涉及物体的比热，人们发现观测到的物体比热总是低于经典物理学中由能量均分定理给出的值，这个问题也在后来得到了解决。

这些问题不仅动摇了某些人认为物理学规律已经探索到顶的想法，而且进一步动摇了经典物理学本身。人们在事实面前不得不承认还有未知的规律有待探索，也不得不怀疑经典物理学的规律和概念是否绝对正确和普遍适用。物理学蓝天中的两朵乌云导致了物理学的一场大革命，最终促使了近代物理学两大支柱的诞生，分别是相对论和量子力学，它们成为 20 世纪物理学的两个划时代的里程碑。

爱因斯坦提出的狭义相对论，改变了牛顿力学中的绝对时空观，指明了牛顿力学的适用范围，只适用于运动速度远远小于光速的物体的运动。量子力学则引发了物质运动形式和规律的根本变革。

20 世纪前的经典物理学只适用于一般宏观条件下物质的运动，而对于微观世界和一定条件下的宏观现象，例如极低温度下的超导、超流、玻色-爱因斯坦凝聚等问题，只能利用量子力学才能说明。量子力学还引发了极为广泛的新技术的应用，例如激光器、半导体芯片、核磁共振成像等。可以毫不夸张地说，没有量子力学和相对论，就没有人类的现代物质文明。

19 世纪末 20 世纪初，正是物理学发展史上的转折期，形成经典物理学与近代物理学的分界线。本节我们首先分析当时经典物理学所遇到的主要困难。

2.2.1　黑体辐射问题

19 世纪后期，钢铁冶炼的技术需求和天文学上了解恒星表面温度的需要，推动了物理学对热辐射的研究。根据热辐射的基本理论，温度高于绝对零度的物体都会向外辐射能量，称为热辐射，形成一定的红外辐射空间分布。人们在测量红外辐射能量的过程中发现，辐射能量不仅与温度有关，还与物体材料的性质有关，同时受到背景环境的影响，影响因素非常复杂。基尔霍夫定律指出，在一定温度下，对于一定的波长，热平衡时物体热辐射的单色辐射出射度

$M_\lambda(\nu,T)$与单色吸收率$\alpha(\nu,T)$之比是温度和频率的函数，即

$$\frac{M_\lambda(\nu,T)}{\alpha(\nu,T)} = f(\nu,T) \tag{2-1}$$

式中：单色辐射出射度$M_\lambda(\nu,T)$表示物体单位面积、单位频率间隔所辐射的功率，表征该物体的辐射本领；$\alpha(\nu,T)$是物体的吸收率，表征物体的吸收能力，通常物体的吸收率满足$0<\alpha(\nu,T)<1$；函数$f(\nu,T)$是对各种物质材料均适用的函数。显然，探寻$f(\nu,T)$的具体形式具有重要意义。

1. 黑体模型与辐射能谱规律

为了简化问题，德国物理学家基尔霍夫（G. R. Kirchhoff）于1862年提出用“黑体”作为研究热辐射问题的理想模型。任何温度下对任何波长的热辐射都完全吸收而不发生反射的物体，称作绝对黑体，简称黑体。由此可见，由于黑体吸收率$\alpha(\nu,T)=1$，黑体的单色辐射出射度$M_\lambda(\nu,T)$是最大值。热平衡时，黑体吸收多少能量就要辐射多少能量，因此，黑体是完全辐射体，也是理想辐射体，可以作为辐射器件的标定器件，也可以用于测量天体温度以及宇宙背景温度，对探究宇宙起源和宇宙大爆炸起到非常重要的作用。

黑体单色辐射出射度$M_\lambda(\nu,T)$与辐射场的谱能量密度$\rho(\nu,T)$成正比：

$$M_\lambda(\nu,T) = \frac{c}{4}\rho(\nu,T) \tag{2-2}$$

式中，c为光速。探求普适函数$f(\nu,T)$归结为研究热平衡时黑体辐射场能量密度按频率的分布规律。

在实验室当然无法制作如此理想的“神器”，但是科学家利用现有材料制造出黑体的实验模型。把由绝热器壁封闭的、开有小孔的空腔置于真空中，因外界穿过小孔射入腔内的辐射实际不能返回，能量被器壁全部吸收，这样的空腔可等效为黑体的实验模型，如图2-1所示。保持容器在某一恒定温度，此时空腔处于热平衡状态，空腔穿过小孔向外界的辐射即为该温度下的黑体辐射，空腔内各种频率的电磁波即为该温度下的黑体辐射场。

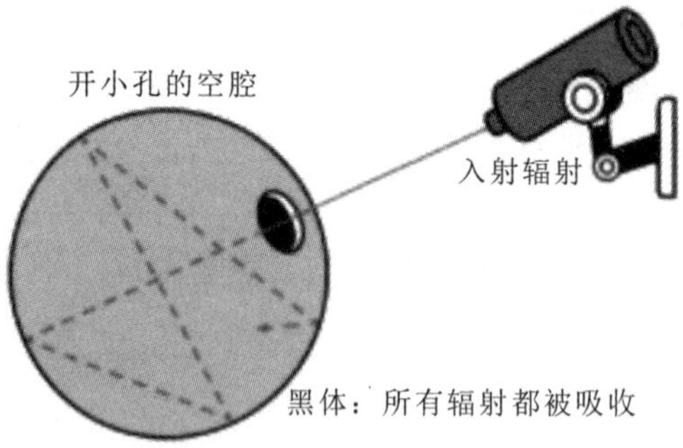

图2-1 黑体的实验模型

根据这一实验模型，科学家研制了黑体的器件实物，通过调节孔洞的大小、个数与位置，将储藏在黑体内部的能量释放出来，并测定其辐射值。这就是处于某一热平衡温度的黑体辐射能量，进而用于探索黑体的能谱分布规律。1897年，陆末（O. R. Lummer）和普林斯海姆（E.

Pringsheim)对处于热平衡状态下空腔辐射场的能量分布进行了实验研究，发现了热平衡时辐射场的能量密度与波长的能谱曲线，如图 2-2 所示。该能谱曲线的形状和位置仅与热平衡时的温度有关，与空腔的形状和组成物质无关。

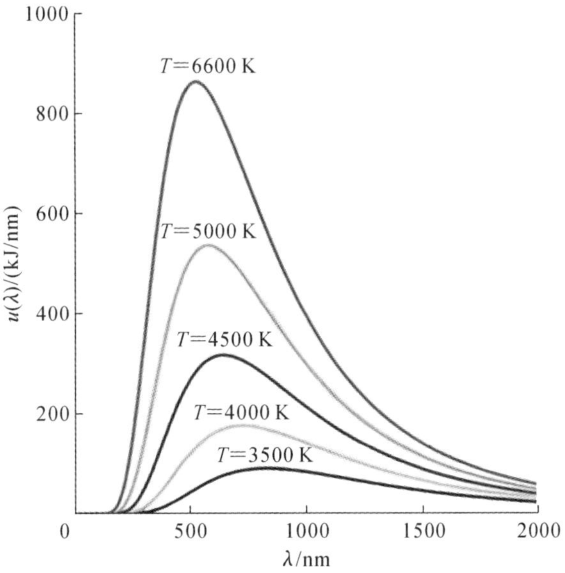

图 2-2　不同温度下黑体辐射的能谱曲线

研究热辐射，首先要研究一定温度的黑体腔内电磁场的性质以及单位体积的热辐射强度。此外，同一温度下，物体发出的光有各种颜色，即有不同频率的电磁波，各种颜色的光的比例还随温度的不同而不同。设在一定温度下，频率在 ν 到 $\nu+\mathrm{d}\nu$ 之间的单位体积热辐射强度为 $\rho\mathrm{d}\nu$，则称 ρ 为黑体辐射的谱密度。

1859 年，基尔霍夫发现谱密度 ρ 只与黑体温度和频率有关，且辐射出射度与谱密度之间有关系 $M(T)=\int\rho\mathrm{d}\nu$。由于实验中长度测量比较容易，我们定义一个以波长为变量的谱密度 E，在一定温度下，波长在 λ 到 $\lambda+\mathrm{d}\lambda$ 之间的黑体辐射能量密度为 $E\mathrm{d}\lambda$，显然可以得到 $M(T)=\int E\mathrm{d}\lambda$。对于电磁波，波长与频率之间有关系 $\nu\lambda=c$（c 为光速），于是可得两种不同变量的谱密度之间的关系为 $\rho=\frac{c}{\nu^2}E\Big|_{\lambda=c/\nu}$。

实验中可以测量一定温度下黑体辐射的谱密度 E（或 ρ），不同温度对应不同能谱曲线，且每条曲线都有一个能量极大值，对应的波长用 λ_m 表示。随着温度的升高，黑体的辐射能量密度逐渐增大，并且其极大值对应的波长 λ_m 向短波方向移动，如图 2-3 所示。

维恩推导证明了波长分布中对应的波长 λ_m（称为最可几波长）与其温度成反比：

$$\lambda_m T=2.89\times10^{-3}\ \mathrm{m\cdot K} \tag{2-3}$$

此式称为维恩位移定律。

中国古人很早就发现了波长与温度之间的关系，例如古时候没有温度计，中国匠人通过观

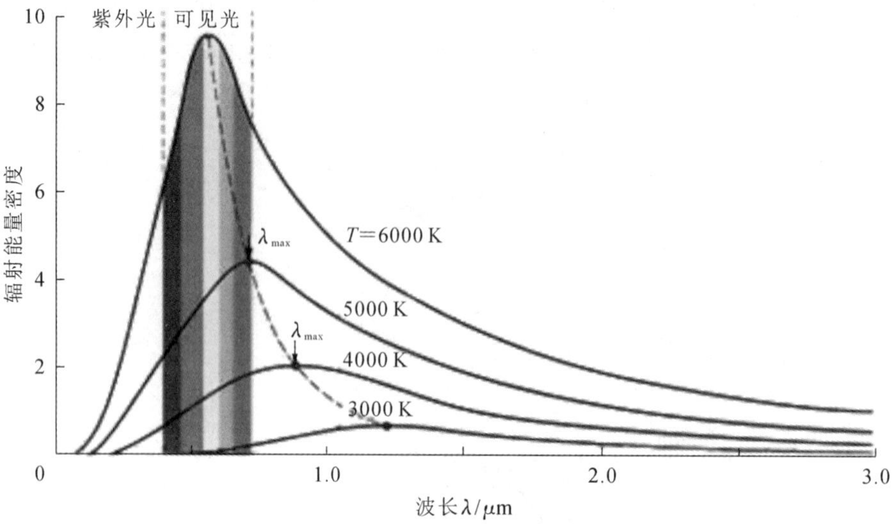

图 2-3　不同温度下黑体辐射能量密度极大值与波长的关系曲线

察窑炉的火焰颜色来推测对应的温度，由此烧制出珍贵的瓷器，体现出中国古人的智慧。

1879 年，斯特藩(J. Stefan) 结合黑体辐射实验结果，提出黑体表面的辐射出射度 $M(T)=\int\rho\mathrm{d}\nu$ 与其温度 T 的关系为四次方定律，即

$$M(T)=\sigma T^4 \tag{2-4}$$

式中，$\sigma=5.67\times10^{-12}\ \mathrm{W/(cm^2\cdot K^4)}$，叫作斯特藩常量。式(2-4)称为斯特藩-玻尔兹曼定律。

2. 维恩公式

对于上述能谱分布实验规律，物理学家试图从经典物理学角度进行理论解释。德国物理学家维恩从热力学角度出发，假设黑体内壁由大量谐振子构成，谐振子能量按频率的分布规律类似于麦克斯韦速率分布律，采用经典统计物理学方法建立了一个半经验的能量分布公式：

$$\rho(\nu,T)\mathrm{d}\nu=C_1\nu^3\mathrm{e}^{-C_2\nu/T}\mathrm{d}\nu \tag{2-5}$$

该公式称为维恩公式。其中，T 为平衡时的温度，C_1 与 C_2 为两个经验参数。陆末和普林斯海姆把维恩公式与实验结果进行比较，发现在高频段二者符合得很好，但是在低频段维恩公式的结果与实验结果存在较大偏差，有很大缺陷。

3. 瑞利-金斯公式

1900 年，英国物理学家瑞利男爵三世(J. W. Rayleigh)从经典电动力学和统计力学出发，将空腔看作由大量谐振子构成，其辐射能量等于所有谐振子能量之和，建立描述黑体辐射的公式，即

$$\rho_\nu\mathrm{d}\nu=\sum_k \text{谐振子数}\times\text{每个谐振子平均能量} \tag{2-6}$$

1905 年数学家金斯(J. H. Jeans)对其进行改进，导出空腔单位体积内频率在 ν 至 $\nu+\mathrm{d}\nu$ 间的电磁横波数为 $\frac{8\pi\nu^2\mathrm{d}\nu}{c^3}$。每个谐振子能量为

$$E = \frac{p^2}{2m} + \frac{1}{2} m\omega^2 x^2 \tag{2-7}$$

根据经典统计物理学的能量均分定理，热平衡时每个谐振子平均能量为

$$\bar{E} = 2 \times \frac{1}{2} kT = kT \tag{2-8}$$

从而得到瑞利-金斯(Rayleigh-Jeans)公式：

$$\rho(\nu, T)\mathrm{d}\nu = \frac{8\pi\nu^2 \mathrm{d}\nu}{c^3} kT \tag{2-9}$$

其中，k 为玻尔兹曼常数，c 为真空中的光速。将瑞利-金斯公式与实验结果进行比较，发现在低频段下与实验结果相符，在高频段下与实验结果极其不符。式(2-9) 表明，能量密度随频率单调增加，直至趋于无穷大，称为"紫外灾难"，如图 2-4 所示。对式(2-9) 积分，得到 $U = \int_0^{+\infty} \rho_\nu \mathrm{d}\nu \to \infty$，即辐射场单位体积中的能量发散，与事实完全不符。这也预示瑞利-金斯公式的理论基础 —— 经典物理学面临着严重危机。

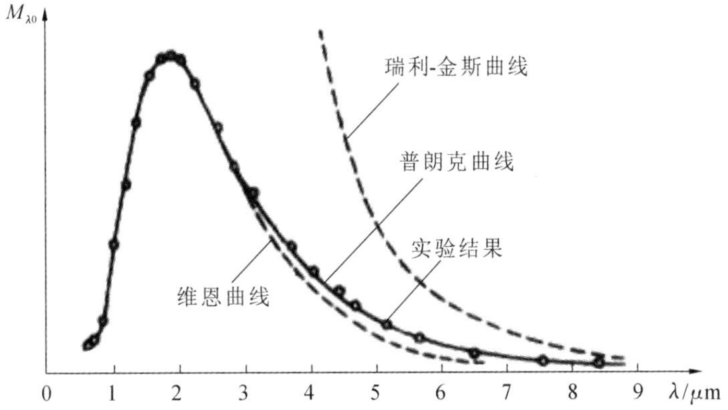

图 2-4　维恩曲线与瑞利-金斯曲线

维恩公式和瑞利-金斯公式都是从经典物理学的角度解释黑体辐射问题的，但是都以失败告终，无法在全波范围内与实验结果完全吻合，标志着经典物理学不是普遍适用和绝对正确的，同时也迫切需要提出全新理论来解释黑体辐射问题。

2.2.2　光电效应

1886—1888 年，德国物理学家赫兹(H. R. Hertz)在进行验证电磁波存在的实验时发现，若接收线路中两个小锌球之一受到紫外线照射，小球间很容易发生电火花，这是最早发现的光电效应。

1897 年，英国物理学家汤姆孙在气体放电现象及阴极射线的研究中发现了电子，揭示了金属中的自由电子在紫外线照射下能吸收光而逸出金属表面的现象，称为光电效应。所逸出的电子叫作光电子，由光电子形成的电流叫作光电流，使电子逸出某种金属表面所需的功称为该金属的逸出功。如图 2-5 所示，当 K、A 之间的反向电势差等于 U_0 时，从 K 逸出的动能最大的电子刚好不能到达 A，电路中没有电流，此时 U_0 叫作遏止电压。

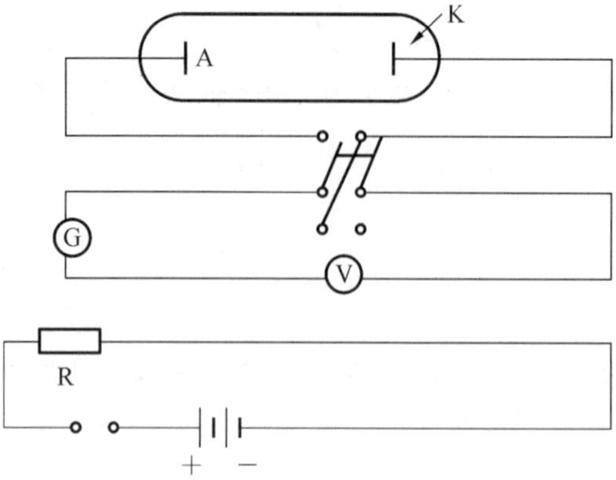

图 2-5　光电效应实验示意图

实验研究发现光电效应有两个突出的特点,具体如下。

(1) 对一定的金属材料存在确定的临界频率 ν_0,当照射光频率 $\nu<\nu_0$ 时,无论光的强度多大,照射时间多长,该金属表面都不会产生光电子;反之,当 $\nu>\nu_0$ 时,无论光多么微弱,只要光一照射金属板,立刻(约 10^{-9} s)观测到光电子。

(2) 光电子的能量仅与照射光的频率有关,与光强度无关。光的频率越高,光电子的能量越大,光的强度只影响光电流的强度,光的强度越大,光电流越强。

然而,经典物理学无法解释光电效应的特点。

(1) 按光的电磁理论,光的能量虽与光的强度成正比,任何频率的光只要有足够的强度,照射时间足够长,总能使电子获得足够多的能量而从各金属表面逸出,与存在临界频率的实验事实矛盾。而且,按经典物理学理论的估计,光电子逸出的时间约在 1 s 量级,与光电效应为瞬时效应的结论相差甚远。

(2) 按光的电磁理论,照射光的强度越大,光振动电矢量 $\vec{E}$ 的数值也越大,作用于电子上的力 $-e\vec{E}$(e 为电子电荷)也越大,从而光电子能量越大,也与实验事实矛盾。

按照经典物理学理论,当一束光照到金属上时,金属板中的电子就会在入射电磁波的作用下受迫振荡,获得能量,当电子获得的能量超过了逸出功,电子就有可能从金属表面逸出。预期发射电子的数目和速度应与入射电磁波的强度有关。光越强则电磁波的振幅越大,电子振荡幅度也越大,振荡越强烈,因此就有更多的电子从金属中振出来,且电子的速度也会更大,因而光电子数目及它的初始动能应与光强度有关,而和频率无关,不应存在什么临界频率。如果光的频率越高,则金属中一个电子逸出金属表面可能会快一些。当光很弱时,电子需要较长的时间来获得足够大的振动幅度才能脱离金属。这些推论与实验相悖,经典物理学理论不能解释光电效应实验。光电效应显示了光的经典波动理论的局限性,成为提出光子概念的实验根据。

2.2.3　原子光谱及其规律

到 19 世纪中叶,人们已认识到原子发射的光谱是分立的线状光谱。1861 年,德国化学家本生(R. W. Bunsen)和德国物理学家基尔霍夫利用元素所特有的标志谱线进行分析,发现了铷(Rb)和铯(Cs)两种元素。1885 年,瑞士科学家巴尔末(J. J. Balmer)总结了从星光光谱中观察到的 14 条氢原子光谱线波数 $\tilde{\nu}$ 的通项公式(也称巴尔末公式):

$$\tilde{\nu} = \frac{1}{\lambda} = R_{\mathrm{H}}\left(\frac{1}{2^2} - \frac{1}{n^2}\right), \quad n = 3,4,5,\cdots \tag{2-10}$$

其中,氢的里德伯常量 $R_{\mathrm{H}} = 1.09677576 \times 10^7\ \mathrm{m}^{-1}$。谱线波长的观测值与公式计算值惊人地符合,称作巴尔末系(Balmer series)。后来发现,氢原子光谱还有另外一些谱线系,它们均可用推广的巴尔末公式表示为

$$\tilde{\nu}_{nm} = R_{\mathrm{H}}\left(\frac{1}{m^2} - \frac{1}{n^2}\right) \tag{2-11}$$

式中,$n = m+1, m+2, \cdots, m = 1,2,3,\cdots$,对于每一谱线系 m 取定值。19 世纪 90 年代,瑞典物理学家、数学家、光谱学的奠基人之一里德伯(R. J. Rydberg)仔细地分析了碱金属,发现它们可分为主线系、锐线系和漫线系,每个线系有类似式(2-11)的规律。1908 年,瑞士物理学家里兹(W. Ritz)进而提出组合原则:每种原子有自身的一系列光谱项。

原子线状光谱的物理机理是什么?波数为什么有谱线系规律?光谱项的本质是什么?经典物理学完全不能回答这些问题。原子光谱的规律使经典物理学在理论原则上出现危机,因为按经典力学及经典电磁理论,电子在原子核库仑场中沿椭圆形轨道运动,以轨道运动频率作基频或其倍频向外辐射电磁波,与里兹组合原则不一致。而且,电子因辐射而损失能量,轨道频率会越来越大,辐射应为连续谱,不能是线状光谱。

2.2.4　原子的稳定性

"atom"一词源于希腊语,本意是"不可分割的"。经典物理学把原子看成组成物质的不可分割的最小单元。19 世纪的一系列重大发现彻底动摇了这一观念。1895 年,德国物理学家伦琴发现了 X 射线;1896 年,法国物理学家贝克勒尔发现了天然放射性现象,天然放射性元素铀(U)可放射出 α、β、γ 三种射线,分别带正电、负电和不带电(中性);1897 年,英国物理学家汤姆孙发现了比原子更小的带负电荷的电子;1898 年,居里夫妇发现了放射性元素钋(Po)和镭(Ra)。中性的原子能发出带电的粒子,可见原子是可分割的和有结构的,且内部包含具有正、负电荷的粒子。那么电子和正电荷在中性原子中的分布如何呢?

很多物理学家首先从经典物理学理论构建氢原子模型,其中最具代表性的原子结构模型有两种,下面将展开讨论。

1. 汤姆孙的奶酪模型

1904 年,汤姆孙提出:原子中的正电荷和原子的质量均匀地分布在大小等于整个原子的球体内,原子半径约为 10^{-10} m,而原子中的电子浸于此球中。根据它的形状,我们也称之为原子的奶酪模型。然而,奶酪模型不能解释氢原子光谱存在的谱线系。

2. 卢瑟福的有核模型或行星模型

1911 年,卢瑟福用 α 粒子轰击金箔,并研究散射的 α 粒子角度分布,发现绝大多数 α 粒子穿过金箔后基本上仍沿原来的方向前进,但少数 α 粒子发生了大角度偏转,极少数 α 粒子的偏

转角超过 90°,有的甚至被撞了回来。根据汤姆孙的奶酪模型,原子中带有正、负电荷的粒子均匀分布在原子内,各处对 α 粒子的散射概率是相等的,不可能发生 α 粒子大角度散射。汤姆孙奶酪模型与实验结果相悖,因此说明汤姆孙奶酪模型有局限性。

卢瑟福据此提出原子有核模型(或称行星模型):他假设原子的中心有一个带正电的原子核,它几乎集中了原子的全部质量,正电荷集中在非常小的区域(约为 10^{-14} m 量级),电子围绕原子核旋转,核的大小与整个原子相比是很小的。

卢瑟福的有核模型可以解释 α 粒子大角度散射实验现象,但是对于最初提出的原子线状光谱和原子稳定性问题仍然束手无策。按照经典电动力学,电子是做圆周运动的带电粒子,这是加速运动,必然会向外辐射,能量减小,运动轨道半径会越来越小,电子会沿着螺旋线不断地向原子核靠近,最终坠落至原子核上,导致整个原子塌陷,不再具有稳定结构。然而我们自身以及周围的物质就是由原子或者分子构成的,它们都稳定地存在着,与经典物理学理论存在尖锐的矛盾。因此,经典物理学理论无法建立一个稳定的原子模型。

尽管经典物理学取得过巨大成功,但是以上分析的一系列问题都显示出经典物理学理论存在局限性。人们在事实面前不得不承认还有未知的规律有待探索,也不得不怀疑经典物理学的规律和概念是否绝对正确和普遍适用。每当分析涉及微观粒子的物理现象时,经典物理学总会遇到原则性困难,探索克服困难的途径成为 20 世纪初期物理学的主题,量子理论在此背景下应运而生。

2.3 黑体辐射实验与普朗克能量量子化假说

2-2 黑体辐射实验与普朗克能量量子化假说

为了解释黑体辐射问题,物理学家根据经典热力学理论和电磁理论,基于能量可以连续取值的传统认识推导了维恩公式、瑞利-金斯公式,这两个公式分别在低频段和高频段下与实验结果有较大偏差。长期从事热力学和热辐射研究工作的德国物理学家普朗克(M. Planck)在深入思考上述经验公式的理论背景和原理时,发现只有假设黑体辐射的能量取值是一系列离散的能量值,而不是传统认为的连续值,才能完美地解释黑体辐射问题。他突破传统物理观念的束缚,将这个假设称为"能量量子化",并对此进行了深入的探讨,给出了能量量子与黑体辐射频率的关系。普朗克能量量子化假说的提出,标志着量子理论的诞生,成为物理学从经典理论到量子理论的第一次飞跃。

2.3.1 普朗克能量量子化假说

1900 年 12 月 14 日,普朗克在《论正常光谱的能量分布定律的理论》的文章中首次提出了能量量子化假说,建立了量子理论。普朗克认为物质与辐射场的能量交换是以所谓"能包"的形式一份一份地进行的,每份的大小为 E_1,称为一个能量量子(简称能量子,energy quantum)。基于这种量子化的交换方式,不论是物质体系还是辐射场,其能量的变化都是不连续的。允许的能量只能是能量子的整数倍,即 $E=nE_1(n=1,2,3,\cdots)$。

普朗克能量量子化假说内容总结如下:

(1) 物质吸收和发射的能量是量子化的，只能取一些分立值 E_1、$2E_1$，$3E_1$，…，nE_1，是最小能量单元 E_1 的整数倍，即 nE_1；

(2) 频率为 ν 的谐振子，其能量与频率成正比，即能量子 $E_1=h\nu$，其中 $h=6.6260755\times 10^{-34}$ J·s，称为普朗克常量。

2.3.2 黑体辐射公式

普朗克基于该假说，建立了普朗克黑体辐射公式。普朗克详细分析能量密度分布规律，特别针对瑞利-金斯公式的"紫外灾难"问题，发现当 $\nu\to\infty$ 时，谐振子数 $\frac{8\pi\nu^2\mathrm{d}\nu}{c^3}\to\infty$。而平均能量 $\bar{E}=kT$，在一定温度 T 下，平均能量是恒定值，最终导致"紫外灾难"。因此，普朗克提出能量量子化假说，重新推导平均能量，推导过程如下。

根据玻尔兹曼分布律，谐振子的概率 a_n 与 $\mathrm{e}^{-\beta E_n}$ 成正比，因此，平均能量为

$$\bar{E}=\frac{\sum_n E_n a_n}{\sum_n a_n}=\frac{\sum_n E_n \mathrm{e}^{-\beta E_n}}{\sum_n \mathrm{e}^{-\beta E_n}} \tag{2-12}$$

其中，$\beta=\frac{1}{kT}$。

令

$$Z=\sum_n \mathrm{e}^{-\beta E_n} \tag{2-13}$$

则

$$\bar{E}=-\frac{1}{Z}\frac{\mathrm{d}Z}{\mathrm{d}\beta}=-\frac{\mathrm{d}\ln Z}{\mathrm{d}\beta} \tag{2-14}$$

将 $E_n=nE_1$ 代入式(2-13)中，得到

$$Z=\sum_n \mathrm{e}^{-\beta E_n}=\sum_n \mathrm{e}^{-\beta nE_1}=\sum_n (\mathrm{e}^{-\beta E_1})^n \tag{2-15}$$

利用 $\frac{1}{1-x}=\sum_n x^n$，将式(2-15) 化简，得到

$$Z=\sum_n (\mathrm{e}^{-\beta E_1})^n=\frac{1}{1-\mathrm{e}^{-\beta E_1}}=\frac{1}{1-\mathrm{e}^{-\beta h\nu}} \tag{2-16}$$

将式(2-16)代入式(2-14)中，化简得到平均能量为

$$\bar{E}=\frac{h\nu}{\mathrm{e}^{\frac{h\nu}{kT}}-1} \tag{2-17}$$

最终得到普朗克黑体辐射公式，即

$$\rho_\nu \mathrm{d}\nu=\frac{8\pi\nu^2\mathrm{d}\nu}{c^3}\cdot\frac{h\nu}{\mathrm{e}^{\frac{h\nu}{kT}}-1}=\frac{8\pi h\nu^3\mathrm{d}\nu}{c^3}\cdot\frac{1}{\mathrm{e}^{\frac{h\nu}{kT}}-1} \tag{2-18}$$

通过实验验证，普朗克黑体辐射公式在全波范围内与实验结果完全吻合，黑体辐射难题迎刃而解。

普朗克能量量子化假说的意义如下。

(1) 普朗克能量量子化假说导出与实验结果相吻合的普朗克黑体辐射公式，解决了黑体辐射的难题。

(2) 首次提出能量量子化概念，标志着量子理论的诞生，普朗克也因此获得 1918 年诺贝尔物理学奖。

(3) 普朗克常量 h 已经成为物理学中最基本、最重要的常量之一。

(4) 由普朗克黑体辐射公式可以推导得到维恩位移定律。

由于

$$\rho_\nu \mathrm{d}\nu = \frac{8\pi h\nu^3 \mathrm{d}\nu}{c^3} \cdot \frac{1}{e^{\frac{h\nu}{kT}} - 1}$$

因此

$$\rho_\lambda \mathrm{d}\lambda = -\frac{8\pi hc}{\lambda^5} \cdot \frac{\mathrm{d}\lambda}{e^{\frac{hc}{kT\lambda}} - 1}$$

对于能量密度极大值，有 $\frac{\mathrm{d}\rho_\lambda}{\mathrm{d}\lambda} = 0$，对应的波长 λ_m 满足 $\lambda_m T = 2.89 \times 10^{-3}\ \mathrm{m \cdot K}$ 。

(5) 由普朗克黑体辐射公式可以推导得到斯特藩-玻尔兹曼定律。

由于

$$\rho_\nu \mathrm{d}\nu = \frac{8\pi h\nu^3 \mathrm{d}\nu}{c^3} \cdot \frac{1}{e^{\frac{h\nu}{kT}} - 1}$$

因此，辐射出射度为

$$M(T) = \int \rho \mathrm{d}\nu = \sigma T^4$$

其中，斯特藩常量 $\sigma = 5.67 \times 10^{-12}\ \mathrm{W/(cm^2 \cdot K^4)}$。

(6) 在长波条件下，由普朗克黑体辐射公式可以推导得到瑞利-金斯公式。

由于

$$\rho_\nu \mathrm{d}\nu = \frac{8\pi h\nu^3 \mathrm{d}\nu}{c^3} \cdot \frac{1}{e^{\frac{h\nu}{kT}} - 1}$$

在长波条件下，$\nu \to 0$，则 $e^{\frac{h\nu}{kT}} \approx 1 + \frac{h\nu}{kT}$，代入普朗克黑体辐射公式，可得

$$\rho_\nu \mathrm{d}\nu \approx \frac{8\pi h\nu^3}{c^3} \cdot \frac{1}{1 + \frac{h\nu}{kT} - 1} \mathrm{d}\nu$$

化简得到

$$\rho_\nu \mathrm{d}\nu = \frac{8\pi \nu^2 \mathrm{d}\nu}{c^3} kT$$

(7) 在短波条件下，由普朗克黑体辐射公式可以推导得到维恩公式。

由于

$$\rho_\nu \mathrm{d}\nu = \frac{8\pi h\nu^3 \mathrm{d}\nu}{c^3} \cdot \frac{1}{e^{\frac{h\nu}{kT}} - 1}$$

在短波条件下，$\nu \to \infty$，则 $e^{\frac{h\nu}{kT}} \gg 1$，代入普朗克黑体辐射公式，可得

$$\rho_\nu \mathrm{d}\nu \approx \frac{8\pi h\nu^3}{c^3} \cdot \frac{1}{\mathrm{e}^{\frac{h\nu}{kT}}} \mathrm{d}\nu$$

化简得到

$$\rho(\nu, T)\mathrm{d}\nu = C_1 \nu^3 \mathrm{e}^{-C_2\nu/T} \mathrm{d}\nu$$

式中，常量 $C_1 = \frac{8\pi h}{c^3}$，$C_2 = \frac{h}{k}$。

基于能量量子化假说，激光技术诞生了，它成为近代最重要的技术之一。由于普朗克研究的是实物与辐射（电磁场）的能量平衡过程，因此他在能量量子化假说中把频率与能量联系了起来，这样就把能量子与物质存在的另一形式——场建立了联系，从而启发了人们对物质的波粒二象性（wave-particle duality）的认识，为解释经典物理学遇到的另一个难题——光电效应奠定了重要的理论基础。

2.4　光电效应实验与爱因斯坦的光量子理论

2.4.1　光的性质

关于光的性质的研究可以追溯到 17 世纪，牛顿提倡光的粒子说，惠更斯提倡光的波动说，双方各执一词，形成两大对立学说。由于光的波动说一直没有令人信服的数学基础和实验验证，再加上牛顿的个人威望，光的粒子说一直处于上风。然而到了 19 世纪，光的干涉实验和衍射实验现象的发现，证明了光的波动说的正确性，它将人类对光的本质的认识推进了一步。此外，麦克斯韦揭示了光波的电磁本质，这是对光的性质的认识的进一步深化。然而，到了 19 世纪末，光的波动说面对光电效应实验却束手无策。

2.4.2　爱因斯坦的光量子理论

为了解释光电效应的特殊规律，1905 年，爱因斯坦（A. Einstein）发展了普朗克的能量量子化假说，提出了光量子理论，认为光是由大量光量子所组成的粒子流，即认为光具有粒子性。该粒子不可分裂，可整个被金属的电子吸收或发射。爱因斯坦称这种粒子为光量子（light quantum），光量子的能量由光的频率决定。因此，频率为 ν 的光束以能量为 $h\nu$ 的微粒形式出现，且以光速 c 在空间运动。

爱因斯坦的光量子理论改变了传统观念，认为光既具有波动性，也具有粒子性。光在传播过程中，表现出波动的性质，而光在与物质相互作用时，则表现出粒子的性质，称之为“光的波粒二象性”。

2.4.3　爱因斯坦的光电方程

当光量子投射到金属表面时，光量子与金属中的电子发生撞击，有可能被电子吸收。若电子获得的能量足以克服金属逸出功 W 时，电子就能作为光电子从金属中逸出，并具有动能的

最大值 E_k。根据能量守恒,此过程可写成以下方程:

$$E_k = h\nu - W \tag{2-19}$$

式(2-19)称为光电效应的爱因斯坦光电方程。此方程明确地表达了光电子最大动能与入射光频率的线性关系,与实验结果相吻合。由于动能必须为正,可得临界频率为

$$\nu_0 = W/h \tag{2-20}$$

这是测量普朗克常量的另一种方法。

由光电方程(2-19)可得,光电子的动能(表现为实验中的遏止电压 U)与入射光频率 ν 有关,与光的强度无关,光的强度只决定光电子的数量。当入射光频率大于临界频率 ν_0 时,无论光多么微弱,都可以观测到光电流;相反,对确定的金属而言,当光的频率低于某一确定值(临界频率)时,再强的光也不能产生光电子。该结论与实验结果完全一致。

此外,光电子的动能与入射光频率的关系呈一条直线,它的斜率与阴极材料的性质无关。美国物理学家密立根(R. Milikan)在实验中测得遏止电压 U 与 ν 有线性关系,其斜率为 h/e。由于电子电荷值 e 是已知的,所以可以由斜率来测定普朗克常量 h。测得结果 $h=6.6260755\times 10^{-34}\ \mathrm{J\cdot s}$,与用其他方法所测定的值符合得很好。因此,密立根实验精确地验证了爱因斯坦光电方程。

光子不但具有确定的能量,而且具有动量。由相对论可知,以速度 v 运动的粒子能量为

$$E = \frac{m_0 c^2}{\sqrt{1-\frac{v^2}{c^2}}} \tag{2-21}$$

式中:m_0 是粒子的静止质量;对于光子,$v=c$。

由式(2-21)可知,光子的静止质量为零。

再由相对论中能量动量关系式

$$E^2 = m_0^2 c^4 + c^2 p^2 \tag{2-22}$$

可得光子能量 E 与动量 p 的关系为

$$E = cp \tag{2-23}$$

因此,光子的能量和动量可分别表示为

$$E = h\nu = \hbar\omega \tag{2-24}$$

$$\vec{p} = \frac{h\nu}{c}\vec{n} = \frac{h}{\lambda}\vec{n} = \hbar\vec{k} \tag{2-25}$$

式中,$\vec{n}$ 表示沿光子运动方向的单位矢量,$\omega=2\pi\nu$ 表示角频率,λ 为波长,且波矢 $\vec{k}$ 为

$$\vec{k} = \frac{2\pi\nu}{c}\vec{n} = \frac{2\pi}{\lambda}\vec{n} \tag{2-26}$$

其中,$\hbar=\dfrac{h}{2\pi}=1.0546\times 10^{-34}\ \mathrm{J\cdot s}$,同样是普朗克常量。

式(2-24)和式(2-25)把光的两重性质——波动性和粒子性有机联系起来,等式左边的能量和动量描述光子的粒子性,而等式右边的频率和波长描述光子的波动性。式(2-24)和式(2-25)称为关于光量子的爱因斯坦关系。

2.4.4　光的波粒二象性的实验验证

1. 康普顿散射

爱因斯坦的光量子理论直到被康普顿效应证实之后，才得到物理学界的广泛接受。1922—1923 年康普顿(A. H. Compton)研究了 X 射线被较轻物质(石墨、石蜡等)散射后光的成分，发现散射谱线中除了有波长与原波长相同的成分外，还有波长较长的成分，且散射波长随散射角的增大而增大。这种散射现象称为康普顿散射或康普顿效应。然而，按照经典电动力学，电磁波被散射后的波长不应发生改变。但是，如果将这个过程看作光子与电子碰撞的过程，碰撞前后光子能量传递给电子，光子能量减小，根据能量与频率的关系，则散射波频率减小，波长增大，康普顿效应就可以得到完满的解释。康普顿效应的发现，从实验上进一步证实了光具有粒子性。

下面利用光量子理论对康普顿效应进行理论证明。假设能量为 $\hbar\omega$ 的光子与石墨电子碰撞，如图 2-6 所示。碰撞前，光子沿 OA 方向运动，动量为 $\hbar\omega/c$，电子静止，动量为零；碰撞后，光子沿 OB 方向运动，能量为 $\hbar\omega'$，动量为 $\hbar\omega'/c$，电子沿着 OC 方向以速度 v 运动。

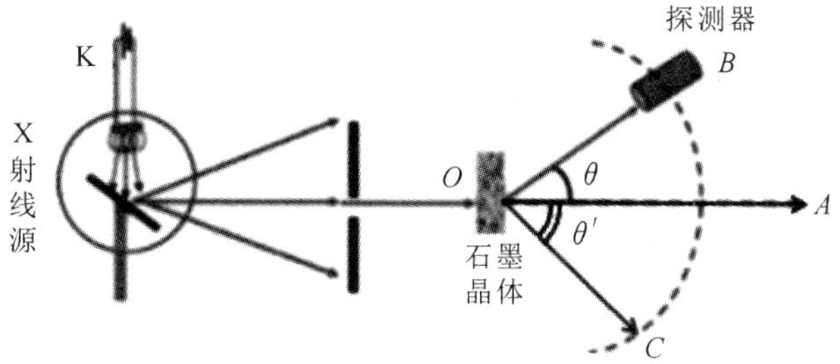

图 2-6　康普顿散射实验示意图

根据相对论，电子碰撞后的动能为

$$\frac{m_0c^2}{\sqrt{1-\frac{v^2}{c^2}}}-m_0c^2 \tag{2-27}$$

动量为

$$\frac{m_0v}{\sqrt{1-\frac{v^2}{c^2}}} \tag{2-28}$$

由于碰撞前后能量守恒，因此

$$\hbar\omega=\hbar\omega'+m_0c^2\left(\frac{1}{\sqrt{1-\beta^2}}-1\right) \tag{2-29}$$

式中，$\beta=\frac{v}{c}$。以 θ 表示 OB 与 OA 之间的夹角(散射角)，则沿 OA 方向和垂直于 OA 方向动量守恒的表示式为

$$\frac{\hbar\omega}{c}=\frac{\hbar\omega'}{c}\cos\theta+\frac{m_0v}{\sqrt{1-\beta^2}}\cos\theta' \tag{2-30}$$

$$0=\frac{\hbar\omega'}{c}\sin\theta-\frac{m_0 v}{\sqrt{1-\beta^2}}\sin\theta' \tag{2-31}$$

由式(2-30)、式(2-31)化简可得

$$\frac{\hbar^2\omega^2}{c^2}+\frac{\hbar^2\omega'^2}{c^2}-\frac{2\hbar^2\omega\omega'}{c^2}\cos\theta=\frac{m_0^2 v^2 c^2}{c^2-v^2} \tag{2-32}$$

$$\omega-\omega'=\frac{\hbar\omega\omega'}{m_0 c^2}(1-\cos\theta)=\frac{2\hbar\omega\omega'}{m_0 c^2}\sin^2\frac{\theta}{2} \tag{2-33}$$

将角频率和波长的关系式 $\omega=\frac{2\pi c}{\lambda}$ 和 $\omega'=\frac{2\pi c}{\lambda'}$ 代入式(2-33),得到波长变化量为

$$\Delta\lambda=\lambda'-\lambda=\frac{4\pi\hbar}{m_0 c}\sin^2\frac{\theta}{2} \tag{2-34}$$

根据式(2-34),散射波波长随散射角的增大而增大。

康普顿的学生、从中国赴美留学的吴有训对康普顿效应的进一步研究和检验证实了康普顿效应的普遍性。康普顿最初发表的论文只涉及一种散射物质(石墨),尽管已经获得明确的数据,但终究只限于某一特殊条件。为了证明这一效应的普遍性,吴有训在康普顿的指导下,获得了 7 种物质的 X 射线散射曲线,证明只要散射角相同,不同物质散射的效果都一样,变线和不变线波长的偏离与物质成分无关,并于 1924 年在《美国科学院通报》上两人联名发表题为《经轻元素散射后的钼 Kα 射线的波长》文章,公布了上述成果。1930 年 10 月,吴有训在美国著名的《自然》期刊上发表了他回中国后的第一篇理论文章——《论单原子气体全散射 X 射线的强度》,开始了对单原子气体、双原子气体和晶体散射的散射强度理论研究。1932 年,吴有训在美国《物理学评论》上发表了《双原子气体 X 射线散射》一文,认为当时华盛顿大学物理系教授江赛的散射强度公式,缺少一个校正因子,并令人信服地阐明了他分析的正确性。此外,吴有训还为中国物理学界人才培养做出了很大贡献,钱三强、钱伟长、杨振宁、邓稼先、李政道等学者都曾是他的学生。

2. 再论光的干涉实验

1926 年美国科学家罗伊斯(G. Lews)把光量子叫作光子(photon),以更好地反映光的粒子特性,这是因为只有用由光子组成的粒子流才能理解光电效应和康普顿散射。但许多实验表明,光是波,如何用光子的观点来解释反映光的波动特性的衍射和干涉等实验现象呢?

在干涉实验中,如果单色入射光的强度很大,我们在荧光屏上一下子就得到一个干涉图像(条纹),即光的强度的分布。如果我们将光的强度降低,极限条件下每次只有一个光子入射,当时间非常短时,在荧光屏上只能看到非常少而且杂乱无章的亮点,表明有光子穿过双缝打到荧光屏上,显示了光的粒子性。随着时间的延长,打到荧光屏上的粒子不断增多,可逐渐看到清晰的有规律的干涉条纹,该干涉条纹显示了光的强度分布,也反映了光子个数的分布,即光子在各处出现的概率分布,其中,亮条纹是干涉加强区,表明光子在该位置出现的可能性较大。因此,光子在空间各点出现的可能性可以用波动规律进行解释,两者相互吻合。

综上所述,光波是一种概率波,概率表征某一事物出现的可能性。生活中,涉及概率统计的事件很多,例如在研究分子热运动时,研究单个分子的运动是毫无意义的,需要研究的是大量分子整体表现出来的规律,这叫作统计规律。

根据电动力学，自由电磁场的单色平面波，在适当的洛伦茨规范（Lorenz gauge）下，可用矢势 A 描述：

$$A(x,t)=a(k)\mathrm{e}^{\mathrm{i}(k\cdot x-\omega t)} \tag{2-35}$$

电子强度 E 为

$$E=-\frac{\partial A}{\partial t}=\mathrm{i}\omega a(k)\mathrm{e}^{\mathrm{i}(k\cdot x-\omega t)} \tag{2-36}$$

由光学可知，光的强度 I 是能流密度 S 的平均值，此处有

$$S=\left|\sqrt{\frac{\varepsilon}{\mu}}E^2\right|=\sqrt{\frac{\varepsilon}{\mu}}\omega^2\ |\ a(k)\ |^2 \tag{2-37}$$

如果差一个倍数，令

$$a(k)=\sqrt{\frac{\hbar}{\omega}\sqrt{\frac{\mu}{\varepsilon}}}b(k) \tag{2-38}$$

那么有

$$I=S=\hbar\omega\ |\ b(k)\ |^2 \tag{2-39}$$

其中，$\hbar\omega$ 是一个光子的能量，所以，$|b(k)|^2$ 代表光子的数量。可见，矢势 A 的振幅的模平方 $|a|^2$ 与光子的数量成正比。如果 A 是描述单个光子的，那么它的模平方 $|a|^2$ 就与光子在空间出现的概率成正比。干涉条纹的出现正好可以用这个概率分布来说明。

式(2-35)描述了一个光波，它的角频率为 ω，波长为 $2\pi/|k|$，传播速度为 $\omega/|k|=c$，传播方向为 $k/|k|$，其振幅大小为 $|a(k)|$，它反映波的能量或强度。再来分析光量子关系式(2-24)、式(2-25)，它们描述了粒子的特性。每一个粒子有能量 $E=\hbar\omega$，动量 $\vec{p}=\hbar\vec{k}$，运动速度 $c=E/\vec{p}$，粒子的数量与模平方 $|a|^2$ 成正比。因此，式(2-35)可以清楚地表征光的波粒二象性的统计结果，称为自由光子状态的波函数。

在光学理论发展历史上，曾有很长一段时间，人们徘徊于光的粒子性和波动性之间，实际上这两种解释并不是对立的，量子理论的发展证明了这一点。

2.5　原子线状光谱与玻尔的原子结构量子理论

2-3　原子线状光谱与玻尔的原子结构量子理论

在 2.1 节中，我们已经介绍经典物理学理论在解释 20 世纪初原子结构问题时遇到不可克服的困难，例如黑体辐射问题、光电效应以及原子的线状光谱。我们在 2.2 节至 2.4 节中深入分析了黑体辐射、光电效应等实验现象，提出了普朗克能量量子化假说和爱因斯坦光量子理论，建立了在全波范围内与实验结果相符合的黑体辐射公式，以及爱因斯坦光电方程。然而，还有两个重要问题没有解决：(1)原子为什么是稳定的？电子为什么没有坠入原子核中？(2) 为什么原子具有线状光谱？要解决这个问题，必须从原子结构这个朴素而又本质的问题入手。不同原子具有不同的特征光谱，光谱反映了原子的内部结构。本节将以原子线状光谱为切入点，详细介绍玻尔的原子结构量子理论，并解决上述“未解之谜”。

2.5.1 原子的线状光谱

原子光谱提供了原子内部结构的丰富信息。对于确定的原子，在各种激发条件下得到的光谱总是完全一样的，因此，光谱可以表示该原子的特征。根据经典物理学理论，由于原子向外辐射的能量是连续的，因此辐射电磁波的频率也是连续变化的，对应的光谱也应该是连续的。然而，采用光谱仪测定氢原子、氦原子和水银的光谱，发现这些原子光谱都是不连续的。以氢原子为例，氢原子的光谱由许多分立的谱线组成，至 1885 年已在可见光和近紫外光谱区发现了 14 条氢原子光谱，如图 2-7 所示。然而，经典物理学理论无法解释原子的线状光谱。

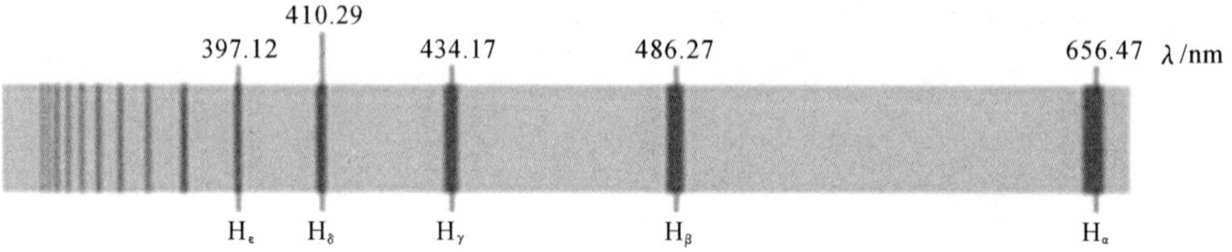

图 2-7 氢原子线状光谱

瑞士科学家巴尔末发现氢原子可见光波段的光谱巴尔末系，并归纳总结出氢原子光谱中谱线频率的经验公式：

$$\tilde{\nu} = R_{\mathrm{H}}\left(\frac{1}{n'^2} - \frac{1}{n^2}\right), \quad \begin{pmatrix} n' = 1,2,3,\cdots \\ n = 2,3,4,\cdots \end{pmatrix} \quad (n > n') \tag{2-40}$$

式(2-40)称为巴尔末公式，式中 $\tilde{\nu}$ 表示波数，R_{H} 是氢的里德伯常量。由光谱实验测得 R_{H} 的准确数值为 $1.09677576\times10^{7}\ \mathrm{m}^{-1}$。然而，从经典物理学角度无法推导巴尔末公式，也有科学家称之为“巴尔末公式之谜”。由巴尔末公式可以看出，如果光谱中有频率为 ν_1 和 ν_2 的两条谱线，则常常还有频率为 $\nu_1+\nu_2$ 或 $|\nu_1-\nu_2|$ 的谱线，这称为并和原则。经典物理学理论对上述问题都束手无策。

2.5.2 玻尔的原子结构量子理论

丹麦物理学家玻尔(Niels Henrik David Bohr)在前人工作的基础上，于 1913 年对原子光谱线系的巴尔末公式做出理论解释。当时已有的原子模型是电子绕原子核运转，正如行星绕太阳运转一样。玻尔在这基础上进一步提出以下三条假设。

(1) 定态假设：原子只能处于一系列不连续的稳定状态上，在该状态上，原子具有确定、不变的能量，这种状态称为定态。

(2) 跃迁假设：当电子保持在定态时，它们不吸收也不辐射能量。只有当电子由一个定态跃迁到另一个定态时，才会产生能量的吸收或发射现象。电子由能量为 E_m 的定态跃迁到能量为 E_n 的定态时所吸收或发射的能量频率 ν，满足下面的关系：

$$\nu = \frac{|E_n - E_m|}{h} \tag{2-41}$$

(3) 角动量量子化假设。

为了确定电子运动的可能轨道，玻尔提出量子化条件，即在量子理论中，角动量必须是 $\hbar$ 的整数倍，即

$$|\vec{L}| = n\hbar \tag{2-42}$$

根据玻尔的原子结构量子化理论，以及氢原子核外电子的受力分析，可成功推导出巴尔末公式，具体推导过程如下。

根据氢原子核外电子的受力分析，原子核与电子之间的库仑力提供电子做圆周运动的向心力，即

$$\frac{1}{4\pi\varepsilon_0}\frac{e^2}{r^2} = m\frac{v^2}{r} \tag{2-43}$$

式中，e 表示电子电荷量，r 表示电子轨道半径，m 表示电子质量，v 表示电子运动速度，ε_0 是真空介电常数。化简得到，速度平方为

$$v^2 = \frac{e^2}{4\pi\varepsilon_0 mr} \tag{2-44}$$

利用角动量量子化假设，即

$$L = mvr = n\hbar \tag{2-45}$$

代入式(2-44)，得到电子轨道半径为

$$r_n = n^2 \cdot \frac{4\pi\varepsilon_0\hbar^2}{me^2} \tag{2-46}$$

其中，n 是量子数，r_n 表示对应的轨道，因此其轨道半径是量子化的。

当 $n=1$ 时，有

$$r_1 = \frac{4\pi\varepsilon_0\hbar^2}{me^2} = 0.529\times10^{-10}\ \text{m} \tag{2-47}$$

r_1 表示核外电子的最小轨道半径，又称为玻尔半径。

因为电子能量=电子动能+电子势能，即

$$E_n = E_\text{k} + E_\text{p} = \frac{1}{2}mv^2 - \frac{e^2}{4\pi\varepsilon_0 r_n} = -\frac{e^2}{8\pi\varepsilon_0 r_n} \tag{2-48}$$

令 e_s 表示有效电荷，且

$$e_\text{s}^2 = \frac{e^2}{4\pi\varepsilon_0} \tag{2-49}$$

则

$$E_n = -\frac{me_\text{s}^4}{2n^2\hbar^2} = \frac{E_1}{n^2} \tag{2-50}$$

其中，$E_1=-13.6$ eV。该式表示电子能量也是量子化的。

当原子从 E_n 能级向 $E_{n'}$ 能级跃迁时，根据量子跃迁假设，其辐射频率为

$$\nu_{nn'} = \frac{E_n - E_{n'}}{h} \tag{2-51}$$

将能量表达式代入上式，得

$$\nu_{nn'} = \frac{E_n - E_{n'}}{h} = \frac{me_\text{s}^4}{4\pi\hbar^3}\left(\frac{1}{n'^2} - \frac{1}{n^2}\right) \tag{2-52}$$

对上式进行变换，得到波数为

$$\tilde{\nu}=\frac{1}{\lambda}=\frac{me_s^4}{4\pi\hbar^3c}\left(\frac{1}{n'^2}-\frac{1}{n^2}\right)=R_H\left(\frac{1}{n'^2}-\frac{1}{n^2}\right),\quad (n>n') \tag{2-53}$$

并且得出 $R_H=me_s^4/(4\pi\hbar^3c)$；在国际单位制(SI)中，$e_s=e(4\pi\varepsilon_0)^{-\frac{1}{2}}$ 是关于电子电荷的数值(电子电荷为 $-e$)，$\varepsilon_0=8.854\times10^{-12}\ C^2/(N\cdot m^2)$；在厘米·克·秒制(CGS)中，$e_s=e$。

玻尔的理论开始时只考虑了电子的圆周轨道，即电子只具有一个自由度。后来索末菲将玻尔的量子化条件推广为 $\oint p\mathrm{d}q=nh$，q 是电子的一个广义坐标，p 是对应的广义动量，回路积分是沿运动轨道一圈，n 是正整数，称为量子数。这个推广后的量子化条件可以应用于多自由度的情况。这样就不仅能解释氢原子光谱，也能很好地解释只有一个价电子的碱金属(如 Li、Na、K 等)原子光谱(类氢原子光谱)。

2.5.3 玻尔的原子结构量子理论的成功与局限

1. 成功之处

玻尔的原子结构量子理论取得了一定成功，总结如下。

(1) 成功地解释了原子的稳定性、大小及氢原子光谱的规律性。定态假设(定态具有稳定性和确定的能量值)依然保留在近代量子理论中，为人们认识微观世界和发展量子理论打下基础。

(2) 从理论上计算了里德伯常量 R_H，解开了近 30 年之久的"巴尔末公式之谜"，打开了人们认识原子结构的大门，而且玻尔提出的一些概念，如量子跃迁及频率条件等，至今仍然是正确的。

(3) 可以对类氢原子光谱给予说明，例如具有一个价电子的碱金属原子光谱。

1922 年，第 72 号元素铪的发现证明了玻尔的理论，玻尔因对原子结构理论的贡献而获得诺贝尔物理学奖。

2. 局限与不足

然而任何事物都要辩证地理解，玻尔的原子结构量子理论也存在一些局限性：

(1) 只能解释氢原子及碱金属原子的光谱，无法解释复杂原子的光谱，如两个或两个以上价电子的原子光谱；

(2) 只能给出光谱线的频率，而不能解释和计算谱线的强度、宽度以及这种跃迁的概率，更不能指出哪些跃迁能观察到，哪些观察不到；

(3) 不能解释量子化的条件从何而来，它仍保留经典力学中的轨道概念，把经典力学规律强加于微观粒子，属于半经典的量子理论。

正是这些困难打开了新量子理论的大门，迎来了物理学的大革命。

玻尔的原子结构量子理论具有这些局限的主要原因是把微观粒子(电子、原子等)看作经典力学中的质点，从而把经典力学的规律用在微观粒子上。直到 1924 年德布罗意揭示出微观粒子具有根本不同于宏观质点的性质——波粒二象性后，一个较完整的描述微观粒子运动规律的理论——量子力学才逐步建立起来。

2.6　微粒的波粒二象性与德布罗意波

2-4　微粒的波粒二象性与德布罗意波

前面我们讨论了光不仅具有波动性，还具有粒子性。那么，实物粒子，即那些静止的质量不为零的粒子，是否具有波的性质呢？法国著名物理学家德布罗意(L. De Broglie)在 1924 年首先提出了这个问题。当时还是研究生的德布罗意在普朗克、爱因斯坦的量子理论，以及玻尔的原子结构量子理论的启发下，在他向巴黎大学理学院提交的博士论文《量子论研究》中，大胆地提出了德布罗意假设，认为质量为 m_0 的粒子，以速度 v 运动时，不但具有粒子的性质，也具有波动的性质；因此，波粒二象性是光子和一切实物粒子的共同本质。

德布罗意假定具有机械能量为 E、动量为 p、静止质量为 m_0 的实物粒子，与一个频率为 ν、波长为 λ 的平面波对应。其中，ν、λ 与 E、p 通过德布罗意关系建立有机联系：

$$E = h\nu = \hbar\omega$$

$$\vec{p} = \frac{h\nu}{c}\vec{n} = \frac{h}{\lambda}\vec{n} = \hbar\vec{k} \qquad (2\text{-}54)$$

德布罗意称与物质粒子相联系的波为物质波(matter wave)，后人也称它为德布罗意波。

由上面的德布罗意关系式可知，粒子动量增大时，波长 λ 减小；对有相同速度的粒子，静止质量 m_0 越大则波长越短。若以 E_k 表示粒子的动能，则相对论情形下粒子的能量和动量分别为

$$E = E_k + m_0 c^2$$

$$c^2 p^2 = E^2 - m_0^2 c^4 \qquad (2\text{-}55)$$

由此得到相应物质波的波长为

$$\begin{aligned}\lambda &= \frac{hc}{\sqrt{E^2 - m_0^2 c^4}} = \frac{hc}{\sqrt{E_k(E_k + 2m_0c^2)}} \\ &= \frac{h}{\sqrt{2m_0E_k}} \cdot \frac{1}{\sqrt{1 + E_k/(2m_0c^2)}}\end{aligned} \qquad (2\text{-}56)$$

当粒子速度 v 比光速 c 小许多时，即 $\beta = \dfrac{v}{c} \ll 1$，为非相对论情形，粒子的动能比静止能小很多，$E_k/(2m_0c^2)$ 是个小量，于是有关系式

$$\lambda \approx \frac{h}{\sqrt{2m_0E_k}} = \frac{h}{m_0 v} \qquad (2\text{-}57)$$

物理学上提出新概念是重要的一步，但更重要的是可否被证实(或证伪)。德布罗意关于物质波的观点是否可以用实验来验证呢？实物粒子的粒子性是由大量实验事实所揭示的。对于电子，正是由于确认了电子在空间的位置是可确定的，可用空间坐标来表示它的位置，运动时它具有确定的轨迹和能量、动量等，我们才认为电子是粒子，汤姆孙的实验就是根据这些确定了电子的荷质比。从光学中我们知道，光的波动性是由干涉、衍射等实验所揭示的。在光学实验中，只要光学仪器的有关线度，如障碍物、光栅的线度等，与光的波长可比拟或小于光的波

长，就能观察到波动形态所特有的干涉和衍射现象。19 世纪初，杨氏双缝实验证实了光的波动性。1909 年泰勒(G. I. Taylor)用很弱的光源观测到干涉条纹。

那么，对于实物粒子，当物质波的波长与障碍物或孔的线度可比拟时，是否也能显示出波动性呢？对于那些从宏观上来说很小的质点，例如，一个质量 $m_0=10\ \mu g$ 的粒子，它的速度 $v=1$ cm/s 时，计算出它相应的德布罗意波的波长 $\lambda\approx 6\times 10^{-24}$ m，其德布罗意波波长非常短，在宏观世界中很难观察到它的波动性。因此为观察物质波的存在，必须使粒子的波长与仪器的某些几何参数可比拟，具体地说，就是要找出一种可以用来观察它的衍射现象的光栅。

由式(2-57)可知，想要得到大的波长，应选择质量小的实物粒子。在各类实物粒子中，电子的质量最小($m_e=9.1\times 10^{-31}$ kg)。当它低速运动时，相应的波长较长。经计算可知，动能为 150 eV 的电子的德布罗意波波长与晶体中原子之间的距离(约为 0.1 nm)恰好相近，从而可以用晶体作为光栅。

1927 年，美国的戴维孙(C. J. Davisson)和革末(L. H. Germer)合作完成了镍晶体的电子衍射实验，对电子的德布罗意波给出了明确的实验验证。

1927 年，英国物理学家汤姆孙(G. P. Thomson)用一束窄阴极射线(能量为 20～60 keV)打在金属薄箔(厚度在 10^{-6} cm 量级)上，在薄箔后面垂直于入射电子束方向放置照相胶片接收散射电子，显影后底片上得到了德拜-谢勒衍射环(Debye-Scherrer ring)。根据 X 射线衍射的数据可以分析金属的晶格结构，由此计算的电子波长和由电子动量计算的德布罗意波波长的误差在 1%以内。为了进一步确认衍射是由电子引起的，实验时设计电子通过薄箔后再经过一个均匀磁场，发现在经过磁场后电子只有偏转，但仍能保持衍射图案，因而确定这不是 X 射线衍射而是电子衍射。

粒子的波动性不但在电子的实验中得到证实，而且在中子、氦原子和氢分子，甚至大到像 C_{60} 和 C_{70} 这样的大分子中都得到验证。1993 年克罗米等人用扫描电子显微镜技术，把铜表面上的铁原子排列成半径为 7.13 nm 的圆环形量子围栏，并观测到了围栏内的同心圆柱状驻波，直接证实了物质波的存在。1999 年昂待(M. Arndt)等人将从约 1000 K 的高温炉中升华出来 C_{60} 分子束经过两条准直狭缝，射向一个吸收光栅，观测到 C_{60} 分子束的衍射现象。这是迄今为止在实验中观测到具有波动性的质量最重、结构最复杂的粒子。原子和分子的实验意义更深刻，和电子不同，它们都是由电子和其他一些粒子组成的复合体系。原子和分子也具有波动性，充分表明实物粒子普遍具有波动性。

实物粒子的波动性已在科学实验和技术中得到了广泛应用，例如电子显微镜、低能中子散射技术等。

前面我们用物质波描述了光子的波粒二象性。对于能量为 E、动量为 p 的自由粒子，t 时刻在空间 x 处的粒子数密度或概率密度与 $|\Phi|^2$ 成正比，因此，波函数有确切的物理意义，它和电场强度、磁感应强度等物理量相联系，它的模平方则与光子数(概率)相联系。从德布罗意关系可知，德布罗意波有固定的波长和频率，因此是个单色平面波。这样，自由粒子的概率波可记为

$$\Phi(x,t)=Ae^{i(kx-\omega t)} \tag{2-58}$$

因为我们习惯性使用动量、能量描述粒子，根据德布罗意关系，上式可改为

$$\Phi(x,t)=Ae^{i(px-Et)/\hbar} \tag{2-59}$$

因此，自由粒子的德布罗意波是单色平面波。

知识拓展

爱因斯坦与玻尔关于世界本质的伟大论战

从 20 世纪 20 年代后期开始，量子力学的物理诠释以及隐含的科学和哲学问题，引起了一场史无前例的科学大论战。这场思想和理论的"世界大战"，已经持续了 70 年。这场深刻的科学和哲学问题争论，是科学发展史上的重大事件，而 20 世纪两位最伟大的科学巨人——爱因斯坦和玻尔（见图 2-8）之间的激烈交锋，则是其中最主要和最有代表性的部分。

图 2-8　爱因斯坦和玻尔历史图片

1. 第一回论战

1927 年 10 月在布鲁塞尔召开了第五届索尔维会议，会议的议题是"电子与光子"，企图解决"经典理论与量子理论之间的矛盾"。包括爱因斯坦、玻尔、薛定谔、玻恩、德布罗意、海森堡、洛伦兹、康普顿等在内的世界最著名的科学家出席了这次会议。

在会上，玻尔首先进行了发言，阐述互补原理和对量子力学的诠释。由于爱因斯坦一直对量子力学的统计解释感到不满，他曾在 1926 年 12 月 4 日写信给玻尔道："量子力学固然是堂皇的。可是有一种内在的声音告诉我，它还不是那真实的东西。这理论说得很多，但是一点也没有真正使我们更接近这个'恶魔'的秘密。我无论如何深信上帝不是在掷骰子。"所以人们都急切地期待着爱因斯坦对玻尔观点的反应。20 世纪两位最伟大的科学巨人之间一场持达几十年之久的争论即将拉开序幕。

第五届索尔维会议开得异常热烈，在德布罗意、薛定谔发言后，玻尔和海森堡认为量子力学是一个完备的理论，它的基本的物理和数学假设是不容许加以进一步修改的。这无疑是对不同的观点提出挑战。后来，会议主席洛伦兹要求玻尔发言，谈谈他的看法，玻尔重复了互补原理和对量子力学的诠释。会议开始讨论玻尔的观点，由于爱因斯坦仍保持沉默，玻尔急切地想听到爱因斯坦的意见，就站了起来，点名请爱因斯坦发表看法。直到这时，爱因斯坦才起来发言，表示赞同量子力学的系统概率解释，但不赞成把量子力学看成单一过程的完备理论的观点。在当时与会者大多数赞成量子力学的概率解释的情况下，爱因斯坦的发言无异于向水中抛下了一块巨石，立即掀起了层层波浪。整个会场沸腾了，十多位科学家一边用好几种语言叫嚷着要求发言，一边迫不及待地和周围的科学家交换意见。会场一片嘈杂，尽管会议主席洛伦兹用手拍着桌子叫大家安静下来，但无济于事。于是埃伦费斯特跑到讲台前，在黑板上写下了《圣经》上的一句名言："上帝真的使人们的语言混杂起来了！"这句话引用的是混杂的语言妨碍了建造巴比伦塔的典故。正在"混战"的物理学家们望了望黑板，突然意识到这个典故是指他们时，不禁哄堂大笑。洛伦兹于是宣布，会议从晚间起改成小组讨论。

无论是玻尔还是爱因斯坦，在会前就预感到他们之间必然会发生一场争论，双方都作了充分的准备。在会上，虽然两人都非常尊重自己的对手，尽量采用一些客气的语句和彬彬有礼的态度，但是，两人一旦正面交锋，就火药味十足，充分暴露出问题的尖锐性。

在讨论中，玻尔极力想把爱因斯坦争取过来。他竭力提醒爱因斯坦：难道不正是你第一个自觉地突破了经典物理学的框架，提出了相对论和光量子理论吗？难道不正是你在1905年第一次提出了光的波粒二象性思想吗？难道不正是你把概率概念引进了对辐射问题的解释吗？难道不正是你……最后，难道在现代物理学中奠定了这种基础的人不应当在这种基础上接受更新的量子力学观点，把理论向前再推进一步吗？

但是爱因斯坦根本不听这一套，他坚信"有一个离开知觉主体而独立的外在世界，是一切自然科学的基础"。因此，他对测不准关系和量子力学的统计解释极为不满，认为这是由量子力学主要的描述方式不完备所造成的，从而限制了我们对客观世界的完备认识，因此只能得出不确定的结果。

他采取的策略是使用一个思想实验来驳倒测不准关系，从而揭示量子力学统计解释内在逻辑上的矛盾。因为他知道互补原理的哲学意味太浓，一下子难以否定，但与它等价的测不准关系是一个数学表达式，既然海森堡是用思想实验来说明这个关系式的，何不也用一个思想实验来反驳呢？

首先，他设计了一个让电子通过单狭缝衍射的实验，认为这个实验有可能提供一个精确的时空表示，同时又能提供对此过程中能量和动量交换平衡的详细说明。但是，玻尔很快指出，这个实验不能避免在测量时仪器对电子不可控制的相互作用，即电子与狭缝边缘的相互作用，并认为必须考虑仪器自身的不确定性，这对于分析思想实验问题是十分重要的。后来，玻尔和罗森菲尔德把这一方法应用到分析场的可测性问题，从而确定了量子场论的无矛盾条件。

爱因斯坦看单狭缝不能难倒玻尔，第二天又想出了一个类似当年托马斯·杨所做的双狭缝干涉实验。玻尔面对爱因斯坦的难题，毫不退缩，经过仔细思考，就势画了一个可操作的思想实验示意图，通过计算表明，爱因斯坦用来反驳互补原理的思想实验反而变成了用互补原理说明波粒二象性的标准范例。

据海森堡后来回忆，这样的讨论往往从早上开始，爱因斯坦在吃早饭时告诉玻尔等人他在夜里想出来的新思想实验，并根据他的解释来否定测不准关系。玻尔等人就立即开始分析，在前往会议室的路上就对这个问题做出了初步的说明，到会上再详细讨论。结果总是在吃晚饭的时候，玻尔就能给爱因斯坦证明，他的实验是驳不倒测不准关系的。爱因斯坦很不安，第二天又提出一个新的思想实验，比前一个更复杂。当然，结果还是以爱因斯坦的失败告终，如此数日。这样使得过去一些对哥本哈根解释持怀疑态度的科学家，比如德布罗意也改变了自己的观点，转到玻尔的立场上来了。

玻尔认为他已经成功地证实了自己的观点，但爱因斯坦并不因为自己接二连三的失败而改变看法。因为概率概念起源于人们对赌博掷骰子的研究，所以他开玩笑地对玻尔等人说："难道你们真的相信上帝也会掷骰子来行使他的权利吗？"玻尔也客气地回敬道："当你用普遍的言语来描述神的旨意时，你难道不认为应当小心一点吗？"这句话暗示了根据传统的哲学观点和日常的习惯语言是无法确切描述量子现象的。

尽管如此，玻尔还是十分看重爱因斯坦的这些挑战。他认为："爱因斯坦的关怀和批评是很有价值的，这促使我们大家再度检验和描述与原子现象有关的各种理论。对于我来说，这是一种很受欢迎的挑战，迫使我进一步澄清测量仪器所起的作用。"在会议期间，玻尔等人后来差不多花了整整一夜时间，试图设想出一种能充分驳倒测不准关系的思想实验。玻尔自己就设想了两三种这样的思想实验。但无论设想出什么实验装置，只要一进行深入分析，就会发现它最终依然要服从测不准关系。

第五届索尔维会议结束了。在 20 世纪两位科学巨人论战的第一个回合中，玻尔成功地守住了自己的阵地。但爱因斯坦并没有服输，他在 1928 年 5 月 31 日致薛定谔的信中说："玻尔、海森堡的绥靖哲学——或绥靖宗教——是如此精心策划的，使它得以向那些信徒暂时提供了一个舒适的软枕。那种人不是那么容易从这个软枕上惊醒的，那就让他们躺着吧。"

2. 第二回论战

1929 年，在《自然科学》周刊献给普朗克的专栏上，玻尔写了一篇题为《作用量子和自然的描述》的文章，该文章从三个不同的方面，把他的方法与爱因斯坦的相对论进行了比较，希望以此来改变爱因斯坦的观点。他认为普朗克发现作用量子，使我们面临着一种与发现光速的有限性一样的形势。正如在宏观力学中，由于速度小我们能把时间概念和空间概念截然分开一样，普朗克作用量子很小这一事实，也使我们在通常的宏观现象中，能对时空和因果关系同时做出描述。但在微观现象中，如同在高速情况下必须考虑观察的相对性一样，不能忽略测量结果的互补性。测不准关系的限制保证了量子力学逻辑无矛盾，也如同信号不能超越光速来传递以保证相对论的逻辑无矛盾一样。他同海森堡一样认为，由于爱因斯坦否定牛顿的绝对时间是因为没有任何关于绝对同时性的实验操作，因此量子力学的共轭变量之间的测不准关系，也是基于在任意的精确度上不可能对这些变量同时进行测量。有人在这篇文章发表后去拜访爱因斯坦，并向他指出，海森堡和玻尔所用的方法就是爱因斯坦在 1905 年发明的。这时，爱因斯坦风趣地回答道："一个好的笑话是不宜重复太多的。"但是玻尔的文章启发了爱因斯坦，使他想到，为什么不拿出自己的看家本领，用相对论来反驳玻尔呢？于是他作了充分的准备。

1930 年秋天，第六届索尔维会议开幕了，会议由朗之万担任主席。这次会议的议题是"物质的磁性"。但是从物理学史和人类思想史的观点来看，关于量子力学基础问题的讨论显然在这次会议上形成了"喧宾夺主"之势。各国的科学家怀着激动的心情，期待着两位巨人之间的新一轮论战。

这次，爱因斯坦经过三年的深思熟虑，秣马厉兵，显得胸有成竹，一开始便先发制人。他提出了著名的“光子箱”(又称“爱因斯坦光盒”)思想实验。他提出用相对论的方法来实现对单个电子同时进行时间和能量的准确测量。如果这个方法可行,那么即可宣告测不准关系“破产”,玻尔的工作和量子论的诠释将被推翻。

爱因斯坦沉着地在黑板上画了一个“光子箱”思想实验的草图,在一小盒子——光子箱中装有一定数量的放射性物质,下面放一只钟作为计时控制器,它能在某一时刻将盒子右上方的小洞打开,释放一个粒子(光子或电子),这样光子或电子跑出来的时间就能从计时钟上准确获知。少了一个粒子,小盒的质量差则可由小盒左方的计量尺和下面的砝码准确地反映出来,根据爱因斯坦质能公式 $E=mc^2$,质量的减小可以折合成能量的减小。因此,释放一个粒子准确的时间和能量都能准确测得。这与海森堡的不确定性原理完全相左,准确性和因果性再次获得了完整的表达。爱因斯坦最后还着重表示,这一次实验根本不涉及观测仪器的问题,没有什么外来光线的碰撞可以改变粒子的运动。一轮新的论战就这样开始了。

这一回,玻尔遇到了严重挑战。他刚听到这个实验时,面色苍白,呆若木鸡,感到十分震惊,不能马上找出这个问题的答案。当时他着实慌了手脚,在会场上一边从一个人走向另一个人,一边喃喃地说:“如果爱因斯坦是正确的,那么物理学就完了。”据罗森菲尔德回忆,那天当这两个人离开会场时,爱因斯坦显得格外庄严高大,而玻尔则紧靠在他的旁边快步走着,非常激动,并试图说明爱因斯坦的实验装置是不可能的。

当天夜里,玻尔和他的同事们一夜没合眼。玻尔坚信爱因斯坦是错的,但关键是要找出爱因斯坦的破绽所在。他们检查了爱因斯坦实验的每一个细节,奋战了一个通宵,终于找出了反驳爱因斯坦的办法。

第二天上午,会议继续进行,玻尔喜气洋洋地走向黑板,也画了一幅“光子箱”思想实验的草图,与爱因斯坦不同的是,玻尔具体给出了称量小盒子质量的方法。他把小盒用弹簧吊起来,在小盒的一侧,他画了一根指针,指针可以沿固定在支架上的标尺上下移动。这样就可以方便地读出小盒在粒子跑出前后的质量差了。然后,玻尔请大家回忆爱因斯坦创立的广义相对论。从广义相对论的等效原理可以推出,时钟在引力场中发生位移时,它的快慢要发生变化。因此,当粒子跑出盒子而导致盒子质量发生变化时,盒子将在重力场中移动一段距离,这样所读出的时间会有所改变。这种时间的改变,又会导出测不准关系。可见,如果用这套装置来精确测定粒子的能量,就不能准确控制粒子跑出的时间。玻尔随之给出了运用广义相对论原理的数学证明。

这下,爱因斯坦不得不承认,玻尔的论证和计算都是无可指责的。他自己居然在设计这个思想实验时,只考虑了狭义相对论而没有考虑广义相对论,出了一个明显的疏漏,实在太遗憾了。他意识到在量子力学的体系范围内是驳不倒测不准关系的,便在口头上承认了哥本哈根观点的自洽性。这时,与爱因斯坦和玻尔都是好朋友的埃伦费斯特,以开玩笑的口气对爱因斯坦说:你不要再试图制造“永动机”了。爱因斯坦表示欣然接受。

玻尔的观点赢得了越来越多物理学家的赞同。量子力学的哥本哈根解释已被绝大多数物理学家奉为正统解释。但玻尔并没有满足在会议上所取得的胜利,他回去后又仔细研究了“爱因斯坦光盒”的每一个细节,并且让他的学生、物理学家伽莫夫制作了一个实体模型。至今这个模型仍保存在哥本哈根的尼尔斯·玻尔研究所中。

在爱因斯坦和玻尔的两个回合论战中,玻尔巧妙地利用爱因斯坦设计的思想实验和他创立的相对论，驳倒了爱因斯坦本人，取得了论战的胜利。虽然爱因斯坦在具体物理问题上失败了，但他对物理世界的基本观点丝毫未变，仍坚持“上帝不会掷骰子”，在量子力学的诠释背后一定有着更根本的规律，它们才能正确、全面解释量子现象。

3. 第三回论战

1935 年，爱因斯坦、波多尔斯基和罗森三人联名发表了《能认为量子力学对物理实在的描述是完备的吗？》一文，把攻击的矛头从量子理论内部逻辑的自洽性，转到了量子理论的完备性上来。玻尔对此著文予以答辩(第 6 章有详细阐述)。双方争论的中心是对“物理实在”的理解，实际上是关于微观世界特殊规律的认识问题。这表明两位科学巨人已把论战提到了一个新的高度，其意义也更加广泛和深远。

在爱因斯坦和玻尔分别于 1955 年和 1962 年逝世后，他们个人之间的学术争论结束了，但是这场涉及物理学和哲学的大论战仍在继续，它的不断深入，甚至可能会形成一场震撼现代物理学两大支柱——相对论和量子力学的巨大风暴。

思政小课堂

从经典物理学到旧量子论——破中有立、破立结合

进入 20 世纪，经典物理学在解释新的实验现象时遇到了前所未有的困难，例如黑体辐射、光电效应、原子线状光谱等，这些实验现象有的用经典物理学理论解释不通，有些甚至得到了与经典物理学完全相反的结果。人们乐观的情绪被打破，有人甚至质疑经典物理学不是普遍适用的。1900 年 12 月，普朗克发表题目为《论正常光谱的能量分布定律的理论》的论文，大胆提出能量量子化假说，宣告量子理论的诞生。普朗克基于能量量子化假说，推导了普朗克公式，理论结果与黑体辐射实验结果完全一致。受此启发，爱因斯坦和玻尔分别提出了光量子理论和原子结构量子理论，成功解释了光电效应实验和原子线状光谱实验现象。后人将这三个理论统称为“旧量子论”。

旧量子论的建立反映了先破后立、破立结合的哲学认识论和方法论，以及辩证唯物主义思想。物理学家普朗克等人的生平故事，体现了物理学者精益求精的科学精神和创新精神。

人物介绍

1. 普朗克

马克斯·普朗克(Max Planck，1858 年 4 月 23 日—1947 年 10 月 4 日)，出生于德国荷尔斯泰因，是德国著名的物理学家和量子力学的重要创始人，且和爱因斯坦并称为 20 世纪最重要的两大物理学家。他因提出能量量子化假说而对物理学的又一次飞跃做出了重要贡献，并在 1918 年荣获诺贝尔物理学奖。

1874 年，普朗克进入慕尼黑大学攻读数学专业，后改读物理学专业。1877 年转入柏林大

学，曾聆听亥姆霍兹和基尔霍夫教授讲课，1879 年获得柏林大学博士学位。1930 年至 1937 年任德国威廉皇家促进科学协会的会长，后来该学会为纪念普朗克而改名为马克斯·普朗克学会。

普朗克早期的研究领域主要是热力学。他的博士论文就是《论热力学的第二定律》。此后，他从热力学的观点对物质的聚集态的变化、气体与溶液理论等进行研究。普朗克在物理学上最主要的成就是提出著名的普朗克黑体辐射公式，创立了能量子概念。19 世纪末，人们用经典物理学解释黑体辐射实验的时候，出现了著名的“紫外灾难”。虽然瑞利、金斯(1877—1946)和维恩(1864—1928)分别提出了两个公式，企图弄清黑体辐射在不同频率上的能量分布规律，但是和实验结果相比，瑞利-金斯公式只在低频范围符合，而维恩公式只在高频范围符合。普朗克从 1896 年开始对热辐射进行了系统的研究。他经过几年艰苦努力，终于导出了一个和实验结果相符的公式——普朗克黑体辐射公式。他于 1900 年 10 月下旬在《德国物理学会通报》上发表一篇只有三页纸的论文——《论维恩光谱方程的完善》，第一次提出了黑体辐射公式。1900 年 12 月 14 日，在德国物理学会的例会上，普朗克发表了题为“论正常光谱中的能量分布”的报告，宣告了量子论的诞生和新物理学革命的开始。在这个报告中，他激动地阐述了自己最惊人的发现。他说，为了从理论上得出正确的辐射公式，必须假定物质辐射(或吸收)的能量是不连续的，而是一份一份的，只能取某个最小数值的整数倍。这个最小数值就叫能量子，辐射频率为 ν 的能量的最小数值 $E=h\nu$。为此，普朗克还引入了一个新的自然常数 $h=6.6260755\times10^{-34}$ J·s，普朗克当时把它称为基本作用量子、物理常数，这一假说后来被称为能量量子化假说，其中最小能量元称为能量子，而自然常数 h 称为普朗克常量，它标志着物理学从“经典幼虫”变成“现代蝴蝶”。这一定律与最新的实验结果精确符合(后来人们称此定律为普朗克定律)。1906 年普朗克在《热辐射讲义》一书中系统地总结了他的工作，为开辟探索微观物质运动规律新途径提供了重要的基础。1918 年，普朗克因量子理论的伟大成就获得了物理学界的最高荣誉——诺贝尔物理学奖。1926 年，普朗克被推举为英国皇家学会的最高级名誉会员、物理学会的名誉会长。1930 年，普朗克被德国科研机构威廉皇家促进科学协会选为会长。普朗克的墓在哥廷根市公墓内，其标志是一块简单的矩形石碑，上面只刻着他的名字，下角写着“尔格·秒”。他的墓志铭就是一行字——$h=6.63\times10^{-34}$ J·s，这也是对他毕生最大贡献——提出能量量子化假说的肯定。

普朗克另一个鲜为人知的伟大贡献是推导出玻尔兹曼常数 k。他沿着玻尔兹曼的思路进行更深入的研究得出玻尔兹曼常数后，为了向他一直尊重的玻尔兹曼教授表示敬意，建议将 k 命名为玻尔兹曼常数。普朗克推导出现代物理学最重要的两个常数(常量)k 和 h，是当之无愧的伟大物理学家。

2. 爱因斯坦

阿尔伯特·爱因斯坦(Albert Einstein，1879—1955)，犹太裔物理学家。他于 1879 年 3 月 14 日出生于德国乌尔姆市的一个犹太人家庭，1900 年毕业于苏黎世联邦理工学院，入瑞士国籍。1905 年，获苏黎世大学博士学位。爱因斯坦由于提出光量子假设，成功解释了光电效应，因此获得 1921 年诺贝尔物理学奖；1905 年，创立狭义相对论，1915 年创立广义相对论。

爱因斯坦为核能开发奠定了理论基础，开创了现代科学新纪元，被公认为继伽利略、牛顿之后最伟大的物理学家。1999 年 12 月 26 日，爱因斯坦被美国《时代》周刊评选为“世纪伟人”。

早在 16 岁时，爱因斯坦就从书本上了解到光是以很快速度前进的电磁波，因此他非常想探讨与光波有关的所谓“以太”的问题。“以太”这个词源于希腊，代表组成物体的基本元素。17 世纪的笛卡儿和其后的克里斯蒂安・惠更斯(Christiaan Huygens)首创并发展了以太学说，认为以太就是光波传播的媒介，它充满了包括真空在内的全部空间，并能渗透到物质中。与以太说不同，牛顿提出了光的微粒说。牛顿认为，发光体发射出的是以直线运动的微粒粒子流，粒子流冲击视网膜就引起视觉。18 世纪牛顿的微粒说占了上风，而 19 世纪波动说占了绝对优势，以太说也得到大大发展：波的传播需要媒介，光在真空中传播的媒介就是以太，也叫光以太。与此同时，电磁学得到了蓬勃发展，经过麦克斯韦、赫兹等人的努力，成熟的解释电磁现象的动力学理论——电动力学形成了，并从理论与实践上证明光就是一定频率范围内的电磁波，从而统一了光的波动理论与电磁理论。以太不仅是光波的载体，也成了电磁场的载体。直到 19 世纪末，人们企图寻找以太，然而从未在实验中发现以太，同时，迈克尔逊-莫雷实验却发现以太不太可能存在。

电磁学最初也被纳入牛顿力学的框架，但人们用它解释运动物体的电磁现象时却发现与牛顿力学所遵从的相对性原理不一致。按照麦克斯韦理论，真空中电磁波的速度，也就是光的速度是一个常数；然而按照牛顿力学的速度加法原理，不同惯性系的光速不同。例如，两辆汽车，其中一辆向你驶近，一辆驶离你。你看到前一辆车的灯光向你靠近，后一辆车的灯光远离你。根据伽利略的理论，向你驶来的车将发出速度大于 c(真空光速为 3.0×10^{8} m/s)的光，即前车的光的速度＝光速＋车速；而驶离你的车的光速小于 c，即后车光的速度＝光速－车速。但这两种光的速度相同，因为在麦克斯韦的理论中，车的速度有无并不影响光的传播，光速始终等于 c。麦克斯韦与伽利略关于速度的说法明显相悖！

爱因斯坦就是那个将构建崭新的物理学大厦的人。爱因斯坦认真研究了麦克斯韦电磁理论，特别是经过赫兹和洛伦兹发展和阐述的电动力学，爱因斯坦坚信电磁理论是完全正确的，但是有一个问题使他不安，那就是绝对参照系以太的存在。他阅读了许多著作，发现所有试图证明以太存在的实验都失败了。经过研究，爱因斯坦发现，除了作为绝对参照系和电磁场的传播媒介外，以太在洛伦兹理论中已经没有实际意义。

1905 年 6 月 30 日，德国《物理学年鉴》接收了爱因斯坦的论文《论动体的电动力学》，同年 9 月该论文在该刊上发表。这篇论文是关于狭义相对论的第一篇文章，它包含了狭义相对论的基本思想和基本内容。狭义相对论的依据是两个原理：相对性原理和光速不变原理。爱因斯坦解决问题的出发点是，他坚信相对性原理是正确的。伽利略最早阐述过相对性原理的思想，但他没有对时间和空间给出明确的定义。牛顿建立力学体系时也讲了相对性思想，但又定义了绝对空间、绝对时间和绝对运动，在这个问题上他是矛盾的。而爱因斯坦大大发展了相对性原理，在他看来，根本不存在绝对静止的空间，同样不存在绝对同一的时间，所有时间和空间都是和运动的物体联系在一起的。任何一个参照系和坐标系，都只有属于这个参照系和坐标系的空间和时间。

对于一切惯性系，运用该参照系的空间和时间所表达的物理规律的形式都是相同的，这就是相对性原理，严格地说是狭义的相对性原理。在这篇文章中，爱因斯坦没有讨论将光速不变作为基本原理的依据，他提出光速不变是一个大胆的假设，是从电磁理论和相对性原理的要求中提出来的。这篇文章是爱因斯坦多年来思考以太与电动力学问题的结果，他将同时的相对性这一点作为突破口，建立了全新的时间和空间理论，并在新的时空理论基础上给动体的电动力学以完整的形式，以太不再是必要的，以太漂流是不存在的。

什么是同时的相对性？不同地方的两个事件我们何以知道它们是同时发生的呢？一般来说，我们会通过信号来确认。为了得知异地事件的同时性，我们就得知道信号的传递速度，但如何测出这一速度呢？我们必须测出两地的空间距离以及信号传递所需的时间，空间距离的测量很简单，麻烦在于时间的测量，我们必须假定两地各有一只已经对好了的钟，由两个钟的读数可以知道信号传播的时间。但我们如何知道异地的钟对好了呢？答案是还需要一种信号。这个信号能否将钟对好？如果按照先前的思路，它又需要一种新信号，这样无穷递推，异地的同时性实际上无法确认。不过有一点是明确的，同时性必与一种信号相联系，否则我们说这两件事同时发生是无意义的。

光信号可能是用来对时钟最合适的信号，但光速非无限大，这样就产生一个新奇的结论：对于静止的观察者是同时发生的两件事，对于运动的观察者就不是同时发生的。我们设想一辆高速运行的列车，它的速度接近光速。列车通过站台时，甲站在站台上，有两道闪电在甲眼前闪过，一道在火车前端，一道在火车后端，并在火车两端及平台的相应部位留下痕迹，通过测量，甲与列车两端的距离相等，得出的结论是，甲是同时看到两道闪电的。因此对甲来说，收到的两个光信号在同一时间间隔内传播同样的距离，并同时到达甲所在位置，这两起事件必然在同一时间发生，它们是同时的。但对于在列车内部正中央的乙则情况不同，因为乙与高速运行的列车一同运动，他会先截取向着他传播的前端信号，然后收到从后端传来的光信号。也就是说，同时性不是绝对的，而取决于观察者的运动状态。这一结论否定了牛顿力学中的绝对时间和绝对空间框架。

相对论认为，光速在所有惯性参考系中不变，它是物体运动的最大速度。由于相对论效应，运动物体的长度会变短，运动物体的时间膨胀。但在日常生活中，物体运动速度都是很低的(与光速相比)，看不出相对论效应。

爱因斯坦在时空观彻底变革的基础上建立了相对论力学，指出质量随着速度的增加而增加，当速度接近光速时，质量趋于无穷大。并且他给出了著名的质能关系式——$E=mc^2$，质能关系式对后来原子能事业起到了指导作用。

爱因斯坦在提出相对论的时候，曾将宇宙常数(为了解释物质密度不为零的静态宇宙的存在，他在引力场方程中引入一个与度规张量成比例的项，用符号 Λ 表示。该比例常数很小，在银河系尺度范围可忽略不计。只在宇宙尺度下，Λ 才可能有意义，所以叫作宇宙常数，即所谓的反引力的固定数值)代入他的方程。他认为，有一种反引力，能与引力平衡，促使宇宙有限而静态。当哈勃将膨胀宇宙的天文观测结果展示给爱因斯坦看时，爱因斯坦说："这是我一生所犯下的最大错误。"

宇宙是膨胀的。哈勃等人认为，反引力是不存在的，由于星系间的引力，促使膨胀速度越来越慢。星系间有一种扭旋的力，促使宇宙不断膨胀，即暗能量。70 亿年前，它们"战胜"了暗物质，成为宇宙的主宰。最新研究表明，按质量成分(只算实物质，不算虚物质)计算，暗物质和暗能量约占宇宙的 96%。看来，宇宙将不断加速膨胀，直至解体死亡(也有其他说法，目前争议不休)。宇宙常数虽存在,但反引力的值远超过引力。林德饶有趣味地说:"我终于明白,为什么他(爱因斯坦)这么喜欢这个理论,多年后依然研究宇宙常数,宇宙常数依然是当今物理学最大的疑问之一。"

3. 吴有训

吴有训(1897年4月26日—1977年11月30日),字正之,江西高安人,物理学家、教育家,中国近代物理学研究的开拓者和奠基人之一,中国大学"以高水平科研支撑的高质量大学教育体系"的创建者和实践者。其科研贡献主要是对X射线散射和吸收方面的研究。20世纪20年代,在X射线散射研究中,吴有训以系统、精湛的实验和精辟的理论分析,为康普顿效应的确立和公认做出贡献。回国后,吴有训开始X射线散射光谱等方面的实验和理论研究,创造性地发展了多原子气体散射X射线的普遍理论。

1921年冬,吴有训考取公费留学生,登上赴美的轮船,两年后师从康普顿。康普顿以康普顿效应闻名于世,该研究被视为近代物理学发展史上的里程碑或转折点。但最初,康普顿发表的论文只涉及一种散射物质石墨,尽管已经获得明确的资料,但只限于某一特殊条件,难以令人信服。吴有训先后通过实验获得了7种物质的X射线散射曲线、15种元素X射线散射光谱图,以科学事实驳回了对康普顿效应的各种否定。一时间,吴有训在物理学界声名鹊起。他的论文被排在美国物理学会第135届会议的第一位,在美国物理学会第140届会议上,他一人就宣读了3篇论文。他以15种元素作为散射物所得的X射线散射光谱曲线,被公认为康普顿效应的经典插图。

康普顿于1927年获得诺贝尔物理学奖。他在所著的《X射线与电子》一书中引用了吴有训的实验结果,并认为这是康普顿效应最重要的实验基础。晚年他曾感慨吴有训是他平生"最得意的两名学生之一"。他的另一位得意门生是阿尔瓦雷兹(L. W. Alvarez),于1968年获得诺贝尔物理学奖。

1926年秋,吴有训婉言谢绝导师康普顿的挽留,毅然放弃了在世界科学前沿追光的机会回到祖国,在当时一穷二白的中国学术界"开疆拓土"。1929年至1932年,他共发表11篇有关X射线散射系列课题的论文。首篇论文《论单原子气体全散射X射线的强度》于1930年发表在《自然》期刊,这也是中国人在本土做的近代物理科研成果首次以论文的形式发表于国际主流学术刊物上。继第一篇学术论文发表后,他转向双原子气体散射及多原子气体散射等问题的研究,受到国际物理学界的重视和好评。1936年,他被德国哈莱自然科学研究院推举为院士,成为第一位被西方国家授予院士称号的中国人。著名物理学家严济慈曾称赞他的工作"实开我国物理学研究之先河"。

吴有训不仅是一位出色的物理学家,还是一位杰出的教育家。1927年,吴有训遇见了清华大学物理系主任叶企孙。一样主张科学救国,一样矢志教育与物理研究,让这两位芝加哥大学校友紧握双手、密切合作。次年,吴有训受聘为清华大学物理系教授。1929年至1938年是清华大学物理系的春天,10年间,中国首次成批培养出科学精英人才——当中有22人后来成为院士,占学生总数的30%以上。吴有训开设"近代物理"课程、"实验技术"选修课,向学生介绍物理学的最新进展、重要的物理实验,并培养学生的动手能力。他在清华大学建立起我国最早的近代物理实验室,开展国内X射线问题的研究。

吴有训始终怀有一颗爱国心。值得一提的是，1938 年，在日寇狂轰滥炸的恶劣环境下，吴有训还应国家冶金工业等方面的需要，在昆明简陋的土坯房屋里，创建起中国首个金属物理研究所并兼任所长，为我国金属物理学科培养了一批骨干人才。1949 年，吴有训拒绝了国民政府赴台的邀请。次年，他调任中国科学院近代物理研究所二部（今中国原子能科学研究院）所长，同年 12 月被任命为中国科学院副院长。吴有训提出在中国科学院增设电子研究所，并将中国科学院上海生理生化研究所的陈芳允调到北京进行筹备，这是我国电子学科研工作的开端。事实上，当时科学界有不少人认为，电子技术只有服务性作用，在吴有训的执意坚持下，电子研究所的设置才得以保留。后来电子技术在全球迅猛发展，让人不得不佩服他的先见之明。20 世纪 60 年代，他督促并直接参与的“新型共轴泵式红宝石激光器”、由他直接负责的“人工胰岛素合成”项目，均实现了全球第一。

吴有训先生的一生，尽最大努力履行“重学术、做实事”的人生目标，直至生命的最后一刻。1977 年 11 月 30 日，吴有训病故，享年 80 岁。邓小平参加了他的追悼会。为纪念我国物理学界 5 位老前辈为开创物理学事业和创建中国物理学会所做出的贡献，中国物理学会设立“物理奖”，吴有训正是这 5 人之一。

习　题

2-1　20 世纪经典物理学遇到很大困难，一些著名的实验触发了从经典物理理论向量子物理理论的跃迁，并为这种跃迁提供了最初的一些实验事实。试简要说明这些实验，并说明由这些实验事实所抽象出的旧量子论的基本理论。

2-2　简述普朗克能量量子化假说内容及公式。

2-3　玻尔在当初建立原子光谱理论时作了哪些基本假设？

2-4　分析玻尔原子结构量子理论的成功之处。

2-5　如何理解光的波粒二象性？哪些实验现象可以证明光的波粒二象性？

2-6　试利用德布罗意关系式解释微观粒子的波粒二象性。

2-7　戴维孙-革末实验证明了什么？

2-8　什么是德布罗意波或物质波？

2-9　求飞行的子弹（$m=10^{-2}$ kg，速度 $v=5\times10^{2}$ m/s）对应的德布罗意波波长。

2-10　氦原子的动能 $E=\frac{3}{2}k_{B}T$，求 $T=1$ K 时，氦原子的德布罗意波波长。

2-11　设一电子为电势差 U 所加速，最后打在靶上，若电子的动能转化为一个光子，求当这光子相应的光波波长分别为 5000 Å（可见光）、1 Å（X 射线）以及 0.001 Å（γ 射线）时，加速电子所需的电势差是多少？

2-12　结合我国在国际上居于领先水平的一项具体的量子力学相关技术，说明其工作原理及应用领域，并简述我国在该相关技术及其应用方面的研究现状。

第3章　量子力学概述

作为20世纪近代物理学的支柱，量子力学不仅解释了微观世界里的许多实验现象和规律，还开拓了一系列新的技术领域。例如，量子力学开辟了一种全新的信息技术，基于大规模集成电路的发展，使人类进入信息化的新时代，或称为电脑时代；量子化概念的引入，开创了以激光为典型代表的光电子技术领域；基于量子纠缠效应，开辟了全新的量子通信领域，实现量子密码通信、量子远程传态等功能；基于量子相干性理论，发展出彻底颠覆传统计算机概念的量子计算机，实现高速运算、存储及处理量子信息的功能；等等。

本章以量子是什么为切入点，构建旧量子论、以状态和状态波函数为核心的波动力学以及以算符和力学量测量为核心的矩阵力学的量子力学知识体系，并概括其物理原理及应用。

【知识目标】

1. 掌握量子的概念及其物理本质；
2. 了解量子力学的发展历程，掌握波动力学和矩阵力学的核心内容；
3. 了解量子力学的研究意义。

【能力目标】

1. 理解量子力学在光电子科学研究及生产实践中的重要地位，明确量子力学的主要内容、理论框架；
2. 了解并跟踪量子力学在光电子技术领域的应用及发展。

【素质目标】

了解我国在量子力学的最新研究进展，增强民族自信，树立开拓创新、精益求精、报效祖国、甘于奉献的精神和社会责任。

3.1　量子的本质

3-1　量子力学概述

量子力学是20世纪30年代形成的描述微观物理世界波动性和粒子性共容运动规律的物理理论。

量子(quantum)概念是旧量子论中形成的表征微观物理世界中存在不连续运动规律的总结，不是一个物理实体，而是对所有不连续规律的概括。我们知道经典物理学是力学量物理学，而且每个力学量的变化规律都是连续取值变化的，旧量子论惊奇地发现力学量存在不连续取值情况，这种不连续性可用量子概念表示，物理量出现不连续取值规律的最小单位数值称为量子，这种不连续规律的排列次序编号称为量子数，产生这种不连续运动特性的方法或条件称为量子化条件，产生过程称为量子化。

量子概念不是哪个具体实验直接定义的，而是从众多实验现象中总结抽象出来的。量子概念的产生，表明发现了微观物质的不连续性运动规律，包含了微观物质运动的所有不连续变化的力学量，例如动量、角动量、能量等。综上所述，量子概念是量子力学理论的核心概念，从发现光量子，到最后建立量子理论，量子概念是贯穿始终的一条思考路线。量子概念的提出敲开了微观物理世界的大门，为量子力学的研究提供了新的天地，为量子力学的建立提供一个重要的理论基石。

3.2 量子力学的发展

相对论与量子力学是 20 世纪物理学的两个主要进展，从对现代物理学和人类物质文明的影响来说，后者甚至超过前者。物质结构这个重要的课题，只有在量子力学的基础上才得以原则性解决。没有哪一门现代物理学的分支以及有关的边缘学科(例如固态物理学、原子和分子结构、原子核结构、粒子物理学、量子化学、量子生物学、激光物理、表面物理、低温物理、天体物理学和宇宙论等)能够离开量子力学这个基础。

需要强调的是，相对论的创建者爱因斯坦的名字已经家喻户晓，他的事迹被广泛流传，但是由于量子理论不是由一位物理学家所创立的，而是许多物理学家共同努力的结晶，人们对创立量子理论的物理学家的名字还比较陌生。20 世纪量子理论所碰到的问题是如此复杂和困难，以致没有可能期望一位物理学家能独立把它发展成一个完整的理论体系。在这个征途中，普朗克、爱因斯坦、玻尔、海森堡、德布罗意、薛定谔、玻恩、泡利、狄拉克等人，推动了量子力学的发展。

3.2.1 旧量子论

量子概念是从旧量子论中凝练的。从 1900 年普朗克的能量子开始到 1913 年玻尔的原子不连续定态能量，量子概念从能量子开始进入原子世界，打开了微观世界的大门。1900 年，普朗克为了解释黑体辐射实验现象，首次突破了经典物理力学量连续性规则，大胆提出能量量子化假设；1905 年，爱因斯坦为解释光电效应，引用了普朗克能量量子化假说，提出了光量子理论；1913 年，玻尔为解释原子线状光谱又提出原子内电子绕原子核旋转的轨道不连续，因而对应的能量不连续，相应的原子有稳定的状态，不会因为发射光子使原子不稳定，不连续轨道间的跃迁辐射线状光谱。玻尔关于原子运动规律不连续的思想，现在仍然是原子物理的基础。因此，将运动规律的不连续性用量子概念描述。从 1900 年普朗克能量量子化假说开始，到 1913 年玻尔的原子结构量子理论，统称为旧量子论。

旧量子论是人们在经典物理学理论的基础上加入一些假设(这些假设与经典物理学理论截然不同)来说明新的实验现象，但是这些假设缺少理论基础，例如不能解释玻尔原子结构量子理论中的角动量量子化条件从何而来等。旧量子论不能从本质上揭示微观世界的客观规律，在阐述微观世界时具有很大的局限性。旧量子论的缺陷说明建立一个比较彻底的反映微观世界理论的必要性，从而促进了量子力学的发展；另外，旧量子论的成功也为量子力学理论提供了线索。

量子力学是在旧量子论建立之后发展起来的，为了与旧量子论相区别，我们称之为新量子论。人们在探索微观世界的规律时，从两条不同的道路建立了量子力学，分别是矩阵力学和波动力学，随后薛定谔还证明矩阵力学与波动力学是完全等价的，是同一种力学规律的两种不同形式的表述。

3.2.2 矩阵力学

矩阵力学的建立与玻尔的早期量子论有很密切的关系，最早是由德国物理学家海森堡(W. Heisenberg)提出，随后得到约尔当、玻恩、泡利、玻尔、狄拉克等物理学家的发展。1925年海森堡提出矩阵力学时，他虽继承了早期量子论中合理的内核，例如原子能量量子化和定态、量子跃迁和频率条件等概念，但又摒弃了早期量子论中一些没有实验根据的概念，例如电子轨道的概念。他认为任何物理理论只应涉及可以观测的力学量，赋予每一个力学量以一个矩阵形式，使用矩阵运算规则，遵守乘法不可对易的关系。

我们知道，量子和状态概念描述了微观物理世界中物质运动的不连续规则和波粒二象性的运动姿态。这两个概念由物理学家的灵感铸成，而数学函数表示则是从灵感走向理性真知的过程，矩阵力学中的算符表示和算符运算就是从理想走向理性思维的过程。这是量子力学的特色，也是量子力学理论的精深之处。将算符引入量子理论，使微观物理中所有力学量的运动方程统一表示为算符本征方程的数学方案，是物理学家理性思考升华的证据。

本书第5章将系统介绍矩阵力学，内容围绕力学量的算符表示和力学量的测量这两个着眼点展开，以方便读者学习和理解。在经典力学中，物质运动的基本规律都是通过坐标、动量、角动量等力学量来描述的。而在量子力学中，引入算符(operator)这个概念，并采用线性厄米算符来表示力学量；算符的本征方程 $\hat{F}\Psi=\lambda\Psi$ 表示力学量 F 的运动规律，本征值 λ 表示力学量取值规律，本征函数 Ψ 表示相应力学量取确定值 λ 的波粒二象性状态——本征态。算符是数学中的算子，遵守算子运算规则，当选定表象后，算符可以用线性厄米矩阵来表示，为量子力学的计算带来方便。力学量的测量涉及力学量的可能值、平均值以及确定值的条件。

3.2.3 波动力学

1927年，戴维孙和革末使用单晶与汤姆孙使用粉末晶体先后进行了电子衍射实验，他们通过实验证实了电子具有波动性，且符合德布罗意关系。随后各种粒子的衍射实验都成功证明微观粒子(包括质子、中子、原子、分子……)具有波动性。因此，波粒二象性被认为是一切微观粒子的普遍性质，德布罗意关系被确证为普适关系。如何描述微观粒子的波动性成为一个新的问题。

以薛定谔(Erwin Schrödinger)为代表的物理学家引入波函数的概念表示微观粒子的波动性和状态，成为量子力学另一个重要基石，也掀起了一场人类科学史上罕见的“量子力学解释”论战，争论的焦点是：物质波有没有？波函数怎么解释？有没有物理意义？如何用实验测量？直到1926年，物理学家玻恩(M. Bom)提出了波函数的统计解释，认为物质波是可以用实验测量的概率波，而 Ψ 是表示微观粒子运动状态的函数，称为波函数(wave function)。同年，薛定谔又建立了在外场 $V(r)$ 作用下的微观运动粒子的波动方程——薛定谔方程，用于表示微观粒子状态随时间的变化规律。状态与波函数拓宽了物理学家对物理体系的视野，几乎涵盖了体系所有力学量的运动情况。

本书第 4 章将系统介绍波动力学，其着眼点是波函数。采用波函数来描述微观粒子的运动状态，波函数统计解释和态叠加原理是波动力学的两个基本原理；波函数所遵从的方程——薛定谔方程是波动力学的核心，与经典物理学中的牛顿运动方程具有同样重要的地位。在一定的边界条件或者初始条件下求解薛定谔方程，可以得到各个时刻下粒子的状态。

3.3 量子力学的理论框架

量子力学理论是由理性思考的概念、原理和严密的数学逻辑演绎组成的。本节主要讨论量子力学理论框架。

3.3.1 一个新的物质运动观

量子力学向人们揭示了微观世界物质运动的基本规律，即波动性和粒子性共容的观点，简称波粒二象性的观点。波动性和粒子性是物质存在和运动的基本属性，这改变了过去 300 多年来物理学中只有粒子性观点的状况。经典物理学虽然研究过粒子性运动规律，如经典力学，也研究过波动性运动规律，如声波和水波，但在力学中波动是粒子振动的传播形式，而不是粒子的本性。虽然在电动力学中波动理论已经达到很高的水平，但是其研究对象是场物质，即布满整个空间的连续分布物质，只能划出空间中的小体积进行研究，不能分辨出单个“粒子”(或称基本结构单元)。波动性就是这种场物质的特性，或者说是连续分布物质的特性，所以一种新的物质运动观在经典物理学理论中形成相对独立的思维逻辑体系。

量子力学揭示波动性和粒子性是共容的，特别是那些在经典物理学理论中一直被认为是粒子的物质(即 $m\neq0$)还具有波动性，因此量子力学理论把描述粒子性的理论概念、数学方法、运动方程、参数和描述波动性的波动方程、理论概念、运动参量融合在一起，以粒子为对象，把波动性和粒子性双重特性的运动规律表示出来，这就是量子力学理论的特色。

3.3.2 两个研究内容交融并行

量子力学的两个研究内容是状态和力学量。

经典物理学理论只研究力学量，可以概括为力学量物理学，并指出力学量是表示单一物理特性的变化量，物理特性是指力、热、电等，然后按照这些宏观特性划分经典物理学科，如力学、热学、电磁学等，每门学科又按力学量定义具体研究参量，如力学中的速度、加速度、动量、角动量等，电磁学中的电流、电场强度、磁场强度等，而运动方程也是由这些力学量的变化规律及相互关系构造的数学方程，但是这些力学量定理、定律和运动方程，无法反映研究对象的运动全貌或姿态(即体系的运动状态)。

量子力学中状态和力学量交融并行，且力学量也被纳入状态的研究内容中。这是因为量子力学主要研究体系运动状态，以状态和状态运动方程为数学演算主旋律，研究微观粒子体系的波动性和粒子性共容的运动行为。前面已说过，状态是体系(研究对象)总体运动姿态，涵盖了体系中所有力学量的变化全貌，即所有力学量的波粒二象性的表现。波动性和粒子性在经典物理学理论中是两个学科分别研究的理论体系(如质点力学和电力学)，但在量子力学中融合在一起了。

因此，在量子力学的研究体系中波粒二象性运动状态及运动方程是主旋律，其中力学量用算符表示，通过算符与状态的关系，或者说局部和整体的关系找出力学量的变化规律，二者交融并行，揭示出力学量取值具有量子化规律、同时测量两个力学量有时满足测不准关系等，所以量子力学理论比经典物理学理论对物理世界的揭示更深刻。

3.3.3 五条新的物理原理

围绕波粒二象性运动状态及运动方程的主旋律，采用思维推理方法提出五条物理原理，量子力学理论以这五条物理原理构造理论框架，是量子力学理论体系的特色。量子力学的主要原理如下。

1. 德布罗意物质波原理

1924 年，德布罗意提出粒子自由运动存在波动性，并且波动性和粒子性共存，称为量子力学第一原理。这个原理第一次揭示了微观物质运动的波粒二象性规律，并且首次用波函数表示这种运动姿态，被爱因斯坦称为“巨大帷幕的一角”，拉开了量子力学理论的序幕，也首次把旧量子论中形成的量子概念融合在他的波动性设想之中，后来把与物质粒子相联系的波称为物质波，并用德布罗意关系 $E=h\nu=\hbar\omega$，$\vec{p}=\frac{h\nu}{c}\vec{n}=\frac{h}{\lambda}\vec{n}=\hbar\vec{k}$ 计算物质波波长。

2. 玻恩波函数统计解释原理

1926 年马克斯·玻恩的波函数统计解释原理平息了关于 $\Psi(\vec{r},t)$ 物理解释的争论。他首次定义 $\Psi(\vec{r},t)$ 是描述微观粒子体系波粒二象性运动状态的函数，称为波函数(wave function)，$\Psi(\vec{r},t)$ 不可以直接通过实验测量，而 $|\Psi|^2$ 可以通过实验测量，并且具有概率波的特性，后来把这种实验上可以测到的粒子按力学量变化呈现出的概率波动性，称为概率波(probability wave)，并得到波函数的归一化条件：

$$\int \Psi^*(\vec{r},t)\Psi(\vec{r},t)\mathrm{d}\tau = 1 \tag{3-1}$$

这是量子力学关于状态与波函数表示的第二条原理，是理性思考型的原理，是德布罗意物质波原理从理想模型到理性表达的第一个原理。

3. 薛定谔波动方程原理

1926 年，薛定谔创立波函数运动方程原理，即

$$\mathrm{i}\hbar\frac{\partial}{\partial t}\Psi(\vec{r},t) = \left[-\frac{\hbar^2}{2m}\nabla^2 + V(\vec{r})\right]\Psi(\vec{r},t) \tag{3-2}$$

$$\mathrm{i}\hbar\frac{\partial}{\partial t}\Psi(\vec{r},t) = E\Psi(\vec{r},t) \tag{3-3}$$

式(3-2)是具有普遍性的运动方程,称为薛定谔方程,式(3-3)是数学中的特征方程,后称为本征方程(eigen equation),外场函数 $V(\vec{r})$ 称为势阱函数(well function)。这个原理首次提出了能量算符 $\mathrm{i}\hbar\frac{\partial}{\partial t}$、动量算符 $\hat{p}=-\mathrm{i}\hbar\nabla$、哈密顿算符 $\hat{H}=-\frac{\hbar^2}{2m}\nabla^2+V(\vec{r})$ 的概念,首次提出物理学中的力学量可以用数学算子表示,建立了力学量和状态的关联特征,进而从理论上预言了微观粒子体系的量子化规律,并且受波动方程的连续性的启发得出量子力学波函数有单值性、有限性和连续性的物理性质。

薛定谔方程用于表示微观粒子状态随时间的变化规律,在一定的边界条件或者初始条件下求解薛定谔方程,可以得到各个时刻下粒子的状态。薛定谔方程不是按数学逻辑推导出来的,而是按物理思考的需要选择的恰当的数学表示,具有深刻的理性思考和数学推理的严密性,因此,它与经典物理学理论中的牛顿运动方程具有同样重要的地位。

4. 力学量算符表示与取值概率原理

力学量算符表示与取值概率原理包括如下内容。

(1) 本征方程。量子力学的力学量 F 可以用线性厄米算符表示,写为 $\hat{F}$,算符 $\hat{F}$ 遵守数学算子的运算法则,且通过求解算符本征方程 $\hat{F}\Psi_n=\lambda_n\Psi_n$,$n=1,2,3,\cdots$,可计算得到本征值 λ_n。

(2) 本征函数具有正交性、归一性和完备性(也称完全性)。

① 正交性:厄米算符的属于不同本征值的两个本征函数相互正交,即

$$\int_\infty \phi_k^* \phi_l \mathrm{d}\tau = 0 \tag{3-4}$$

② 归一性:厄米算符的属于同一本征值的本征函数具有归一性,即

$$\int_\infty \phi_l^* \phi_l \mathrm{d}\tau = 1 \tag{3-5}$$

③ 完备性:任意状态 $\Psi(\vec{r},t)$ 可以看作本征态 $\phi_n(x)$ 的线性叠加,即

$$\Psi(\vec{r},t) = \sum_n C_n\phi_n \tag{3-6}$$

(3) 在任意状态 $\Psi(\vec{r},t)$ 中,算符 $\hat{F}$ 具有不同的可能值 λ_n 且 λ_n 所占概率不同,这个概率由 $\Psi(\vec{r},t)$ 对所有 ϕ_n 的傅里叶展开系数 C_n 决定,即

$$C_n = \int \phi_n^* \Psi(\vec{r},t)\mathrm{d}\tau \tag{3-7}$$

$|C_n|^2$ 是 λ_n 在 $\Psi(\vec{r},t)$ 的概率密度,并且概率是波动性的,称为概率波。因此算符 $\hat{F}$ 在状态 $\Psi(\vec{r},t)$ 中的粒子性即量子性由本征值 λ_n 表示,概率的波动性由 $|C_n|^2$ 表示。

5. 电子存在自旋运动原理

根据 1921 年斯特恩-盖拉赫实验和原子光谱的精细结构实验,1925 年乌仑贝克(Uhlenbeck)和古兹密特(Goudsmit)提出原子中的电子存在自旋运动假设,称为电子自旋运动原理,并且建立了电子自旋运动算符:

$$\hat{S}_x = \frac{\hbar}{2}\begin{pmatrix}0 & 1\\ 1 & 0\end{pmatrix},\quad \hat{S}_y = \frac{\hbar}{2}\begin{pmatrix}0 & -\mathrm{i}\\ \mathrm{i} & 0\end{pmatrix},\quad \hat{S}_z = \frac{\hbar}{2}\begin{pmatrix}1 & 0\\ 0 & -1\end{pmatrix} \tag{3-8}$$

这个原理揭示了原子中电子具有一种新的自旋运动,而电子自旋运动算符是量子力学理

论中唯一一个只用矩阵表示而不用函数形式表示的力学量算符。

以上是说明单体量子力学的原理，若考虑多体问题，还包括态叠加原理、泡利不相容原理、全同性原理等。

3.4 量子力学的科学意义

19世纪末出现的技术风暴使人们看到了微观物理世界的丰富多彩，造就了一批物理学精英，导致20世纪初相对论和量子论的创立。如果说19世纪物理学发展使人类识多见广，那么20世纪物理学的重大发现使人类有了“上天入地”的本领。这个本领主要表现为：

(1) 20世纪30—50年代的原子能技术，开发出人类生存的第四种能源——原子核能；

(2) 20世纪50—60年代的太空航天技术；

(3) 20世纪60—80年代的电子智能技术；

(4) 20世纪60年代开始的光电子信息通信技术。

3.4.1 核能开发与原子能技术

1930年狄拉克的《量子力学原理》出版，宣告了量子力学理论体系的形成。当时量子力学理论的最成功之处是与原子内电子相关的实验都获得了满意的解释，但对来自原子核的带电粒子(如α、β粒子)、X射线、γ射线和放射性粒子等还不了解。物理学家们很快就把注意力集中在用量子力学理论研究原子核的结构及核粒子运动规律问题上，开发了核能和原子核物理。1932年查德威克(J. Chadwick)首先在人工核反应中发现中子，即原子核内不带电荷的中性粒子，中子是能够进出原子核的不带电粒子，且穿梭在原子核之中不受库仑力阻挡。该发现成为一个转折点，可以方便地通过中子实验探索原子核的秘密。从此物理学家们自发地集结在德国南部哥廷根小城，使只有几千人的小城市变成了量子力学和原子能科学家思想碰撞的圣地。美国的原子弹之父——奥本海默(J. R. Oppenheimer)就是在那时不知名但初露锋芒的青年理论物理学家。1934年费米用中子轰击原子核发现β衰变，并同时提出轰击^{235}U可能产生裂变，这成为以后原子反应堆设计的基本原理，开辟了人类开发核能的技术。之后陆续发现原子核有复杂结构并蕴藏很大的能量。同年约里奥·居里(F. J. Curie)发现人工放射性物质。1938年德国化学家、物理学家哈恩(O. Hahn)利用中子轰击铀发生裂变。同年约里奥·居里完成铀裂变的链式反应实验，至此原子能(核裂变能)开发实验基本完成。1945年美国在日本投下两颗原子弹，原子能的开发技术和原子核能正式公布，人类正式进入原子能技术时代。然而，实现为民所用的原子能时代是从20世纪50年代开始的，原子反应堆、加速器、放射性、天文观测、地质观测、核能发电等应用逐渐登上历史舞台，进一步证实核能的理论基础——量子力学成为支撑科学技术发展的重要物理理论。

3.4.2 太空航天技术

原子能技术出现以后，量子力学进入自然科学的各个领域，并在理论和技术上产生了重大变革，各项技术水平得到全面飞跃式提升，特别是材料、冶金、燃料、机器制造和电子通信等技术的提升，达到太空环境工作的综合技术水平。在相对论的启发下，航空技术发展到脱离地球轨道进入太空环境运行的能力水平。1961 年苏联首次完成载人航天飞行，开启了人类探索地外空间奥秘的科学活动，提升了人类的智慧和文明。人类到了月球，正准备到火星去，设计了空间站，以探索和破解宇宙这个千古之谜。

3.4.3 电子智能技术

20 世纪的电子智能技术包括两个方面：一是集成电路和大规模集成电路设计制造技术；二是电子计算机和电脑技术。量子力学理论的出现，准确地找到了电子在原子和凝聚态介质中的运动规律，发现了电子在薄膜介质中的传输规律，据此人们开发了在薄膜介质层内制造电路的技术和电子学器件制作技术，只用 20 年时间(1960—1980 年)，从印刷线路板发展到大规模和超大规模的集成电路，几乎可以控制单电子的运动行为。集成电路技术的出现，彻底地改造了 20 世纪 40 年代发明的电子计算机。电子计算机是 20 世纪 40 年代跟原子弹同时出现的，随着集成电路技术的发展，电子计算机小型化和集成化达到令人惊叹的地步，体积缩小了 10^4 倍，而容量和速度提高了 10^6 量级，它被称为“电脑”是有一定道理的(据学者们估计，它还跟人脑差 10^{12} 量级)。现在电脑技术已得到普及，使科学、生产、生活和社会管理由自动化飞跃到智能化，把人类社会文明推到信息技术时代，这都是量子力学理论准确地描述了电子运动规律的结果。

3.4.4 光子技术

20 世纪末诞生的以激光、光纤通信和光学集成技术为典型代表的光子技术使世界变得光彩夺目，特别是激光和光通信、光传感、光传输视频技术，使微观物理世界和地外空间呈现在人们的面前。根据行业推测，“光学成本占未来所有科技产品成本的 70%，光学技术成为科技产品的关键瓶颈技术，解决光学技术是推动科技进步的核心。”光子技术将在信息、物质、能源、空间、生命五大领域发挥重要作用。

1. 信息领域：信息光子

信息时代早已让文字从甲骨、竹简、白纸转移到电脑、手机等各类电子显示屏中，可以说，屏幕占据了当今大多数人的“人生”，我们现在成为“屏幕之民”(凯文·凯利语)。不过，随着“人、物、机”融合的万物互联时代的到来，极限感知、泛智能、需求波动化等成了我们对信息技术的新要求。

此外，集成电路已趋于物理极限，以电为传输介质的技术方式受其物理属性的限制，已经难以满足新一轮科技革命中人工智能、物联网、云计算等技术对信息获取、传输、计算、存储、显示等的需要。例如，相较集成电路，光子芯片有超高速率、超低功耗等特点，利用光信号进行数据获取、传输、计算、存储和显示的光子芯片，未来将成为 5G 和人工智能时代的关键基础设施。光量子技术的持续突破，将实现“真正”量子通信，成为守护信息安全的重器。随着数据增加，光存储正在突破衍射极限向超高密度信息存储方向发展，以为大数据时代提供更多的助力。党的二十大报告提出：“基础研究和原始创新不断加强，一些关键核心技术实现突破，战略性新兴产业发展壮大，载人航天、探月探火、深海深地探测、超级计算机、卫星导航、量子信息、核电技术、新能源技术、大飞机制造、生物医药等取得重大成果，进入创新型国家行列。”“到二〇三五年，我国发展的总体目标是：经济实力、科技实力、综合国力大幅跃升，人均国内生产总值迈上新的大台阶，达到中等发达国家水平；实现高水平科技自立自强，进入创新型国家前列。”

2. 物质领域：光子制造

作为中国产业结构升级和经济增长的重要推动力，制造业的重要性不言而喻。而光子制造包括激光制造、光刻技术、原子制造等，可以跨越毫米、微米、纳米等多种尺度，具有巨大的应用价值。例如，《中国制造2025》提出：“以提升可靠性、精度保持性为重点，开发高档数控系统、伺服电机、轴承、光栅等主要功能部件及关键应用软件，加快实现产业化。”再如，以激光为“刀”对特定材料根据需要进行“精雕细刻”的光子制造技术，被称为未来先进制造领域的主导性、革命性技术。此外，随着“智能制造”成为产业升级目标之一，其三大主要细分场景——大数据收集、远程监测与精准控制都需要光子技术辅助。

3. 能源领域：能量光子

纵观历史，每一次能源革命，都为人类社会带来了翻天覆地的变化，每一次惊人的变化后面都有对能源的使用。目前，可控核聚变是最具想象力的能源技术。而自20世纪以来，科学家就在试图实现商业核聚变，而采用激光驱动技术是可以实现不需要放射性燃料或不产生放射性废物的核聚变反应的。美国科学家就曾在美国国家点火装置上使用激光引发聚变反应且观察到这个热点能够“点燃自我维持的连锁反应”，意味着由激光引起的核聚变能够在连续的能源生产链中引起额外的聚变反应，这有可能成为核聚变商业化的核心突破。激光驱动的核聚变商业化，将带来更高的产量和更低的成本，保证能源生产的价格远低于目前的价格。这将引领新能源革命，人类相当于有了无限的能量，人类的未来也就有了无限的可能。

4. 空间领域：空间光子

空间光学是利用光学手段对目标进行遥感观测和探测的科学技术领域，是把光波作为信息的载体来收集、储存、传递、处理和辨认目标信息的光学遥感技术领域，空间光学现在朝着高分辨率、高性能和高稳定性方向发展。例如，超大口径光学系统的发展，能够带动空间机器人、波前传感与控制技术以及高精度激光测量等技术的发展；光学遥感技术的高空间分辨率、高光谱分辨率、高时间分辨率能够在城市规划、农业、灾害预防、军事等领域为我们带来更多的益处。

5. 生命领域：生命光子

所有有机体，包括人类在内，都能放射出一种可测的弱光，即“生物光子”，而缺少了这种“光”的反射，维持人类生命平衡的人体细胞间的联系和细胞所催化的生化反应就不会发生。俄罗斯科学家卡兹那雪夫花了20年进行电动势的实验，发现生物光子甚至能够在48 h内将信息从一个身体场域传递到另一个身体场域（这可能让我们解开同情心以及动物“自杀”之谜）。放下理论，回到应用，生命光子技术一方面利用先进的光子技术获取生物医学信息，其发展趋势是在体高速成像，如超分辨率成像、荧光成像、光学相干层析成像、光声成像等；另一方面利用光与生物组织的相互作用来精准治疗疾病，如光动力疗法。此外，光遗传学在慢性病、帕金森病等疾病的相关临床研究都已经开展。

人物介绍

1. 玻尔

玻尔(Niels Henrik David Bohr,1885 年 10 月 7 日—1962 年 11 月 18 日),丹麦物理学家,丹麦皇家科学院院士,英国曼彻斯特大学和剑桥大学名誉博士,曾获丹麦皇家科学文学院金质奖章。玻尔通过引入量子化条件,提出了玻尔模型来解释氢原子光谱,提出了互补原理和哥本哈根诠释来解释量子力学。玻尔是哥本哈根学派的创始人,对 20 世纪物理学的发展有深远的影响。

1922 年,玻尔因对原子结构和原子辐射所做出的重大贡献而获得诺贝尔物理学奖。为此,整个丹麦都沉浸在喜悦之中,举国上下都为之庆贺,玻尔成了最著名的丹麦公民。为了正义与和平,玻尔将自己的诺贝尔金质奖章捐了,以支持芬兰战争。后来,人们又为他募集黄金重铸了一枚,一直陈列在丹麦国家博物馆里。

1924 年 6 月,玻尔被英国剑桥大学和曼彻斯特大学授予科学名誉博士学位,剑桥哲学学会接收他为正式会员,12 月又被选为俄罗斯科学院的外国通讯院士。

1927 年初,海森堡、玻恩、约尔当、薛定谔、狄拉克等成功地创立了解释原子内部过程的全新的量子力学理论,玻尔对量子力学的创立起了巨大的促进作用。1927 年 9 月,玻尔首次提出了“互补原理”,奠定了哥本哈根学派对量子力学解释的基础,并从此开始了与爱因斯坦持续多年的关于量子力学意义的论战。爱因斯坦提出一个又一个的思想实验,力求证明新理论的矛盾和错误,但玻尔每次都巧妙地反驳了爱因斯坦的实验。这场长期的论战从许多方面促进了玻尔观点的完善,使他在以后对互补原理的研究中,不仅运用于物理学,还运用于其他学科。

1933 年,希特勒夺取了政权,德国成了法西斯国家,对于丹麦来说,德国成了一个危险的邻邦。玻尔不是一个对什么都不关心的人,他既关心时事政治、国家生活,也关心国际事件。他对当时法西斯政权实行的种族迫害和政治迫害深感担忧和愤怒,积极创立和参加了丹麦救援移民委员会,对从德国逃难到哥本哈根的科学家及其他难民,尽力给予支持和帮助。

1940 年 4 月,德国侵占了丹麦,丹麦政府宣布投降。美国、英国等许多国家的大学打电报给玻尔,邀请玻尔全家到他们那里去避难和工作。玻尔非常不安,好友的关心和对自己命运的焦虑搅动着他的心。但是,这一切都没能动摇他留在哥本哈根理论物理研究所(现尼尔斯・玻尔研究所)的决心。玻尔相信,这一切都是暂时的,不久都会过去。他不应该陷入苦闷,要坚持下去继续工作,要抵抗侵略者,为共同的斗争做出贡献。在以后的一段时间里,玻尔日见消瘦,然而他却勇敢地和毫不妥协地坚持着。玻尔不隐瞒自己的好恶爱憎,拒绝与侵略者合作并不与支持侵略者的人来往。

1943 年 9 月,希特勒政权准备逮捕玻尔,为了避免遭到迫害,玻尔在反抗运动参加者的帮助下冒着极大的危险逃到了瑞典。在瑞典,他帮助和安排了几乎所有的丹麦籍犹太人逃出希特勒毒气室的虎口。过了不久,林德曼来电报邀请玻尔到英国工作,玻尔在乘坐一架小型飞机飞往英国的途中差点因缺氧而丧生。在英国待了两个月后,根据美国总统罗斯福和英国首相丘吉尔签署的魁北克协议，美国和英国物理学家应密切合作、共同工作，于是玻尔被任命为英国的顾问与查德威克等一批英国原子物理学家远涉重洋去了美国，参加了制造原子弹的曼哈顿计划。玻尔由于担心德国会率先造出原子弹，给世界造成更大的威胁，因此也和爱因斯坦一样，以科学顾问的身份积极推动原子弹的研制工作。

但他坚决反对在对日战争中使用原子弹，也坚决反对在今后的战争中使用原子弹，始终坚持和平利用原子能的观点。他积极与美国和英国的政治家取得联系，参加了禁止核试验以及争取和平、民主和各民族团结的斗争。对于原子弹给日本造成的巨大损失，他感到非常内疚，并为此发表了《科学与文明》和《文明的召唤》两篇文章，呼吁各国科学家加强合作，和平利用原子能，对那些可能威胁世界安全的任何活动进行国际监督，为各民族今后无忧无虑地发展自己的科学文化而斗争。

关于玻尔原子模型。玻尔于 1913 年在原子结构问题上迈出了革命性的一步，提出了定态假设和频率法则，从而奠定了这一研究方向的基础。玻尔指出：在原子系统设想的状态中存在着所谓的“稳定态”。在这些状态中，粒子的运动虽然在很大程度上遵守经典力学规律，但这些状态的稳定性不能用经典力学来解释，原子系统的每次变化只能从一个稳定态跃迁到另一个稳定态。

与电磁理论相反，稳定态原子不会产生电磁辐射，原子系统只有在两个稳定态之间跃迁时才会产生电磁辐射。辐射相当于以恒定频率做谐振动的带电粒子按经典力学规律而产生，但频率 ν 与原子的运动状态并不是单一关系，而是由 $h\nu=E-E'$ 来决定的，这就是玻尔原子模型。

2. 德布罗意

路易·维克多·德布罗意(Louis Victor Duc De Broglie，1892 年 8 月 15 日—1987 年 3 月 19 日)，法国著名理论物理学家，波动力学的创始人，物质波理论的创立者，量子力学的奠基人之一。1929 年获诺贝尔物理学奖。1932 年任巴黎大学理论物理学教授，1933 年被选为法国科学院院士。

德布罗意父母早逝，他从小就酷爱读书，中学时代显示出文学才华，从 18 岁开始在巴黎索邦大学学习历史，并且于 1910 年获得历史学位。1911 年，他听到作为第一届索尔维会议秘书的莫里斯谈到关于光、辐射、量子性质等问题的讨论后，激起了他对物理学的强烈兴趣，特别是读了庞加莱的《科学的价值》等书后，他转向研究理论物理学，1913 年获理学学士学位。

第一次世界大战期间，德布罗意在埃菲尔铁塔上的军用无线电报站服役。他平时爱读科学著作，特别是庞加莱、洛伦兹和朗之万的著作，后来对普朗克、爱因斯坦和玻尔的工作产生了兴趣，转而研究物理学。退伍后跟随朗之万攻读物理学博士。他的兄长莫里斯·德布罗意是一位研究 X 射线的专家，路易·维克多·德布罗意曾随莫里斯一道研究 X 射线，两人经常讨论相关理论问题。莫里斯曾在 1911 年第一届索尔维会议上担任秘书，负责整理文件。这次会议的主题是辐射和量子论。会议文件对路易·维克多·德布罗意有很大启发。莫里斯和另一位 X 射线专家亨利·布拉格联系密切。亨利·布拉格曾主张过 X 射线的粒子性。这个观点对莫里斯有很大影响，所以他经常跟弟弟讨论波和粒子的关系。这都促使路易·维克多·德布罗意深入思考波粒二象性的问题。

法国物理学家布里渊(M. Brillouin)在1919—1922年期间发表过一系列论文,提出了一种能解释玻尔定态轨道原子模型的理论。他设想原子核周围的“以太”会因电子的运动激发一种波,这种波互相干涉,只有在电子轨道半径适当时才能形成围绕原子核的驻波,因而轨道半径是量子化的。这一见解被德布罗意吸收了,他把以太的概念去掉,把以太的波动性直接赋予电子本身,对原子理论进行深入探讨,并指出:“整个世纪以来,在辐射理论上,比起波动的研究方法,是过于忽略了粒子的研究方法。在实物理论上,是否发生了相反的错误呢?是不是我们关于‘粒子’的图像想得太多,而过分地忽略了波的图像呢?”德布罗意企图把粒子观点和波动观点统一起来,给予“量子”以真正的含义。

1923年9—10月期间,德布罗意在《法国科学院通报》上连续发表了三篇有关波和量子的论文。第一篇是《辐射——波与量子》,提出实物粒子也有波粒二象性,认为与运动粒子相应的还有正弦波,两者总保持相同的位相。后来他把这种假想的非物质波称为相波。他把相波概念应用到以闭合轨道绕核运动的电子,推出了玻尔量子化条件。在第三篇论文《量子气体运动理论以及费马原理》中,他进一步提出:“只有满足位相波谐振,轨道才是稳定的。”在第二年的博士论文中,他更明确地写下了:“谐振条件是 $l=n\lambda$,即电子轨道的周长是位相波波长的整数倍。”

在第二篇论文《光学——光量子、衍射和干涉》中,德布罗意提出如下设想:“在一定情形下,任一运动质点能够被衍射。穿过一个相当小的开孔的电子群会表现出衍射现象。正是在这一方面,有可能寻得我们观点的实验验证。”

德布罗意在这里并没有明确提出物质波这一概念,他只采用了位相波或相波的概念,认为可以假想有一种非物质波。可是究竟是一种什么波呢?在他的博士论文结尾处,他特别声明:“我特意将相波和周期现象说得比较含糊,就像光量子的定义一样,可以说只是一种解释,因此最好将这一理论看成物理内容尚未说清楚的一种表达方式,而不能看成最后定论的学说。”物质波是在薛定谔方程建立以后,在诠释波函数的物理意义时由德布罗意提出的。另外,德布罗意并没有明确提出波长 λ 和动量 p 之间的关系式 $\lambda=\frac{h}{p}$(h 为普朗克常量),只是后来人们发现这一关系在他的论文中已经隐含了,于是就把这一关系称为德布罗意关系式。

德布罗意的博士论文得到了答辩委员会的高度评价,认为很有独创精神,但是人们总认为他的想法过于玄妙,没有认真地加以对待。例如,在答辩会上,有人提问有没有办法验证这一新的观念。德布罗意答道:“通过电子在晶体上的衍射实验,应当有可能观察到这种假定的波动效应。”在他兄长的实验室中,有一位实验物理学家道威利尔(Dauvillier)曾试图用阴极射线管做这样的实验,试了一次没有成功,就放弃了。后来分析,可能是电子的速度不够大,当作靶子的云母晶体吸收了空中游离的电荷,如果实验者认真做下去,肯定会得出结果的。

德布罗意的论文发表后,当时并没有引起多大反应。后来引起人们注意是由于爱因斯坦的支持。朗之万曾将德布罗意的论文寄了一份给爱因斯坦,爱因斯坦看到后非常高兴。他没有想到,自己创立的有关光的波粒二象性观念,在德布罗意手里发展成如此丰富的内容,竟扩展到了运动粒子。当时爱因斯坦正在撰写有关量子统计的论文,于是就在其中加了一段介绍德布罗意工作的内容。他写道:“一个物质粒子或物质粒子系可以怎样用一个波场相对应,德布罗意先生已在一篇很值得注意的论文中指出了。”此后,德布罗意的工作立即获得大家的注意。

1926年薛定谔在发表他的波动力学论文时曾明确表示:"这些考虑的灵感,主要归因于路易·维克多·德布罗意先生的独创性的论文。"1927年,美国的戴维孙和革末及英国的汤姆孙通过电子衍射实验各自证实了电子确实具有波动性。至此,德布罗意的理论因大胆假设而成功并获得了普遍的赞赏。由于德布罗意的杰出贡献,他获得了很多的荣誉:1929年获法国科学院亨利·庞加莱奖章,同年又获诺贝尔物理学奖;1932年,获摩纳哥阿尔伯特一世奖。

1926年德布罗意在巴黎大学任教,1933年任巴黎大学理学院理论物理学教授,1933年当选为法国科学院院士,1942年任法国科学院数学科学常务秘书。1938年,因为德布罗意对理论物理学的杰出贡献,德国物理学会颁给他最高荣誉马克斯·普朗克奖章。1952年,由于德布罗意热心教授民众科学知识,联合国教育、科学及文化组织授予他一级卡林加奖(Kalinga prize)。1953年,当选为伦敦皇家学会的会员。1956年获法国国家科学研究中心金质奖章。1961年,又荣获法国荣誉军团大十字勋章。他还是华沙大学、雅典大学等六所著名大学的荣誉博士,拥有欧、美、印度等18个科学院院士头衔。1960年,路易的哥哥莫里斯过世,路易继承为第七代德布罗意公爵(7th Duc De Broglie)。1987年3月19日,德布罗意过世,享年95岁。

习　题

3-1　简述量子和状态两个物理概念在量子力学理论中的地位。

3-2　简述算符在量子力学理论中的作用。

3-3　为什么说20世纪的重大技术都是量子力学理论支撑的结果?

第4章 波动力学

第2章通过引入黑体辐射实验、光电效应实验和氢原子线状光谱实验，深入介绍了能量量子化理论，以及光的波粒二象性。1927年，戴维孙、革末和汤姆孙分别用单晶材料和粉末晶体先后进行了电子衍射实验，从实验角度证实了电子的波粒二象性。随后质子、中子等粒子的衍射实验也证实了物质波的存在，进而为建立波动力学奠定了基础。

本章将系统介绍波动力学。波动力学与第5章介绍的矩阵力学共同构成新量子论，形成了完整的初等量子力学理论体系。

按照德布罗意的观点，微观粒子具有波粒二象性，因此，其状态的描述必有别于经典力学对状态的描述，不能用经典语言确切描述。量子力学理论提出波函数的概念，用来描述微观粒子的状态，波函数的统计解释和态叠加原理是量子力学的两个基本原理；波函数所遵守的方程——薛定谔方程是量子力学的基本方程，也是波动力学的核心。在一定边界条件和初始条件下求解薛定谔方程，可以得出许多与实验结果相符合的结果。

【知识目标】

1. 理解波函数与德布罗意波的关系，掌握波函数的统计解释；
2. 掌握态叠加原理；
3. 理解粒子数守恒定律。

【能力目标】

1. 了解薛定谔方程的物理意义，掌握采用定态薛定谔方程处理一维无限深势阱、线性谐振子问题的方法；
2. 了解并跟踪量子力学中态叠加原理的本质及应用。

【素质目标】

能够用严谨的物理思维和逻辑正确认识问题、分析问题和解决问题。

4.1 波函数的引入与统计解释

4.1.1 波动力学的提出与波函数的引入

4-1 波函数的引入与统计解释

在爱因斯坦光量子理论（光具有波粒二象性）的启发下，面对玻尔的原子结构量子理论取得的成功和碰到的困难，德布罗意提出了实物粒子（静质量 $m \neq 0$ 的粒子，例如电子）也具有波粒二象性的假设，即与动量为 p 和

能量为 E 的粒子相应的波的波长 λ 和频率 ν 为

$$\lambda = h/p, \quad \nu = E/h \tag{4-1}$$

并称之为物质波(matter wave)。因此可以通过一个复函数来描述该物质波,为此引入波函数来描述微观粒子的波动性。

众所周知,在真空中自由传播的电磁波满足如下波动方程:

$$\nabla^2 \Psi - \frac{1}{c^2}\frac{\partial^2}{\partial t^2}\Psi = 0 \tag{4-2}$$

其中,∇和∇^2 分别为梯度算符和拉普拉斯算子:

$$\nabla = \vec{e}_1 \frac{\partial}{\partial x} + \vec{e}_2 \frac{\partial}{\partial y} + \vec{e}_3 \frac{\partial}{\partial z} \tag{4-3}$$

$$\nabla^2 = \nabla \cdot \nabla = \frac{\partial^2}{\partial x^2} + \frac{\partial^2}{\partial y^2} + \frac{\partial^2}{\partial z^2} \tag{4-4}$$

式中,(x,y,z)为空间直角坐标,t 为时间,Ψ 是波函数。考虑式(4-2)的单色平面波特性,则

$$\Psi = A\mathrm{e}^{\mathrm{i}(\vec{k}\cdot\vec{r}-\omega t)} \tag{4-5}$$

其中,A 是振幅,ω 为角频率($\omega = 2\pi\nu$,ν 为频率),$\vec{k}$ 为波矢量,$\vec{k}$ 的方向即平面波的传播方向,$\vec{k}$ 的大小即 $k = |\vec{k}| = 2\pi/\lambda$,$\lambda$ 为波长。经典物理学对波函数和波动方程的解释是,波函数 Ψ 描述了单色平面波的性质(如振幅、频率、波长、传播方向等),波动方程全面描述了光波的运动(传播)规律。

根据德布罗意假说对微观粒子波粒二象性的完整阐述,并结合德布罗意关系式 $E=\hbar\omega$,$p=\hbar k$,得到微观粒子波函数的具体表示如下:

$$\Psi = A\mathrm{e}^{\frac{\mathrm{i}}{\hbar}(\vec{p}\cdot\vec{r}-Et)} \tag{4-6}$$

显而易见,波函数 Ψ 同时描述了包括光子在内的所有微观粒子的力学性质(能量 E、动量 p)。

4.1.2 玻恩的波函数统计解释与实验验证

人们对实物粒子波动性的理解,曾经经历过一场激烈的论争。包括波动力学创始人薛定谔、德布罗意等在内的一些人,对实物粒子波动性的见解,都曾经深受经典物理学概念的影响。

为解释散射粒子的角分布问题,玻恩采用薛定谔方程处理散射问题时提出的概率波概念,将粒子性与波动性统一起来,即把微观粒子的“粒子性”与“波的相干叠加性”统一起来。他认为量子力学中的波函数所描述的,并不像经典波那样实实在在的波动,而是刻画粒子在空间的概率分布的概率波(probability wave)。

玻恩深入分析电子的双缝干涉实验,如图 4-1 所示。图中有一电子束射向一个双缝装置,并由探测屏或者感光底片(图 4-1 右侧)记录下电子的空间分布。设入射电子流很微弱,电子几乎是一个一个地经过双缝,感光底片上的感光点零散且无规律。当感光时间足够长,发射电子足够多时,底片上的感光点愈来愈多,就会发现有些地方点很密,而有些地方则几乎没有感光点。最后,底片上的感光点的密度分布将构成一个有规律的图样,与经典波动的双缝干涉图像并无差异,显示出波动性。

为了更好地理解微观粒子在双缝干涉实验中呈现出的量子特征,先对比一下用经典粒子

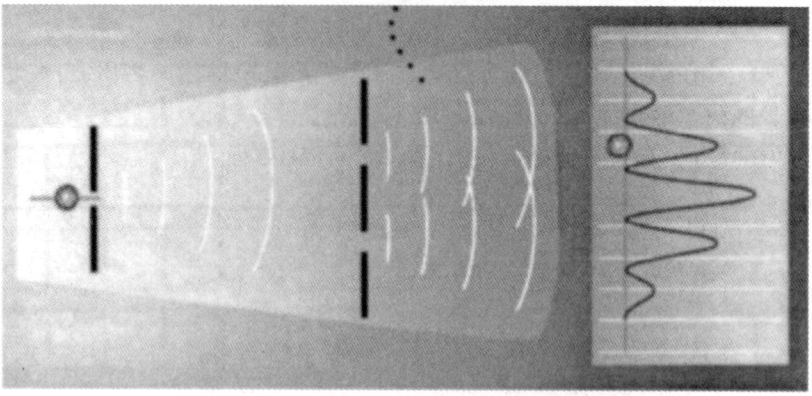

图 4-1　电子的双缝干涉实验示意图

(例如子弹)与经典波(例如声波)来做类似的双缝干涉实验的结果。例如,一架机枪从远处向靶子进行点射,机枪与靶子之间有一堵子弹不能穿透的墙,墙上有两条缝。如图 4-2 所示,当只开缝 1 时,靶上子弹的密度分布为 $\rho_1(x)$;当只开缝 2 时,靶上子弹的密度分布为 $\rho_2(x)$;当双缝齐开时,经过缝 1 的子弹与经过缝 2 的子弹各不相干地一粒一粒地打到靶上,所以靶上子弹密度分布简单地等于两个密度之和,即 $\rho_{12}(x)=\rho_1(x)+\rho_2(x)$。换言之,子弹经过缝 1(2)的运动轨道,与缝 2(1)存在与否并无关系。图 4-3 给出声波的双缝和单缝干涉波强度对比图像。S 表示一个具有稳定频率 ν 的声源,声波经过一个具有双缝的隔音板,它后面有一个吸音板,到达吸音板上的声波将被吸收,并把声波强度分布显示出来。当只开缝 1 时,声波强度分布用 $I_1(x)$描述;当只开缝 2 时,声波强度分布用 $I_2(x)$描述;当双缝齐开时,声波强度分布用 $I_{12}(x)$描述。实验表明,$I_{12}(x)\neq I_1(x)+I_2(x)$。当只开一条缝时声音很强的地方,在双缝齐开时可能声音变得很弱,原因是出现了声波干涉。

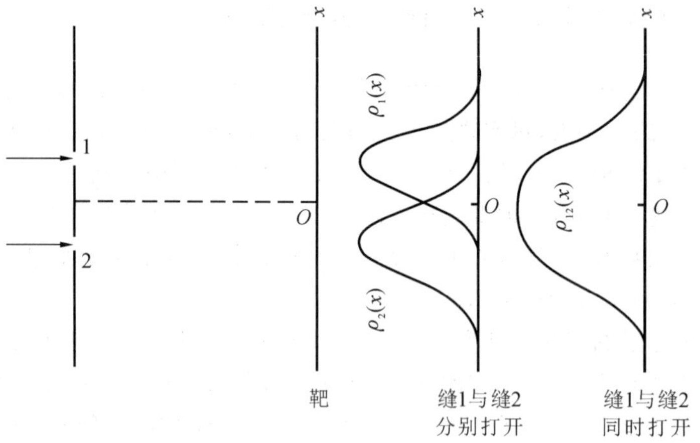

图 4-2　机枪点射的子弹密度分布 $\rho(x)$

设分别打开缝 1 和缝 2 时的声波用 $h_1(x)e^{i\cdot 2\pi\nu t}$ 和 $h_2(x)e^{i\cdot 2\pi\nu t}$ 描述,双缝齐开时,有

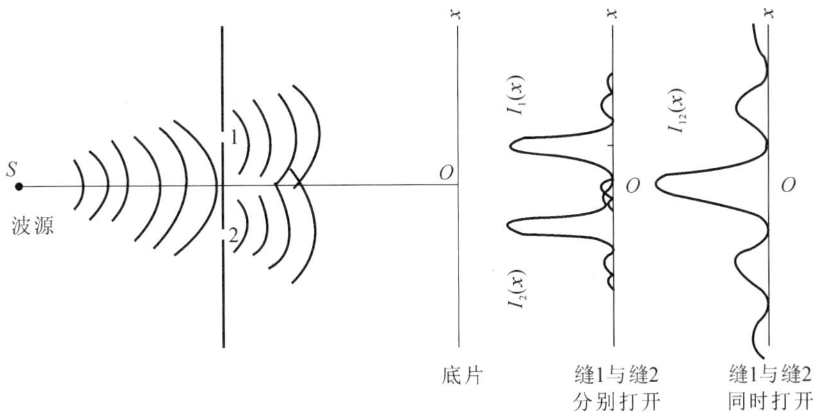

图 4-3　声波的双缝和单缝干涉波强度 $I(x)$ 的比较

$$
\begin{aligned}
I_{12}(x) &= |h_1(x)+h_2(x)|^2 \\
&= |h_1(x)|^2+|h_2(x)|^2+h_1(x)h_2^*(x)+h_1^*(x)h_2(x) \\
&= I_1(x)+I_2(x)+\text{干涉项} \neq I_1(x)+I_2(x)
\end{aligned}
\tag{4-7}
$$

由于干涉项的影响，经典波的强度分布与经典粒子的密度分布大不相同。人们可以设想，如在图 4-3 中，用电子束来代替声波，则观测到的双缝干涉图像应该与图 4-1 没有什么差异。但此时波的强度代表被观测到的电子出现的概率。

仔细分析电子的双缝干涉实验发现，就强度分布来讲，电子与经典波（例如声波、压强波）是相似的，在感光底片上 r 点附近干涉花样的相对强度与在 r 点附近感光点的数目、在 r 点附近出现的电子的数目、电子出现在 r 点附近的概率成正比。

设干涉波波幅用 $\Psi(r)$ 描述，与光学中相似，干涉花样的相对强度在空间的分布则用 $|\Psi(r)|^2$ 描述。但这里干涉波相对强度 $|\Psi(r)|^2$ 的意义与经典波根本不同，它是刻画电子出现在 r 点附近的概率的一个量。更确切地说，$|\Psi(r)|^2\Delta x\Delta y\Delta z$ 表示在 r 点处的体积元 $\Delta x\Delta y\Delta z$ 中找到粒子的概率。这就是玻恩提出的波函数统计解释，它是量子力学的基本原理之一。它的正确性已被无数的实验所证实，例如电子的波动性在戴维孙-革末（Davisson-Germer）实验中得到证实。他们从衍射条纹的分析得出的波长与式（4-1）相当符合。后来，人们又在实验中观测到分子和中子的波动性，1994 年又观测到范德瓦尔斯团簇的干涉现象。

按照玻恩的波函数统计解释，波函数 $\Psi(r)$ 常常称为概率波幅（probability amplitude）。应该说，在非相对论的情况（没有粒子产生和湮没现象）下，概率波的概念正确地把实物粒子的波动性与粒子性统一起来。

4.1.3　波函数的性质及特点

玻恩的波函数统计解释赋予了波函数确切的物理含义。根据统计解释，究竟应对波函数 $\Psi(r)$ 提出哪些要求？

1. 单值性、有限性、连续性

根据波函数统计解释，$|\Psi(r)|^2$ 具有概率的统计解释。由于概率要求具有单值性、有限

性、连续性，则波函数 $\Psi(r)$ 也要求应具有单值性、有限性、连续性。但应注意，并不排除在空间某些孤立奇点处 $\Psi(r)\to\infty$。例如，设 $r=r_0$ 是 $\Psi(r)$ 的一个孤立奇点，τ_0 是包围 r_0 点的任何有限空间的体积，则按统计解释，要求粒子在有限空间内出现的概率是有限值，如式(4-8)所示。

$$\int_{\tau_0} |\Psi(r)|^2 \mathrm{d}^3 r = \text{有限值} \tag{4-8}$$

2. 归一性

根据波函数的统计解释，很自然要求该粒子不产生也不湮没。因此，按照统计解释，一个真实的波函数需要满足归一化条件(平方可积)，即在空间各点的概率之总和为 1。波函数 $\Psi(r)$ 满足下列条件：

$$\int_{(\text{全})} |\Psi(r)|^2 \mathrm{d}^3 r = 1 \quad (\mathrm{d}^3 r = \mathrm{d}x\mathrm{d}y\mathrm{d}z) \tag{4-9}$$

称为波函数的归一化条件。

3. 不确定性

对于概率分布来说，重要的是不确定性分布。根据波函数的统计解释，不难看出，$\Psi(r)$ 与 $C\Psi(r)$(C 为常数)所描述的波的相对强度相等，对应的粒子分布概率是完全相同的，即在空间任意两点 r_1 和 r_2 处，$C\Psi(r)$ 描述的粒子的概率满足下列关系：

$$\left|\frac{C\Psi(r_1)}{C\Psi(r_2)}\right|^2 = \left|\frac{\Psi(r_1)}{\Psi(r_2)}\right|^2 \tag{4-10}$$

与 $\Psi(r)$ 描述的概率完全相同。换言之，$C\Psi(r)$ 与 $\Psi(r)$ 描述的是同一个概率波。所以，波函数具有一个常数因子的不确定性。在这一点上，概率波与经典波有本质的区别。一个经典波的波幅若增大一倍，则相应的波动的能量将为原来的 4 倍，故而代表完全不同的波动状态。正因为如此，经典波根本谈不上“归一化”，而概率波则可以进行归一化。因为，假设

$$\int_{(\text{全})} |\Psi(r)|^2 \mathrm{d}^3 r = A(\text{实常数}) > 0(\text{平方可积}) \tag{4-11}$$

则显然有

$$\int_{(\text{全})} \left|\frac{1}{A}\Psi(r)\right|^2 \mathrm{d}^3 r = 1 \tag{4-12}$$

但 $\Psi(r)$ 与 $A^{-1/2}\Psi(r)$ 描述的是同一个概率波。$\Psi(r)$ 没有归一化，而 $A^{-1/2}\Psi(r)$ 是归一化的。$A^{-1/2}$ 称为归一化因子。波函数归一化与否，并不影响概率分布。

还应提到，即使加上归一化条件，波函数仍然有一个模为 1 的相因子的不确定性，或者说相位(phase)不确定性。因为，假设 $\Psi(r)$ 是归一化的波函数，则 $\mathrm{e}^{\mathrm{i}\alpha}\Psi(r)$($\alpha$ 为实常数)也是归一化的，由于 $\Psi(r)$ 与 $\mathrm{e}^{\mathrm{i}\alpha}\Psi(r)$ 的相对强度相等，因此描述的是同一个概率波。

以上讨论的是单个粒子的波函数。设一个体系包含两个粒子，波函数用 $\Psi(r_1,r_2)$ 表示，$|\Psi(r_1,r_2)|^2\mathrm{d}^3 r_1\mathrm{d}^3 r_2$ 表示测得粒子 1 在空间体积元$(r_1,r_1+\mathrm{d}r_1)$中同时粒子 2 在空间体积元$(r_2,r_2+\mathrm{d}r_2)$中的概率。

注意，$\Psi(r_1,r_2)$ 描述的不是三维空间中某种实在物理量的波动，而是概率波。对于由 N 个粒子组成的体系，它的波函数表示为

$$\Psi(r_1,r_2,\cdots,r_N) \tag{4-13}$$

其中，$r_1(x_1,y_1,z_1)$，$r_2(x_2,y_2,z_2)$，…，$r_N(x_N,y_N,z_N)$分别表示各粒子的空间坐标。此时，$|\Psi(r_1,r_2,\cdots,r_N)|^2\mathrm{d}^3r_1\mathrm{d}^3r_2\cdots\mathrm{d}^3r_N$表示粒子1出现在$(r_1,r_1+\mathrm{d}r_1)$中、粒子2出现在$(r_2,r_2+\mathrm{d}r_2)$中……粒子$N$出现在$(r_N,r_N+\mathrm{d}r_N)$中的概率。

归一化条件表示为

$$\int_{(全)}|\Psi(r_1,r_2,\cdots,r_N)|^2\mathrm{d}^3r_1\mathrm{d}^3r_2\cdots\mathrm{d}^3r_N=1 \tag{4-14}$$

所以$\Psi(r_1,r_2,\cdots,r_N)$描述的是抽象的$3N$维位形空间(configuration space)中的概率波。

4.2　量子态叠加原理

4.2.1　量子态

4-2　量子态叠加原理

按4.1节分析，对于一个粒子，当描述它的波函数$\Psi(r)$给定后，如测量其位置，则粒子出现在r点的概率密度为$|\Psi(r)|^2$；如测量其动量，则测得动量为p的概率密度为$|\varphi(p)|^2$，$\varphi(p)$是$\Psi(r)$的傅里叶变换，由$\Psi(r)$完全确定。

$$\varphi(p)=\frac{1}{(2\pi)^{3/2}}\int\Psi(r)\mathrm{e}^{-\frac{\mathrm{i}}{\hbar}p\cdot r}\mathrm{d}^3r \tag{4-15}$$

而

$$\Psi(r)=\frac{1}{(2\pi)^{3/2}}\int\varphi(p)\mathrm{e}^{\frac{\mathrm{i}}{\hbar}p\cdot r}\mathrm{d}^3p \tag{4-16}$$

与此类似，还可以讨论其他力学量的测量值的概率分布。概括起来说，当$\Psi(r)$给定后，粒子所有力学量的测量值的概率分布就确定了。从这个意义上来讲，$\Psi(r)$完全描述了一个三维空间中粒子的量子态，所以波函数也称为态函数。

同样地，我们也可以说，$\varphi(p)$完全描述了粒子的量子态。因为给定$\varphi(p)$后，不仅动量的测量值的概率分布$\omega(p)\propto|\varphi(p)|^2$完全确定，而且其位置的测量值的概率分布$\omega(r)\propto|\Psi(r)|^2$也是完全确定的，因为$\Psi(r)$可以通过式(4-16)由$\varphi(p)$完全确定。其他力学量的测量值的概率分布也可类似给出。

因此，粒子的量子态，既可以用$\Psi(r)$描述，也可以用$\varphi(p)$来描述，还可以有其他描述方式。它们彼此间有确定的变换关系，彼此完全等价。它们描述的都是同一个量子态，只是表象(representation)不同(表象理论将在第6章中讨论)，这犹如一个矢量可以采用不同的坐标系来描述一样。我们称$\Psi(r)$是粒子态在坐标表象中的表示，而$\varphi(p)$则是同一个状态在动量表象中的表示。

显然，量子态的描述方式与经典粒子运动状态的描述方式(用每一时刻粒子的坐标$r(t)$和动量$p(t)$来描述)根本不同，这是由波粒二象性所决定的。

4.2.2　经典物理中的叠加原理

1. 惠更斯-菲涅耳原理

在研究光学衍射现象时，荷兰物理学家克里斯蒂安·惠更斯创立了光的波动说，首先提出惠更斯原理(Huygens principle)。他认为球形波面上的每一点(面源)都是一个次级球面波的子波源,次级波的波速与频率等于初级波的波速和频率,此后每一时刻的次级波包络面就是该时刻总的波动的波面。其核心思想是介质中任一处的波动状态是由各处的波动决定的,如图 4-4所示。惠更斯原理是研究衍射现象的理论基础,可作为求解波(特别是光波)传播问题的一种近似方法。光的直线传播、反射、折射等都能基于此得到较好的解释。此外,惠更斯原理还可解释晶体的双折射现象。

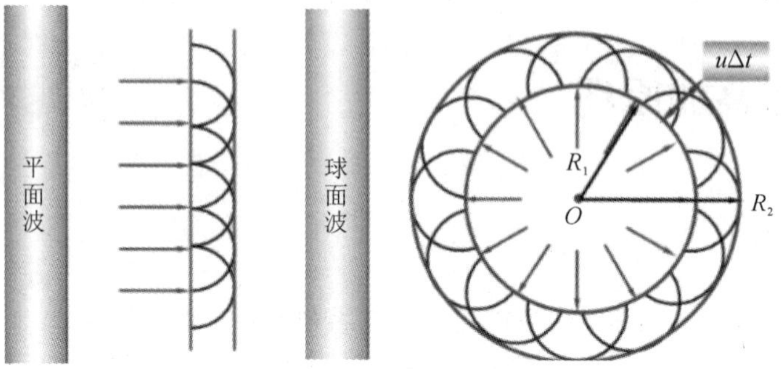

图 4-4　惠更斯原理图

但是,原始的惠更斯原理是比较粗糙的,用它不能解释衍射现象,而且惠更斯原理还会导致倒退波的存在,而这显然是不存在的。由于惠更斯原理的次级波假设不涉及波的时空周期特性——波长、振幅和相位,虽然其能说明波在障碍物后面拐弯偏离直线传播的现象,但实际上,光的衍射现象要细微得多,例如还有明暗相间的条纹出现,表明各点的振幅大小不等,对此惠更斯原理就无能为力了。因此,必须能够定量计算光所到达的空间范围内任何一点的振幅,才能更精确地解释衍射现象。

菲涅耳在惠更斯原理的基础上,补充了描述次级波的基本特征——相位和振幅的定量表示式,并增加了“次级波相干叠加”的原理,从而发展出惠更斯-菲涅耳原理(Huygens-Fresnel principle)。惠更斯-菲涅耳原理是以波动理论解释光的传播规律的基本原理,是叠加性的具体表现。

2. 杨氏双缝干涉

托马斯·杨(Thomas Young,1773—1829)于 1801 年进行了一次光的干涉实验,即著名的杨氏双缝干涉实验,首次肯定了光的波动性。随后他在论文中以干涉原理为基础,建立了新的波动理论,并成功解释了牛顿环,精确测定了波长。1807 年,杨发表了《自然哲学与机械学讲义》(*A Course of Lectures on Natural Philosophy and the Mechanical Arts*),书中综合整理了他在光学方面的理论与实验方面的研究,并描述了双缝干涉实验。后来的历史证明,这个实验完全可以跻身于物理学史上最经典的前五个实验之列。

杨氏双缝干涉实验原理如图 4-5 所示,当单色光照射到开有小孔 S 的不透明的遮光板上,后面置有另一块光阑,开有两个小孔 S_1 和 S_2。杨氏双缝干涉实验原理是光波叠加原理,采用惠更斯-菲涅耳原理所提出的次级波假设可解释这个实验。

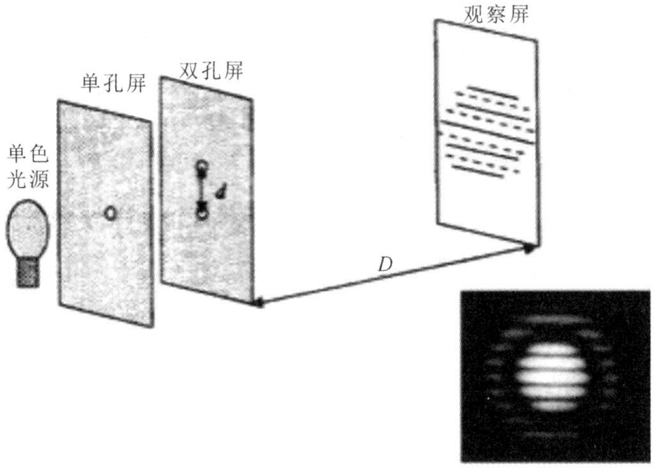

图 4-5 杨氏双缝干涉实验原理

4.2.3 量子态叠加原理

1. 量子态叠加原理阐述

在经典力学中，当一个波由若干子波叠加而成，则这个叠加后的波含有各种成分（具有不同波长、振幅和相位等）的子波。在量子力学中，采用波函数描述一个体系的量子态，则量子态的叠加性就有了更深刻的含义。量子力学认为：

(1) 物理体系的任何一种状态（波函数 Ψ）总可以认为是由某些其他状态（波函数 Ψ_1，Ψ_2，…）线性叠加而成的，即

$$\Psi = C_1\Psi_1 + C_2\Psi_2 + \cdots + C_n\Psi_n = \sum_{i=1}^{n} C_i\Psi_i \tag{4-17}$$

其中，$C_1, C_2, \cdots, C_n$ 为常数（可以是复数）。

(2) 如果 $\Psi_1, \Psi_2, \cdots, \Psi_n$ 是可以实现的状态（波函数），则它们的任何线性叠加态（见式(4-17)）总表示一种可以实现的状态（波函数 Ψ）。

(3) 当物理体系处于叠加态（见式(4-17)）时，可以认为该体系部分地处于 Ψ_1 态，部分地处于 Ψ_2 态，等等。

以上就是量子态叠加原理，简称态叠加原理。量子态叠加原理是对“波的叠加性”与“波函数完全描述一个体系的量子态”两个概念的概括。

2. 量子态叠加原理讨论与举例

(1) 在叠加态 Ψ 中，$\Psi_1, \Psi_2, \cdots$ 有确切的相对权重（概率）和相对相位。当体系处于 Ψ 态下，出现 Ψ_j 态的概率是 $|C_j|^2 / \sum_{i=1}^{n} |C_i|^2$。量子力学中这种态的叠加，导致叠加态下观测结果的不确定性。

【例 4-1】 如果 $\Psi = C_1\Psi_1 + C_2\Psi_2$，假设体系处于 Ψ_1 描述的态下，测量力学量 A 所得结

果是一个确切值a_1（Ψ_1 称为 A 的本征态，A 的本征值为a_1）。又假设在 Ψ_2 态下，测量 A 的结果是另一个确切值a_2（Ψ_2 也是 A 的一个本征态，A 的本征值为a_2）。故在 Ψ 所描述的状态下，测量 A 所得结果，既可能为 a_1，也可能为 a_2（但不会是另外的值），而测得结果为 a_1 或 a_2 的相对概率是完全确定的，我们称 Ψ 态是 Ψ_1 态和 Ψ_2 态的相干叠加态。

【例 4-2】 当一个粒子处于定态下，即

$$\Psi(r,t) = \Psi_E(r)e^{-\frac{i}{\hbar}Et} \tag{4-18}$$

则测量粒子的能量时，所得结果是完全确定的（即概率为 1），为 E，而测量之后，粒子能量仍保持为 E，即仍然处于能量本征态 $\Psi_E(r)$。但如粒子处于非定态，有

$$\Psi(r,t) = \sum_n C_n\Psi_n(r)e^{-\frac{i}{\hbar}E_n t} \tag{4-19}$$

即为很多能量本征值 $E_n(n=1,2,3,\cdots)$的本征态 Ψ_n 的叠加，则在测量粒子能量时，式(4-19)求和中所包含的能量本征值 E_n 都有可能出现，出现的概率为 $|C_n|^2$，$\sum_n |C_n|^2=1$。当测量结果为某个能量本征值 E_n 时，粒子的状态就变为相应的能量本征态 Ψ_n。

【例 4-3】 考虑一个用波包 $\Psi(r)$描述的量子态，它由许多平面波叠加而成，其中每一个平面波描述具有确定动量 p 的量子态（动量本征态）。对于用波包描述的粒子，如测量其动量，则可能出现各种可能的结果，也许出现 p_1，也许出现 p_2……（凡是波包中包含的平面波所对应的 p 值，均可能出现，而且出现的相对概率是确定的）。我们应怎样来理解这样的测量结果呢？这只能认为原来那个波包所描述的量子态就是粒子的许多动量本征态的某种相干叠加，而粒子部分地处于 p_1 态，部分地处于 p_2 态……这从经典物理学概念来看是无法理解的，但只有这种看法才能解释为什么测量动量时有时出现 p_1 而有时又出现 p_2……

(2) 如果 $\Psi=C_1\Psi_1+C_2\Psi_2$，Ψ 的概率大小为

$$|\Psi|^2=|C_1\Psi_1+C_2\Psi_2|^2=|C_1\Psi_1|^2+|C_2\Psi_2|^2+(C_1\Psi_1)^*(C_2\Psi_2)+(C_1\Psi_1)(C_2\Psi_2)^*$$

上式存在干涉项$(C_1\Psi_1)^*(C_2\Psi_2)+(C_1\Psi_1)(C_2\Psi_2)^*$，所以量子理论存在干涉。除非，$C_1=1$，$C_2=0$，或者 $C_1=0$，$C_2=1$，此时波只有一种成分。

态叠加原理非常重要，所有的量子相干态都源于态叠加原理，它是量子力学的基本原理，是由波粒二象性决定的，与经典波的叠加概念的物理含义有本质不同。

4.2.4 量子态叠加原理验证实验——电子双缝衍射实验

在量子力学中，描述微观粒子运动的波满足线性叠加原理。为了说明这一性质，费曼设计了一个理想实验，这就是物理学上著名的电子双缝衍射实验，实验原理图如图 4-6 所示。

通过分析发现，若打开缝 1 同时关闭缝 2，则通过探测器观测到的衍射花样如图 4-7(a)中 P_1 曲线所示，根据波函数统计解释可得，粒子出现概率为

$$w_1=|\Psi_1|^2 \tag{4-20}$$

若打开缝 2 同时关闭缝 1，观测到的衍射花样如图 4-7(a)中 P_2 曲线所示，则粒子出现概率为

$$w_2=|\Psi_2|^2 \tag{4-21}$$

若同时打开缝 1、缝 2，观测到的衍射花样如图 4-7(a)中 P 曲线所示，则粒子出现概率为

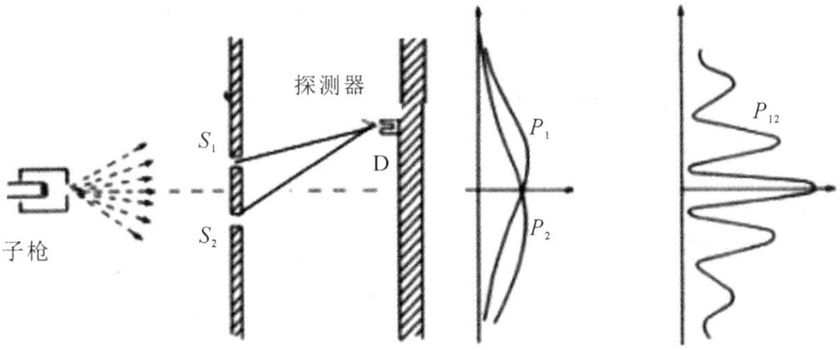

图 4-6 电子双缝衍射实验原理图

$$w = |\Psi|^2 = |\Psi_1 + \Psi_2|^2 \tag{4-22}$$

显然

$$w \neq |\Psi_1|^2 + |\Psi_2|^2 \tag{4-23}$$

即

$$w \neq w_1 + w_2 \tag{4-24}$$

表明概率不遵守叠加原则,而波函数(概率幅)遵守叠加原则:

$$\Psi = \Psi_1 + \Psi_2 \tag{4-25}$$

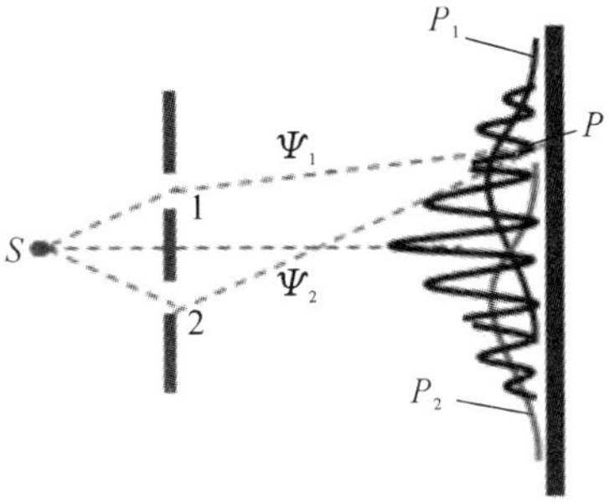

(a) 实验示意图

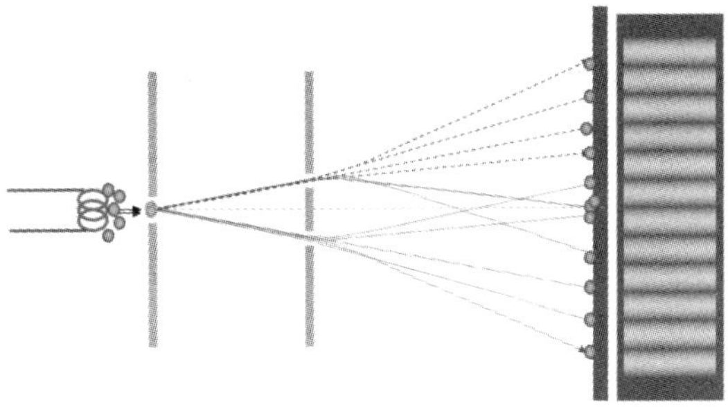

(b) 衍射花样

图 4-7 电子双缝衍射实验结果演示图

4.3 薛定谔方程

4-3 薛定谔方程

4.3.1 薛定谔方程的建立

前已提及,一个微观粒子的量子态用波函数 $\Psi(r,t)$ 来描述。当 $\Psi(r,t)$ 确定后,粒子的任何一个力学量的平均值及其测量值的概率分布就完全确定。因此,量子力学最核心的问题就是要解决波函数 $\Psi(r,t)$ 如何随时间变化,以及在各种具体情况下求解描述体系状态的各种可能的波函数。这个问题由薛定谔于 1926 年提出的薛定谔方程圆满解决。下面用一个简单的方案来引进这个方程。但应该强调,薛定谔方程是量子力学中最基本的方程,其地位与牛顿运动方程在经典力学中的地位相当。实际上应该认为它是量子力学的一个基本假定,并不能从什么更根本的假定来证明它。它的正确性,归根到底,只能靠实验来检验。

1. 薛定谔方程的适用范围

(1) 非相对论低能量粒子或体系;

(2) 粒子数守恒条件。

2. 薛定谔方程的特征

(1) 由于薛定谔方程描述状态波函数随时间的变化规律,因此薛定谔方程应包含随时间的偏微分;

(2) 根据态叠加原理,状态波函数满足线性叠加,因此薛定谔方程应包含波函数 Ψ_k、波函数对时间的一阶偏微分 $\partial\Psi_k/\partial t$、波函数对坐标的一阶偏微分 $\partial\Psi_k/\partial x$、波函数对坐标的二阶偏微分 $\partial^2\Psi_k/\partial x^2$ 等;

(3) 薛定谔方程适用于一切微观粒子,不应包含具有特殊状态的力学量,例如能量 E、动量 p 等。

以上几点可以作为判定所建立方程是薛定谔方程的标准。

3. 薛定谔方程的建立过程

(1) 自由电子的薛定谔方程。

人们对事物的认知过程,通常符合由简单到复杂的逻辑顺序。由于自由电子的物质波是单色平面波,具有明确的波函数,因此先讨论自由粒子。其能量与动量的关系是

$$E = p^2/(2m) \tag{4-26}$$

式中,m 是粒子质量。按照德布罗意关系,与粒子运动相联系的波的角频率 ω 和波矢 $\vec{k}$($|\vec{k}| = 2\pi/\lambda$)由下式给出:

$$\omega = E/\hbar, \quad \vec{k} = \vec{p}/\hbar \tag{4-27}$$

或者说,与具有一定能量 E 和动量 p 的粒子相联系的是单色平面波。

$$\Psi(r,t) \sim e^{i(\vec{k}\cdot\vec{r}-\omega t)} = e^{i(\vec{p}\cdot\vec{r}-Et)/\hbar} \tag{4-28}$$

将式(4-28)对时间 t 求偏微分,可得到

$$i\hbar\frac{\partial}{\partial t}\Psi = E\Psi \tag{4-29}$$

由式(4-29)可得,能量 E 对波函数 Ψ 的作用,等效于 $i\hbar\frac{\partial}{\partial t}$对 Ψ 的作用,即

$$E \to i\hbar\frac{\partial}{\partial t} \tag{4-30}$$

称该数学运算符号为算符,又因为该算符与能量相对应,故称为能量算符。

再由式(4-28)对坐标 r 求一阶和二阶偏微分,可得到

$$-i\hbar\nabla\Psi = p\Psi, \quad -\hbar^2\nabla^2\Psi = p^2\Psi \tag{4-31}$$

由式(4-31)可得,动量 p 对波函数 Ψ 的作用,等效于 $-i\hbar\nabla$对 Ψ 的作用,即

$$\vec{p} \to \hat{\vec{p}} = -i\hbar\nabla \tag{4-32}$$

称该算符为动量算符。

利用式(4-26),可以得出 $\mathrm{i}\hbar\frac{\partial}{\partial t}\Psi+\frac{\hbar^2}{2m}\nabla^2\Psi=E\Psi-\frac{p^2}{2m}\Psi=0$,即

$$\mathrm{i}\hbar\frac{\partial}{\partial t}\Psi(r,t)=-\frac{\hbar^2}{2m}\nabla^2\Psi(r,t) \tag{4-33}$$

利用薛定谔方程的特征条件判断得到,式(4-33)就是自由电子的薛定谔方程。通过分析可以得到薛定谔方程的建立思路,即对自由粒子的能量动量关系式(4-26)进行如下代换:

$$E\rightarrow \mathrm{i}\hbar\frac{\partial}{\partial t},\quad \vec{p}\rightarrow\hat{\vec{p}}=-\mathrm{i}\hbar\nabla \tag{4-34}$$

将上式再作用于波函数 $\Psi(r,t)$,就可得出式(4-33)。

需特别强调的是,就作用于波函数的效果来说,能量算符 $\mathrm{i}\hbar\frac{\partial}{\partial t}$代表光子的能量 E,动量算符$-\mathrm{i}\hbar\nabla$代表光子的动量 p,用符号“^”表示算符,其具体定义、性质将在第 5 章具体介绍。

(2) 一切微观粒子的薛定谔方程。

进一步考虑在势场 $V(r)$中运动的粒子,经典粒子的能量关系式为

$$E=\frac{p^2}{2m}+V(r) \tag{4-35}$$

将式(4-34)代入式(4-35),再作用于 $\Psi(r,t)$上,得到

$$\mathrm{i}\hbar\frac{\partial}{\partial t}\Psi(r,t)=-\frac{\hbar^2}{2m}\nabla^2\Psi(r,t)+V(r)\Psi(r,t) \tag{4-36}$$

这就是微观粒子的薛定谔方程。它揭示了微观世界中物质运动的基本规律。

(3) 多粒子体系的薛定谔方程。

设体系由 N 个粒子组成,粒子质量分别为 $m_i(i=1,2,\cdots,N)$。体系的波函数表示为 $\Psi(r_1,r_2,\cdots,r_N,t)$。设第 i 个粒子受到的外势场为 $U_i(r_i)$,粒子之间相互作用为 $V(r_1,r_2,\cdots,r_N)$,则薛定谔方程表示为

$$\begin{aligned}\mathrm{i}\hbar\frac{\partial}{\partial t}\Psi(r_1,\cdots,r_N,t)=&\sum_{i=1}^{N}-\frac{\hbar^2}{2m}\nabla_i^2\Psi(r_1,\cdots,r_N,t)+U_i(r_i)\Psi(r_1,\cdots,r_N,t)\\&+V(r_1,\cdots,r_N)\Psi(r_1,\cdots,r_N,t)\end{aligned} \tag{4-37}$$

其中,$\nabla_i^2=\frac{\partial^2}{\partial^2 x_i}+\frac{\partial^2}{\partial^2 y_i}+\frac{\partial^2}{\partial^2 z_i}$。

而不含时间量的薛定谔方程表示为

$$\sum_{i}^{N}-\frac{\hbar^2}{2m}\nabla_i^2\Psi(r_1,\cdots,r_N)+U_i(r_i)\Psi(r_1,\cdots,r_N)+V(r_1,\cdots,r_N)\Psi(r_1,\cdots,r_N)=E\Psi(r_1,\cdots,r_N) \tag{4-38}$$

其中,E 为多粒子体系的能量。

例如,对于有 Z 个电子的原子,取原子核的位置为坐标原点,无穷远处为势能零点,则电子之间的相互作用为库仑排斥作用:

$$V(r_1,\cdots,r_Z)=\sum_{i<j}^{Z}\frac{e^2}{|r_i-r_j|} \tag{4-39}$$

而原子核对第 i 个电子的库仑吸引能为

$$U_i(r_i) = -\frac{Ze^2}{r_i} \tag{4-40}$$

4.3.2 定态薛定谔方程

本节将继续讨论薛定谔方程的解。

4-4 定态薛定谔方程

(1) 定态波函数和定态薛定谔方程。

2.5 节在讨论玻尔原子结构量子理论时，提出了定态的概念，即原子处于一系列不连续的稳定状态。

若势场与时间 t 无关，仅是坐标 r 的函数，即 $V(r)$，则波函数 $\Psi(r,t)$ 可以采用分离变量法表示为

$$\Psi(r,t) = \varphi(r)f(t) \tag{4-41}$$

若在初始时刻($t=0$)体系处于某一个能量本征态 $\Psi(r,0)=\Psi_E(r)$，则

$$\Psi(r,t) = \Psi_E(r)\mathrm{e}^{-\mathrm{i}Et/\hbar} \tag{4-42}$$

将式(4-41)代入薛定谔方程式(4-36)中，并把方程两边用 $\varphi(r)f(t)$ 去除，得

$$\frac{\mathrm{i}\hbar}{f}\frac{\mathrm{d}f}{\mathrm{d}t} = \frac{1}{\varphi}\left[-\frac{\hbar^2}{2m}\nabla^2\varphi + V(r)\varphi\right] \tag{4-43}$$

观察式(4-43)发现：等式左边只是时间 t 的函数，右边只是坐标 r 的函数，而时间 t 和坐标 r 是相互独立的变量，所以只有当两边都等于同一个常量时，等式才能成立。用 A 表示该常量，则式(4-43)变换为

$$\frac{\mathrm{i}\hbar}{f}\frac{\mathrm{d}f}{\mathrm{d}t} = A \tag{4-44}$$

$$\frac{1}{\varphi}\left[-\frac{\hbar^2}{2m}\nabla^2\varphi + V(r)\varphi\right] = A \tag{4-45}$$

求解式(4-44)，可得

$$f(t) = C\mathrm{e}^{-\frac{\mathrm{i}}{\hbar}At} \tag{4-46}$$

将上式与式(4-28)对比，得

$$E = A \tag{4-47}$$

即能量是常量，具有确定值，所以这种状态就是定态。因此，当势场 $V(r)$ 与时间 t 无关，仅是坐标 r 的函数时，形如式(4-41)的波函数所描述的态称为定态(stationary state)。处于定态下的粒子具有如下特征：

① 粒子在空间的概率密度 $\rho(r)=|\Psi_E(r)|^2$ 以及概率流密度 J 显然不随时间改变。

② 任何不显含时间 t 的力学量的平均值不随时间改变。因为在定态下，不显含时间 t 的力学量 A 的平均值为

$$\overline{A} = \int \Psi^*(r,t)\hat{A}\Psi(r,t)\mathrm{d}^3r = \int \Psi_E{}^*(r,t)\hat{A}\Psi_E(r,t)\mathrm{d}^3r$$

显然不依赖 t。

③ 任何不显含时间 t 的力学量的测量值概率分布也不随时间改变。

将式(4-46)代入式(4-41)，得到薛定谔方程式(4-36)的特解：

$$\Psi(r,t)=\varphi(r)\mathrm{e}^{-\frac{\mathrm{i}}{\hbar}Et} \tag{4-48}$$

这个波函数的角频率是确定的，$\omega=\dfrac{E}{\hbar}$，式(4-48)也称为定态波函数。

将式(4-47)分别代入式(4-44)和式(4-45)，可得

$$\mathrm{i}\hbar\frac{\mathrm{d}f}{\mathrm{d}t}=Ef \tag{4-49}$$

$$-\frac{\hbar^2}{2m}\nabla^2\varphi+V(r)\varphi=E\varphi \tag{4-50}$$

式(4-50)称为定态薛定谔方程。函数 $\varphi(r)$ 也称为波函数，由定态薛定谔方程以及在具体问题中波函数应满足的条件求得。确定 $\varphi(r)$ 后，由式(4-48)就可以求出定态波函数 $\Psi(r,t)$。

(2) 哈密顿算符及其本征方程。

将式(4-49)两边同乘 $\varphi(r)$，将式(4-50)两边同乘 $\mathrm{e}^{-\frac{\mathrm{i}}{\hbar}Et}$，可以得到定态波函数满足下列两个方程：

$$\mathrm{i}\hbar\frac{\partial\Psi(r,t)}{\mathrm{d}t}=E\Psi(r,t) \tag{4-51}$$

$$\left[-\frac{\hbar^2}{2m}\nabla^2+V(r)\right]\Psi(r,t)=E\Psi(r,t) \tag{4-52}$$

式(4-51)可以理解为算符 $\mathrm{i}\hbar\dfrac{\partial}{\mathrm{d}t}$ 作用于波函数 $\Psi(r,t)$ 上，得到能量 E 乘波函数 $\Psi(r,t)$；同样地，式(4-52)可以理解为算符 $\left[-\dfrac{\hbar^2}{2m}\nabla^2+V(r)\right]$ 作用于波函数 $\Psi(r,t)$ 上，得到能量 E 乘波函数 $\Psi(r,t)$。这两个方程具有相似的结构，而且算符 $\mathrm{i}\hbar\dfrac{\partial}{\mathrm{d}t}$ 和 $\left[-\dfrac{\hbar^2}{2m}\nabla^2+V(r)\right]$ 具有相同的作用，都与能量 E 相对应，这两个算符都称为能量算符。此外，算符 $\left[-\dfrac{\hbar^2}{2m}\nabla^2+V(r)\right]$ 是由式(4-35)代换而来，式(4-35)在经典力学中称为哈密顿量，因此算符 $\left[-\dfrac{\hbar^2}{2m}\nabla^2+V(r)\right]$ 又称为哈密顿算符，通常用 $\hat{H}$ 表示，即

$$\hat{H}=-\frac{\hbar^2}{2m}\nabla^2+V(r) \tag{4-53}$$

则式(4-52)可写为

$$\hat{H}\Psi(r,t)=E\Psi(r,t) \tag{4-54}$$

式(4-54)可以理解为算符作用在波函数上，其结果等于一个常数乘该波函数，把这种类型的方程称为本征方程，其中能量 E 称为哈密顿算符 $\hat{H}$ 的本征值，波函数 Ψ 称为哈密顿算符 $\hat{H}$ 属于本征值 E 的本征函数。通过分析发现，当体系处于哈密顿算符本征函数所描述的状态时，体系中粒子的能量具有确定值，这个值就是与这个本征函数相对应的本征值。本征方程是求解算符对应测量值的重要方法，将在第 5 章中详细探讨。

若本征方程式(4-54)有一系列(无穷多个)本征值，用 E_n 表示体系哈密顿算符的第 n 个本征值，Ψ_n 是与 E_n 相应的本征函数，则体系的第 n 个定态波函数为

$$\Psi_n(r,t)=\varphi_n(r)\mathrm{e}^{-\frac{\mathrm{i}}{\hbar}E_n t} \tag{4-55}$$

是含时间 t 的薛定谔方程式(4-36)的一般解，可以写为这些定态波函数的线性叠加，即

$$\Psi(r,t)=\sum_n C_n\varphi_n(r)\mathrm{e}^{-\frac{\mathrm{i}}{\hbar}E_n t} \tag{4-56}$$

式中，复数 C_n 是常数。

讨论定态问题的核心就是求解体系对应的定态波函数 $\Psi(r,t)$ 和该定态下的能量 E。我们通过梳理求解定态问题的思路，掌握定态波函数 $\Psi(r,t)$ 和能量 E 的求解方法。求解定态问题的步骤如下：

第一步，列出定态薛定谔方程 $\left[-\frac{\hbar^2}{2m}\nabla^2+V(r)\right]\Psi(r,t)=E\Psi(r,t)$；

第二步，根据体系的势场 $V(r)$ 以及波函数的单值性、有界性、连续性条件直接确定波函数；

第三步，通过偏微分方程方法计算定态薛定谔方程，求解定态波函数的通解，即

$$\Psi(r,t)=\sum_n C_n\varphi_n(r)\mathrm{e}^{-\frac{\mathrm{i}}{\hbar}E_n t}$$

第四步，根据边界条件计算能量本征值 E_n；

第五步，通过归一化条件确定归一化常数 C_n。

4.4 定态薛定谔方程的求解实例

本节针对一维无限深方势阱、一维线性谐振子、势垒贯穿等势阱函数 $V(r)$ 的定态问题实例，讨论求解定态薛定谔方程的方法。

4.4.1 一维无限深方势阱

4-5 一维无限深方势阱

势阱表示量子力学粒子体系受到的外场作用或限制。这种限制导致粒子运动力学量的量子化规律出现，因此也称为量子阱。

考虑在一维空间中运动的粒子，如图 4-8 所示，其势阱表示为

$$V(x)=\begin{cases}\infty, & x<-a\\ 0, & -a\leqslant x\leqslant a\\ \infty, & x>a\end{cases} \tag{4-57}$$

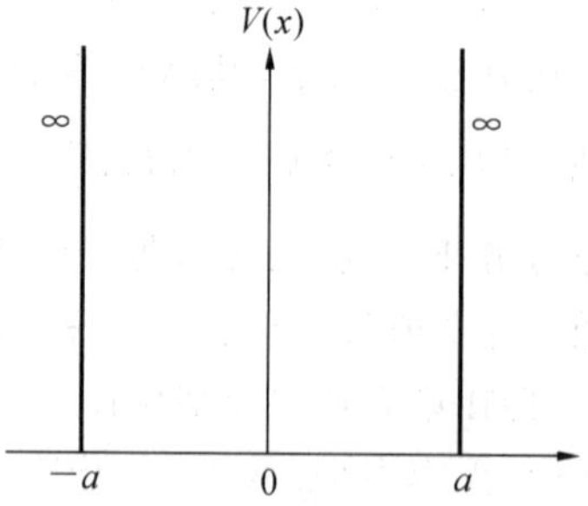

图 4-8 一维无限深方势阱示意图

因为势能不显含时间，故体系满足定态薛定谔方程：

$$-\frac{\hbar^2}{2m}\frac{d^2\Psi}{dx^2}+V(x)\Psi=E\Psi \tag{4-58}$$

其中，m 为粒子质量，粒子能量 $E>0$。

当 $x<-a$ 和 $x>a$ 时，势壁无限高，即 $V(x)\to\infty$。从物理上考虑，粒子不能透过势壁。根据波函数的统计解释以及波函数有限性条件，要求在阱壁上及阱外波函数为 0，即

$$\Psi(x)=0 \quad (x\leqslant -a \text{ 和 } x\geqslant a) \tag{4-59}$$

当 $-a\leqslant x\leqslant a$ 时，$V(x)=0$，则定态薛定谔方程为

$$\frac{\hbar^2}{2m}\frac{d^2\Psi}{dx^2}+E\Psi=0 \tag{4-60}$$

令

$$k^2=\frac{2mE}{\hbar^2} \tag{4-61}$$

化简得

$$\frac{d^2\Psi}{dx^2}+k^2\Psi=0 \quad (-a\leqslant x\leqslant a) \tag{4-62}$$

则定态薛定谔方程的通解为

$$\Psi(x)=A\sin(kx)+B\cos(kx) \tag{4-63}$$

根据连续性条件得到边界条件：

$$\begin{cases}\Psi(a)=0\\ \Psi(-a)=0\end{cases} \tag{4-64}$$

展开得

$$\Psi(a)=A\sin(ka)+B\cos(ka)=0 \tag{4-65}$$

$$\Psi(-a)=-A\sin(ka)+B\cos(ka)=0 \tag{4-66}$$

由此得到

$$A\sin(ka)=0 \tag{4-67}$$

$$B\cos(ka)=0 \tag{4-68}$$

由于 A 和 B 不能同时为零，否则 $\Psi(x)$ 处处为零，粒子在全空间出现的概率等于零，不符合粒子数守恒条件。因此，我们得到两组解，即

$$A=0,\quad \cos(ka)=0 \tag{4-69}$$

$$B=0,\quad \sin(ka)=0 \tag{4-70}$$

由此可得

$$ka=\frac{n}{2}\pi \quad (n=1,2,3,\cdots) \tag{4-71}$$

需要注意的是，对于 $n=0$ 给出的波函数 $\Psi(x)=0$，不符合粒子数守恒条件；而 n 取负值与 n 取正值所给出的波函数描述的是同一个量子态，故省去。

联合式(4-61)和式(4-71)，可计算得到

$$E_n=\frac{k^2\hbar^2}{2m}=\frac{n^2\pi^2\hbar^2}{8ma^2} \quad (n=1,2,3,\cdots) \tag{4-72}$$

这说明并非与任何 E 值对应的波函数都满足本问题所要求的边界条件，而只当能量取式(4-72)给出的那些离散值 E_n 时，相应的波函数才满足所要求的边界条件，因而是物理上可接受的。这样，我们就得出一维无限深方势阱中粒子的能量是量子化的，即构成的能谱是离散的，E_n 称为体系的能量本征值。

将式(4-69)和式(4-70)分别代入式(4-63)，并考虑边界条件式(4-59)和式(4-71)，分别得到与 E_n 对应的波函数，即能量本征函数：

$$\Psi_n(x)=\begin{cases}A\sin\left(\dfrac{n\pi}{2a}x\right), & n\text{ 为正偶数}, |x|<a\\ 0, & |x|\geqslant a\end{cases}\tag{4-73}$$

$$\Psi_n(x)=\begin{cases}B\cos\left(\dfrac{n\pi}{2a}x\right), & n\text{ 为正奇数}, |x|<a\\ 0, & |x|\geqslant a\end{cases}\tag{4-74}$$

将式(4-73)与式(4-74)合并为

$$\Psi_n(x)=\begin{cases}A'\sin\left[\dfrac{n\pi}{2a}(x+a)\right], & n\text{ 为正整数}, |x|<a\\ 0, & |x|\geqslant a\end{cases}\tag{4-75}$$

利用归一化条件：

$$\int_{-\infty}^{+\infty}|\Psi_n(x)|^2\mathrm{d}x=1\tag{4-76}$$

可求出归一化常数 $A'=\sqrt{\dfrac{1}{a}}$。

将 $A'=\sqrt{\dfrac{1}{a}}$ 代入式(4-75)，则与 E_n 相对应的归一化波函数为

$$\Psi_n(x)=\begin{cases}\sqrt{\dfrac{1}{a}}\sin\left[\dfrac{n\pi}{2a}(x+a)\right], & n\text{ 为正整数}, |x|<a\\ 0, & |x|\geqslant a\end{cases}\tag{4-77}$$

则一维无限深方势阱中粒子的定态波函数是

$$\Psi_n(x,t)=\begin{cases}\sqrt{\dfrac{1}{a}}\sin\left[\dfrac{n\pi}{2a}(x+a)\right]\mathrm{e}^{-\frac{\mathrm{i}}{\hbar}E_nt}, & n\text{ 为正整数}, |x|<a\\ 0, & |x|\geqslant a\end{cases}\tag{4-78}$$

讨论：

(1) 应用公式 $\sin\theta=\dfrac{\mathrm{e}^{\mathrm{i}\theta}-\mathrm{e}^{-\mathrm{i}\theta}}{2\mathrm{i}}$ 将式(4-78)中的正弦函数写成指数函数，则

$$\Psi_n(x,t)=C_1\mathrm{e}^{\frac{\mathrm{i}}{\hbar}\left(\frac{n\pi\hbar}{2a}x-E_nt\right)}+C_2\mathrm{e}^{-\frac{\mathrm{i}}{\hbar}\left(\frac{n\pi\hbar}{2a}x+E_nt\right)}\tag{4-79}$$

其中，C_1 和 C_2 是两个常数。由此可知，$\Psi_n(x,t)$ 是由两个沿着相反方向传播的平面波叠加而成的驻波，而且 $|\Psi|^2$ 仍然是驻波，说明阱中运动粒子是概率波的波动。

(2) 由式(4-78)可得，在 $|x|\geqslant a$ 时波函数为零，即粒子被束缚在势阱边界内部。通常把在无限远处为零的波函数所描述的状态称为束缚态。一般来说，束缚态所属的能级是分立的，能量 E_n 是量子化的，量子数 $n=1,2,3,\cdots$，每个能量取值 E_1，E_2，E_3，…称为能量子。

体系能量最低的态称为基态，即波函数 $\Psi_1(x)$ 所表示的状态，基态能量 $E_1=\dfrac{\pi^2\hbar^2}{8ma^2}$，由原子物理可知，基态能量 E_1 在数值上等于结合能或者电离能（对带电粒子）。而当 $n>1$ 时对应的能量 $E_2,E_3,\cdots$ 称为激发态能量。

(3) 产生量子化的原因是粒子运动受到势阱边界 $|a|$ 的限制，否则粒子的运动将为自由运动。受到势阱束缚，粒子运动的德布罗意波波长 $\lambda_n=\dfrac{h}{\sqrt{2m_0E_n}}$ 也受到限制，故也具有量子化取值，λ_n 与 E_n 相对应。

(4) 能量量子化使粒子运动能量取值出现禁戒区（称为禁带）：

$$\Delta E_{n,n+1}=E_{n+1}-E_n=\frac{\pi^2\hbar^2}{8ma^2}(2n+1) \tag{4-80}$$

可见，$\Delta E_{n,n+1}$ 与势阱尺寸 a^2 成反比。当 $a\to\infty$ 时 $\Delta E_{n,n+1}\to 0$，量子化能量间隔 ΔE 消失，意味着能量量子化现象消失，可连续取值。当 $a\to 0$ 时，$\Delta E_{n,n+1}\to\infty$，即 $E_n\to 0$，说明粒子已经被势阱禁锢了。因此式(4-80)称为量子尺寸效应，是受束缚粒子波粒二象性运动能否出现量子化能量的判别公式，也是在近代固体电子学、超晶格量子阱、纳米科技中有广泛应用的量子尺寸效应。

(5) E_n 与 $\Psi_n(x)$ 的关系，也就是量子力学体系中的波动性和粒子性。无限深方势阱中较低几条能级的波函数以及对应粒子概率密度分布如图 4-9 所示。

从图 4-9 中可以发现，每个本征值能量 E_n 对应的本征函数 $\Psi_n(x)$ 对 x 变量是概率分布函数，$\Psi_n(x)$ 是归一化的，意味着 $\Psi_n(x)$ 函数是唯一确定能量 E_n 的状态波函数，即本征函数 $\Psi_n(x)$ 的状态中能量取值只有一个 E_n 值，若能量为 $E_{n'}$，则相应的本征函数 $\Psi_{n'}(x)$ 就是能量为 $E_{n'}$ 值的状态，或者说 $\Psi_{n'}(x)$ 的粒子运动状态中的能量取值只能是 $E_{n'}$。

(6) 宇称的概念。宇称就是波函数的空间对称性，分为偶宇称和奇宇称两种。因为波函数是表示粒子体系运动状态的函数，所以宇称也就表示体系运动状态的空间变量对称性。既然体系状态用波函数表示，量子体系有无对称性或是具有哪种对称性，可从波函数跟空间变量 x 的关系做出判断。偶宇称就是波函数对 x 变量的变化是偶函数，即

$$\Psi(\vec{r})=\Psi(-\vec{r}) \tag{4-81}$$

奇宇称用奇函数表示，即

$$\Psi(\vec{r})=-\Psi(-\vec{r}) \tag{4-82}$$

(7) 对于一维无限深方势阱，其势阱函数为

$$V(x)=\begin{cases}\infty, & x<0\\ 0, & 0\leqslant x\leqslant a\\ \infty, & x>a\end{cases} \tag{4-83}$$

则按照本节讲解的方法求解，可以得到对应的粒子能量和定态波函数：

$$\begin{cases}E_n=\dfrac{n^2\pi^2\hbar^2}{8ma^2}\\ \Psi_n(x,t)=\sqrt{\dfrac{2}{a}}\sin\left(\dfrac{n\pi}{a}x\right)\cdot \mathrm{e}^{-\frac{\mathrm{i}}{\hbar}E_nt}\end{cases}\quad (n=1,2,3,\cdots) \tag{4-84}$$

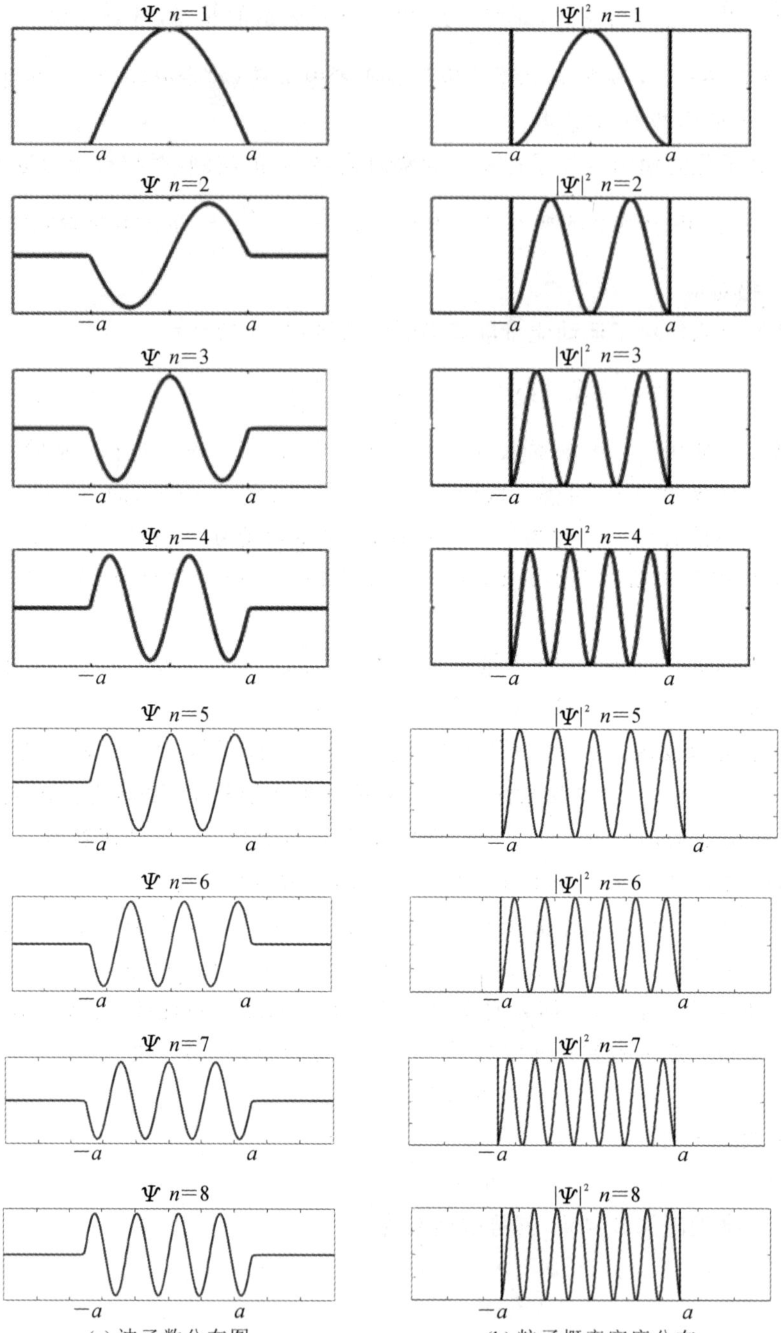

(a) 波函数分布图　　(b) 粒子概率密度分布

图 4-9　无限深方势阱中较低几条能级波函数及其粒子概率密度分布图

4.4.2　一维线性谐振子

线性谐振子是凝聚态物质中在平衡位置附近做微小振动的普遍运动形式，也是凝聚态物质热运动的微观物理机制。值得注意的是，很多体系都可以近似看作线性谐振子。例如，双原子分子中两原子之间的势能 U 是两原子之间距离 x 的函数，势能函数曲线如图 4-10 所示。在 $x=a$ 处，势能有一个极小值，这是一个稳定平衡点。因此，任何一个体系在稳定平衡点附近都可以近似地用线性谐振子来表示。

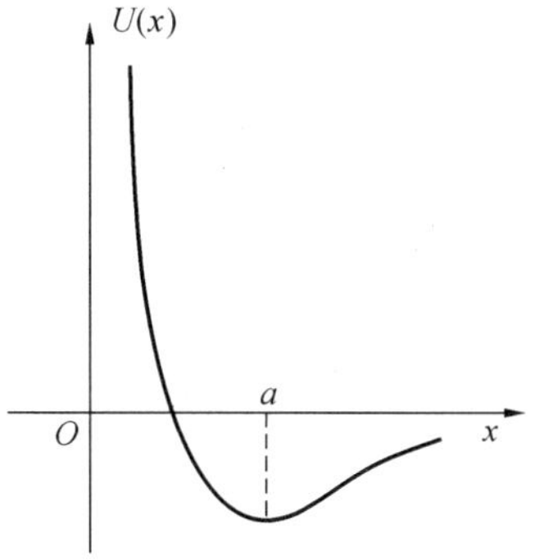

图 4-10　两原子间的势能函数曲线

一维线性谐振子的势阱源于经典力学对晶格振动的分析，其粒子正好在晶格格点附近做稳定的微小振动。经典力学中晶格振动方程为

$$x = a\cos(\omega t + \delta) \tag{4-85}$$

晶格位势周期性条件为 $U(x)=U(x+a)$，在 $x=a$ 平衡点进行泰勒级数展开，得

$$U(x) = U(a) + \frac{U'(a)}{1!}(x-a) + \frac{U''(a)}{2!}(x-a)^2 + \cdots \tag{4-86}$$

$$U(a) = U_0, \quad U'(a) = 0 \tag{4-87}$$

取二级近似，得

$$U(x) = \frac{1}{2}U''(a)(x-a)^2 \tag{4-88}$$

令 $U''(a)=m\omega^2$，经过坐标平移后得到

$$U(x) = \frac{1}{2}m\omega^2 x^2 \tag{4-89}$$

因此，如果在一维空间内运动的粒子的势能表示为 $U(x)=\frac{1}{2}m\omega^2 x^2$，$\omega$ 为常量，则该体系就称为一维线性谐振子。

下面我们来求解量子力学中的一维线性谐振子问题，即求解该体系的能级和波函数。将式(4-89)表示的势能函数代入定态薛定谔方程，得

$$\left(-\frac{\hbar^2}{2m}\frac{\partial^2}{\partial x^2} + \frac{1}{2}m\omega^2 x^2\right)\Psi(x) = E\Psi(x) \tag{4-90}$$

为了方便计算，引入无量纲变量代替 x，令

$$\xi = \sqrt{\frac{m\omega}{\hbar}}x = \alpha x, \quad \alpha = \sqrt{\frac{m\omega}{\hbar}} \tag{4-91}$$

则

$$\mathrm{d}x = \frac{1}{\alpha}\mathrm{d}\xi \tag{4-92}$$

$$\frac{\partial^2}{\partial x^2}=\frac{1}{\alpha}\frac{\partial^2}{\partial \xi^2} \tag{4-93}$$

将式(4-92)、式(4-93)代入式(4-90)中，得

$$\left[\frac{\partial^2}{\partial \xi^2}+(\lambda-\xi^2)\right]\Psi(\xi)=0 \tag{4-94}$$

式中

$$\lambda=\frac{2E}{\hbar\omega} \tag{4-95}$$

式(4-94)是一个变系数二级常微分方程。

当 $\xi\rightarrow\infty$ 时，式(4-94)有渐进形式：

$$\frac{\partial^2\Psi(\xi)}{\partial \xi^2}=\xi^2\Psi(\xi) \tag{4-96}$$

解得

$$\Psi(\xi)\rightarrow e^{\pm\frac{\xi^2}{2}} \tag{4-97}$$

按照波函数有限性要求，当 $\xi\rightarrow\infty$ 时，取

$$\Psi(\xi)\rightarrow e^{-\frac{\xi^2}{2}} \tag{4-98}$$

因而得到式(4-94)的渐进解为

$$\Psi(\xi)=H(\xi)e^{-\frac{\xi^2}{2}} \tag{4-99}$$

式中，$H(\xi)$为待定函数因子，当 ξ 有限时，$H(\xi)$有限，满足波函数的标准条件。

利用式(4-99)求 $\Psi(\xi)$对 ξ 的一阶微分和二阶微分：

$$\frac{\partial\Psi(\xi)}{\partial \xi}=\left(\frac{\partial H}{\partial \xi}-\xi H\right)e^{-\frac{\xi^2}{2}} \tag{4-100}$$

$$\frac{\partial^2\Psi(\xi)}{\partial \xi^2}=\left(\frac{\partial^2 H}{\partial \xi^2}-2\xi\frac{\partial H}{\partial \xi}+\xi^2 H-H\right)e^{-\frac{\xi^2}{2}} \tag{4-101}$$

将式(4-101)代入式(4-94)中，整理并消去 $e^{-\frac{\xi^2}{2}}$，得到 $H(\xi)$所满足的方程：

$$\frac{\partial^2 H}{\partial \xi^2}-2\xi\frac{\partial H}{\partial \xi}+(\lambda-1)H=0 \tag{4-102}$$

式(4-102)是厄米方程的标准型，采用级数解法，设级数解为

$$H(\xi)=\sum_{\nu=0}^{+\infty}a_\nu\xi^2 \tag{4-103}$$

其特征值为

$$\lambda=2n+1,\quad n=0,1,2,\cdots \tag{4-104}$$

可将式(4-104)代入式(4-95)，得到本征值能量为

$$E_n=\hbar\omega\left(n+\frac{1}{2}\right),\quad n=0,1,2,\cdots \tag{4-105}$$

因此，线性谐振子的能量只能取分立值，相邻两能级间的能量间隔均为

$$E_{n+1}-E_n=\hbar\omega \tag{4-106}$$

该结果与普朗克能量量子化假说一致。振子的基态($n=0$)能量为

$$E_0 = \frac{1}{2}\hbar\omega \tag{4-107}$$

称为零点能，即最小能量。在微观粒子的层面上，这个最小能量就是宏观物体达不到绝对零度的热力学第三定律的基础。该结论是量子力学中所特有而在旧量子论中没有的。

对应于式(4-104)中不同的 n 或者不同的 λ，方程式(4-102)的解是厄米多项式 $H_n(\xi)$，则波函数为

$$\Psi_n(\xi) = N_n H_n(\xi) e^{-\frac{\xi^2}{2}} \tag{4-108}$$

或

$$\Psi_n(x) = N_n H_n(\alpha x) e^{-\frac{\alpha^2 x^2}{2}} \tag{4-109}$$

式中，N_n 是归一化因子，厄米多项式为

$$H_n(\xi) = (-1)^n e^{\xi^2} \frac{d^{(n)}}{d\xi^{(n)}} e^{-\xi^2} \tag{4-110}$$

$H_n(\xi)$满足如下递推关系：

$$\frac{dH_n(\xi)}{d\xi} = 2nH_{n-1}(\xi) \tag{4-111}$$

$$H_{n+1}(\xi) - 2\xi H_n(\xi) + 2nH_{n-1}(\xi) = 0 \tag{4-112}$$

厄米多项式的特征值为

$$\begin{cases} H_0 = 1 \\ H_1 = 2\xi \\ H_2 = 4\xi^2 - 2 \\ H_3 = 8\xi^3 - 12\xi \\ H_4 = 16\xi^4 - 48\xi^2 + 12 \end{cases} \tag{4-113}$$

一般情况下，按照递推公式(4-111)和公式(4-112)就可以用 H_0、H_1 两个多项式，把后面任何级次的多项式算出来。

对于归一化因子 N_n，满足归一化条件，即

$$\frac{N_n^2}{\alpha}\int_{-\infty}^{+\infty} e^{-\xi^2} [H_n(\xi)]^2 d\xi = 1 \tag{4-114}$$

计算积分：

$$\begin{aligned} J &= \int_{-\infty}^{+\infty} e^{-\xi^2} [H_n(\xi)]^2 d\xi \\ &= \int_{-\infty}^{+\infty} e^{-\xi^2} H_n(\xi)(-1)^n e^{\xi^2} \frac{d^{(n)}}{d\xi^{(n)}} e^{-\xi^2} d\xi \\ &= (-1)^n \int_{-\infty}^{+\infty} H_n(\xi) \frac{d^{(n)}}{d\xi^{(n)}} d\xi \end{aligned}$$

运用分部积分法，并考虑 $\xi = \pm\infty$ 时波函数的有限性条件，逐次降阶积分，得

$$J = (-1)^{2n} n! \cdot 2^n \int_{-\infty}^{+\infty} e^{-\xi^2} d\xi = (-1)^{2n} n! \cdot 2^n \pi^{\frac{1}{2}} \tag{4-115}$$

将式(4-115)代入式(4-114)，得到归一化因子 N_n 为

$$N_n = \left(\frac{\alpha}{\pi^{\frac{1}{2}} 2^n \cdot n!}\right)^{\frac{1}{2}} \tag{4-116}$$

计算可得最低的几条能级上的谐振子波函数如下：

$$\Psi_0(x) = \frac{\sqrt{\alpha}}{\pi^{1/4}} e^{-\frac{\alpha^2 x^2}{2}} \tag{4-117}$$

$$\Psi_1(x) = \frac{\sqrt{2\alpha}}{\pi^{1/4}} \alpha x e^{-\frac{\alpha^2 x^2}{2}} \tag{4-118}$$

$$\Psi_2(x) = \frac{1}{\pi^{1/4}} \sqrt{\frac{\alpha}{2}} (2\alpha^2 x^2 - 1) e^{-\frac{\alpha^2 x^2}{2}} \tag{4-119}$$

$$\Psi_3(x) = \frac{\sqrt{3\alpha}}{\pi^{1/4}} \alpha x \left(\frac{2}{3}\alpha^2 x^2 - 1\right) e^{-\frac{\alpha^2 x^2}{2}} \tag{4-120}$$

容易看出，有

$$\Psi_n(-x) = (-1)^n \Psi_n(x) \tag{4-121}$$

即 n 的奇偶性决定了谐振子波函数的奇偶性，即宇称的奇偶性。

讨论：

(1) 根据基态能量和波函数

$$E_0 = \frac{1}{2}\hbar\omega$$

$$\Psi_0(x) = \frac{\sqrt{\alpha}}{\pi^{1/4}} e^{-\frac{\alpha^2 x^2}{2}}$$

得到谐振子出现在基态的概率为

$$|\Psi_0(x)|^2 = \frac{\alpha}{\sqrt{\pi}} e^{-\alpha^2 x^2} \tag{4-122}$$

可以看出，$x=0$ 处谐振子的概率最大，如图 4-11 所示。但是按照经典力学，谐振子在 $x=0$ 处势能最小，动能最大，因而速度最大，所以在 $x=0$ 附近逗留时间最短，即在 $x=0$ 点附近找到粒子的概率最小，与量子力学结论正好相反。

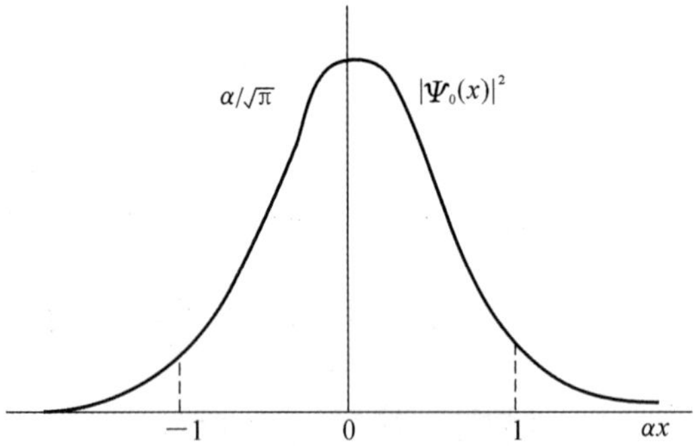

图 4-11　谐振子概率分布

(2) 由于基态能量 $E_0 = \frac{1}{2}\hbar\omega$，按照经典力学，在 $|\alpha x| = 1$ 处，势能 $V(x) = \frac{1}{2}\hbar\omega_0$，等于总能量，即在这点，粒子速度减慢为零，不能再继续向外运动。因此，粒子将被限制在 $|\alpha x| \leqslant 1$ 范围

内运动。然而，按照量子力学，在经典禁区，波函数不为零，即粒子有一定的概率处于经典禁区。对于基态，此概率为

$$\int_{1}^{+\infty} e^{-\xi^2} d\xi \Big/ \int_{0}^{+\infty} e^{-\xi^2} d\xi \approx 16\% \tag{4-123}$$

这是一种量子效应，在基态下表现得尤为突出。

(3) 相邻两能级间的能量间隔均为 $E_{n+1}-E_n=\hbar\omega$，且是常数，说明能级是等间距分布的，间距大小也就是普朗克黑体辐射的最小能量子。所以线性谐振子体系的能量是使用能量子数目计算的，或者说能量可以用量子数目来表示。

(4) 谐振子不同本征值的本征函数及其概率密度分布如图 4-12 所示，图中 $n=0,1,2,3$。

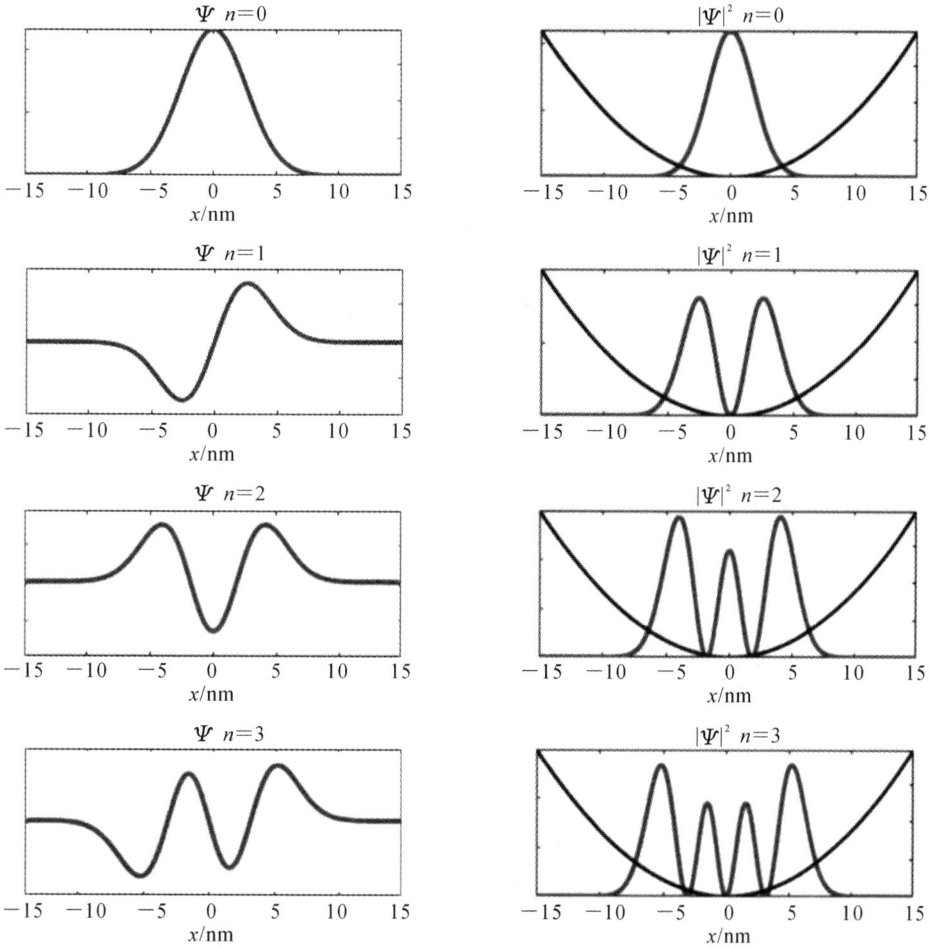

(a) 谐振子波函数分布图　　(b) 谐振子概率密度分布图

图 4-12　谐振子波函数及其概率密度分布图

4.4.3　势垒贯穿

4.4.1 节和 4.4.2 节讨论了一维无限深方势阱和一维线性谐振子问题，由于体系的势能

在无限远处都是无穷大，可利用波函数有限性条件（波函数在无限远处趋于零）和边界条件计算波函数 $\Psi(r)$ 的表示式以及体系的能级结构。外场束缚的存在以及在束缚场中粒子运动的波粒二象性规律，导致能量量子化能级出现，属于束缚态；波函数 $\Psi(r)$ 的 $|\Psi|^2$ 是概率波。

本节将讨论体系势能在无限远处为有限值（下面取值为零）的情况，此时波函数在无限远处不为零，粒子可以在无限远处出现。由于没有无限远处波函数为零的束缚，体系能量可以取任意值，即组成连续谱。

考虑质量为 m、能量为 E 的粒子在一维空间中运动，势场在有限区域（$0<x<a$）内等于常量 U_0（$U_0>0$），在该区域之外势场为零，即

$$U(x)=\begin{cases}U_0, & 0<x<a \\ 0, & x\leqslant 0 \text{ 或 } x\geqslant a\end{cases} \tag{4-124}$$

称该势场为方形势垒，如图 4-13 所示。若粒子由势垒左边（$x<0$）向右边运动，当 $E<U_0$ 时，按照经典物理学理论，粒子运动到势垒左边边缘（$x=0$）时被反射回去，粒子不能穿透势场；当 $E>U_0$ 时，粒子能越过势垒运动到势垒右边（$x>a$）区域。但是，按照量子力学的波粒二象性的运动图像，粒子是可以按照概率波的运动形式穿过势垒，概率用 $|\Psi|^2$ 表示。也就是说，能量 $E>U_0$ 的粒子有可能穿过势垒，但也有可能被势垒反射回来；而能量 $E<U_0$ 的粒子有可能被势垒反射回来，也有可能穿过势垒而运动到势垒右边 $x>a$ 的区域。这类问题属于粒子被势场散射的问题，粒子由无限远处来，被势场散射后又到无限远处去，这种现象称为量子隧道效应。

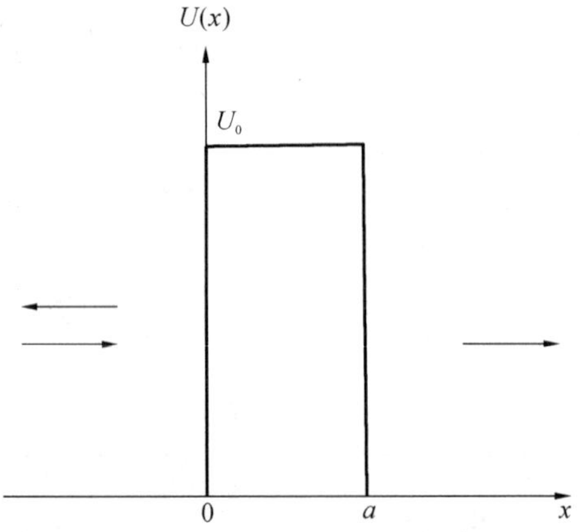

图 4-13　一维方势垒

在势场内部，因为势场的限制，任何进入势场中的粒子能量必须遵照阱内量子化原则，出现量子化能级 E_n。如果入射粒子能量 E 与势场内量子化能级 E_n 的某个能级 E_i 吻合，那么粒子可以借助 E_i 的“桥梁”作用，穿越势垒，跑到势场外面，这种情况称为量子共振隧道效应。下面讨论方形势垒和势场的共振隧道效应。

粒子的波函数 Ψ 所满足的定态薛定谔方程：

$$\frac{\mathrm{d}^2\Psi}{\mathrm{d}x^2}+\frac{2m}{\hbar^2}E\Psi=0 \quad (x\leqslant 0 \text{ 或 } x\geqslant a) \tag{4-125}$$

$$\frac{\mathrm{d}^2\Psi}{\mathrm{d}x^2}+\frac{2m}{\hbar^2}(E-U_0)\Psi=0 \quad (0<x<a) \tag{4-126}$$

首先讨论 $E>U_0$ 的情况。为方便计算，令

$$k_1^2=\frac{2mE}{\hbar^2},\quad k_2^2=\frac{2m(E-U_0)}{\hbar^2} \tag{4-127}$$

将式(4-127)代入式(4-125)和式(4-126)，则定态薛定谔方程变为

$$\frac{\mathrm{d}^2\Psi}{\mathrm{d}x^2}+k_1^2\Psi=0 \quad (x\leqslant 0 \text{ 或 } x\geqslant a) \tag{4-128}$$

$$\frac{\mathrm{d}^2\Psi}{\mathrm{d}x^2}+k_2^2\Psi=0 \quad (0<x<a) \tag{4-129}$$

其中，k_1、k_2 都是大于零的实数。

在 $x\leqslant 0$ 区域内，求解式(4-128)得到波函数：

$$\Psi_1(x)=A_1\mathrm{e}^{\mathrm{i}k_1x}+A_2\mathrm{e}^{-\mathrm{i}k_1x} \tag{4-130}$$

在 $0<x<a$ 区域内，求解式(4-129)得到波函数：

$$\Psi_2(x)=B_1\mathrm{e}^{\mathrm{i}k_2x}+B_2\mathrm{e}^{-\mathrm{i}k_2x} \tag{4-131}$$

在 $x\geqslant a$ 区域内，求解式(4-128)得到波函数：

$$\Psi_3(x)=C_1\mathrm{e}^{\mathrm{i}k_1x}+C_2\mathrm{e}^{-\mathrm{i}k_1x} \tag{4-132}$$

根据式(4-48)，定态波函数由式(4-130)～式(4-132)中的 Ψ_1、Ψ_2、Ψ_3 分别乘含时因子 $\mathrm{e}^{-\frac{\mathrm{i}}{\hbar}Et}$ 得到。式(4-130)～式(4-132)三式右边第一项是由左向右传播的平面波(入射波)，第二项是由右向左传播的平面波(反射波)。由于在 $x\geqslant a$ 区域内没有由右向左运动的粒子，即没有由右向左传播的反射波，仅有由左向右传播的透射波，因此

$$C_2=0 \tag{4-133}$$

利用波函数的单值性、有界性、连续性条件，以及波函数微商 Ψ' 在 $x=0$ 和 $x=a$ 连续的条件来确定波函数中的其他系数，即由 $\Psi_1|_{x=0}=\Psi_2|_{x=0}$，得

$$A_1+A_2=B_1+B_2 \tag{4-134}$$

由 $\left(\frac{\mathrm{d}\Psi_1}{\mathrm{d}x}\right)_{x=0}=\left(\frac{\mathrm{d}\Psi_2}{\mathrm{d}x}\right)_{x=0}$，得

$$k_1A_1-k_1A_2=k_2B_1-k_2B_2 \tag{4-135}$$

由 $\Psi_2|_{x=a}=\Psi_3|_{x=a}$，得

$$B_1\mathrm{e}^{\mathrm{i}k_2a}+B_2\mathrm{e}^{-\mathrm{i}k_2a}=C_1\mathrm{e}^{\mathrm{i}k_1a} \tag{4-136}$$

由 $\left(\frac{\mathrm{d}\Psi_2}{\mathrm{d}x}\right)_{x=a}=\left(\frac{\mathrm{d}\Psi_3}{\mathrm{d}x}\right)_{x=a}$，得

$$k_2B_1\mathrm{e}^{\mathrm{i}k_2a}-k_2B_2\mathrm{e}^{-\mathrm{i}k_2a}=k_1C_1\mathrm{e}^{\mathrm{i}k_1a} \tag{4-137}$$

解这一组方程，可以得出 C_1、A_1 和 A_2 的关系如下：

$$C_1=\frac{4k_1k_2\mathrm{e}^{-\mathrm{i}k_1a}}{(k_1+k_2)^2\mathrm{e}^{-\mathrm{i}k_2a}-(k_1-k_2)^2\mathrm{e}^{\mathrm{i}k_2a}}A_1 \tag{4-138}$$

$$A_2=\frac{2\mathrm{i}(k_1^2-k_2^2)\sin(k_2a)}{(k_1-k_2)^2\mathrm{e}^{\mathrm{i}k_2a}-(k_1+k_2)^2\mathrm{e}^{-\mathrm{i}k_2a}}A_1 \tag{4-139}$$

式(4-138)和式(4-139)给出透射波和反射波的振幅与入射波的振幅之间的关系。由两

式可以求出透射波和反射波的概率流与入射波概率流密度之比。将入射波 $A_1 e^{ik_1 x}$、透射波 $C_1 e^{ik_1 x}$ 和反射波 $A_2 e^{-ik_1 x}$ 代换波函数 Ψ，依次代入概率流密度定义式(概率流密度以及粒子数守恒定律将在 4.5 节中讨论)：

$$\vec{J} = \frac{i\hbar}{2m}(\Psi \nabla \Psi^* - \Psi^* \nabla \Psi)$$

得到入射波的概率流密度为

$$\begin{aligned} J &= \frac{i\hbar}{2m}\left[A_1 e^{ik_1 x}\frac{d}{dx}(A_1^* e^{-ik_1 x}) - A_1^* e^{-ik_1 x}\frac{d}{dx}(A_1 e^{ik_1 x})\right] \\ &= \frac{\hbar k_1}{m}|A_1|^2 \end{aligned} \tag{4-140}$$

透射波的概率流密度为

$$J_D = \frac{\hbar k_1}{m}|C_1|^2 \tag{4-141}$$

反射波的概率流密度为

$$J_R = -\frac{\hbar k_1}{m}|A_2|^2 \tag{4-142}$$

透射波概率流密度与入射波概率流密度之比称为透射系数，用 D 表示。透射系数对应 $x \geqslant a$ 区域的粒子与 $x \leqslant 0$ 区域的入射粒子在单位时间内流过垂直于 x 方向的单位面积的数目之比，即

$$D = \frac{J_D}{J} = \frac{|C_1|^2}{|A_1|^2} = \frac{4k_1^2 k_2^2}{(k_1^2 - k_2^2)^2 \sin^2(k_2 a) + 4k_1^2 k_2^2} \tag{4-143}$$

同理，反射波概率流密度与入射波概率流密度之比称为反射系数，用 R 表示，即

$$R = \left|\frac{J_R}{J}\right| = \frac{|A_2|^2}{|A_1|^2} = \frac{(k_1^2 - k_2^2)^2 \sin^2(k_2 a)}{(k_1^2 - k_2^2)^2 \sin^2(k_2 a) + 4k_1^2 k_2^2} = 1 - D \tag{4-144}$$

由式(4-143)和式(4-144)可得，D 与 R 都小于 1，且 $D+R=1$，说明入射粒子一部分穿过势垒到 $x \geqslant a$ 区域，另一部分被势垒反射回去，如图 4-14 所示。

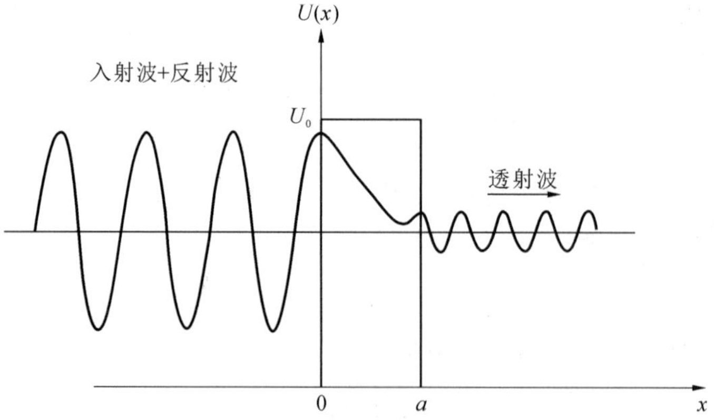

图 4-14　势垒贯穿示意图

图 4-15 形象地展示了 4 个不同时刻的波包的演化，从上到下分别为波包贯穿势垒前、贯穿势垒中(中间两图)和贯穿势垒后。图中粗线为势能，细线为波函数或者概率分布函数。

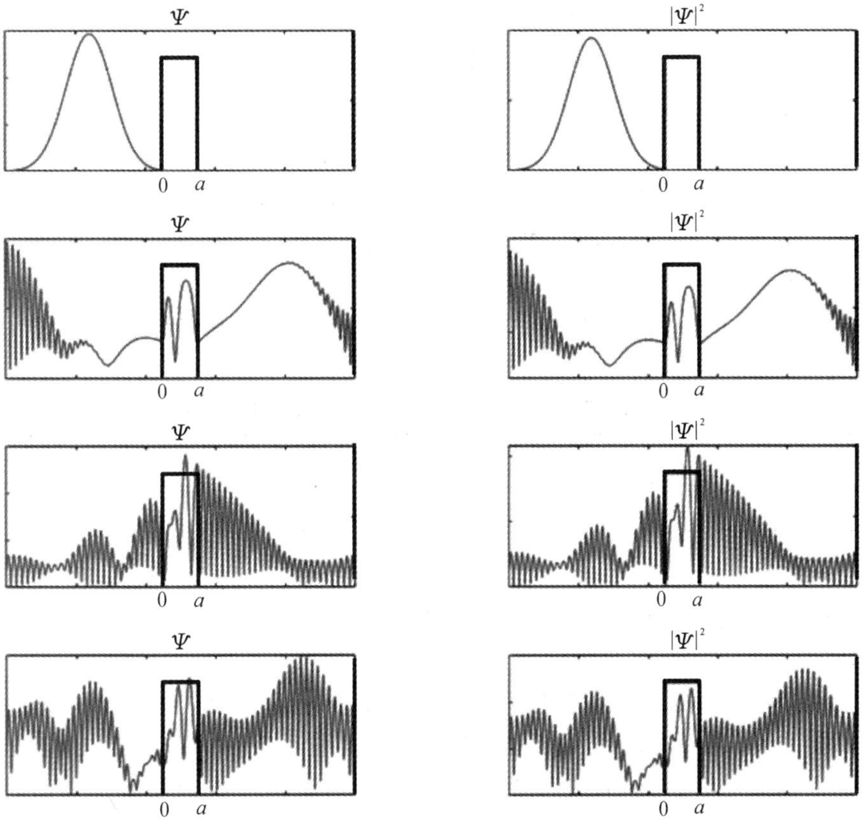

图 4-15　4 个不同时刻的波包的演化

现在再讨论 $E<U_0$ 的情况。此时 k_2 是虚数，令 $k_2=\mathrm{i}k_3$，则 k_3 是实数。由式(4-127)，得

$$k_3^2=\frac{2m(U_0-E)}{\hbar^2} \tag{4-145}$$

将 k_2 换为 $\mathrm{i}k_3$，前面的计算依然成立，则式(4-138)可改写为

$$C_1=\frac{2\mathrm{i}k_1k_3\mathrm{e}^{-\mathrm{i}k_1a}}{(k_1^2-k_3^2)\mathrm{sh}(k_3a)+2\mathrm{i}k_1k_3\mathrm{ch}(k_3a)}A_1 \tag{4-146}$$

式中，双曲正弦 $\mathrm{sh}x=\dfrac{\mathrm{e}^x-\mathrm{e}^{-x}}{2}$ 和双曲余弦函数 $\mathrm{ch}x=\dfrac{\mathrm{e}^x+\mathrm{e}^{-x}}{2}$。

透射系数 D 的计算公式(式(4-143))可改写为

$$D=\frac{4k_1^2k_3^2}{(k_1^2+k_3^2)^2\mathrm{sh}^2(k_3a)+4k_1^2k_3^2} \tag{4-147}$$

如果粒子的能量 E 很小，以至于 $k_3a\gg1$，$\mathrm{e}^{k_3a}\gg\mathrm{e}^{-k_3a}$，则

$$\mathrm{sh}^2(k_3a)=\left(\frac{\mathrm{e}^{k_3a}-\mathrm{e}^{-k_3a}}{2}\right)^2\approx\frac{1}{4}\mathrm{e}^{2k_3a} \tag{4-148}$$

式(4-147)可以改写为

$$D = \frac{4}{\frac{1}{4}\left(\frac{k_1}{k_3}+\frac{k_3}{k_1}\right)^2 e^{2k_3 a}+4} \tag{4-149}$$

因为 k_1 与 k_3 为同一数量级，当 $k_3 a \gg 1$ 时，$e^{2k_3 a} \gg 4$，则式(4-149)表示为

$$D = D_0 e^{-2k_3 a} = D_0 e^{-\frac{2}{\hbar}\sqrt{2m(U_0-E)}a} \tag{4-150}$$

其中，D_0 是常数，数量级接近 1。由式(4-150)可知，透射系数 D 随势垒的加宽或加高而急剧减小。因此，宏观条件下一般观察不到量子隧道效应。

为了直观理解透射系数的数量级，下面针对电子进行具体计算。取 $m_e=0.511\ \text{eV}/c^2$，$\hbar c=1973\ \text{eV}\cdot\text{Å}$，令 $U_0-E=5\ \text{eV}$，则由式(4-149)计算不同势垒宽度下透射系数的数值和数量级，如表 4-1 所示。

表 4-1　不同势垒宽度下透射系数的数值和数量级

a/Å	1.0	2.0	5.0	10.0
D	0.101	1.02×10^{-2}	1.06×10^{-5}	1.12×10^{-10}

由表 4-1 可以得到，当势垒宽度 a 为 1.0 Å(原子的线度)时，透射系数达到 0.101；而当 $a=10.0$ Å 时，透射系数仅为 1.12×10^{-10}，非常微小。

讨论：

(1) 若不是方形势垒，而是任意形状的 $U(x)$，如图 4-16 所示。为了方便计算，通常将该势垒看作由许多方形势垒构成，且每个方形势垒宽度为 dx，高度为 $U(x)$。能量为 E 的粒子在 $x=a$ 处进入势垒 $U(x)$，在 $x=b$ 处射出势垒，即 $U(a)=U(b)=E$。由式(4-150)计算得到粒子贯穿每个方形势垒的透射系数为

$$D = D_0 e^{-\frac{2}{\hbar}\sqrt{2m[U(x)-E]}dx} \tag{4-151}$$

贯穿势垒 $U(x)$ 的透射系数应等于贯穿所有这些方形势垒的透射系数之积，即

$$D = D_0 e^{-\frac{2}{\hbar}\int_a^b \sqrt{2m[U(x)-E]}dx} \tag{4-152}$$

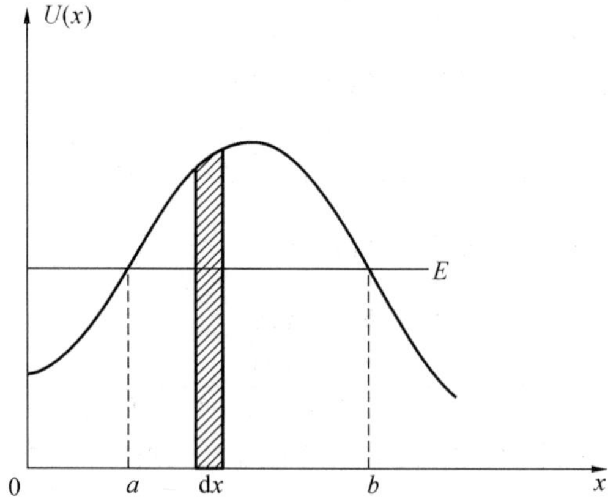

图 4-16　任意形状的势垒

粒子在能量 E 小于势垒高度时仍能贯穿势垒的现象，称为量子隧道效应。金属电子冷发射和 α 衰变等现象都是由量子隧道效应产生的。隧道二极管具有隧道效应的特性。1981 年

IBM 公司位于瑞士苏黎世的实验室里，宾尼希（G. Binnig）和罗勒（H. Rohrer）基于量子隧道效应发明了扫描隧道显微镜（scanning tunneling microscope，STM），极大地推动了众多领域科学研究的发展。

（2）前面讨论了一维势垒贯穿问题，在这个基础上讨论势阱问题就很方便。如图 4-17 所示，将其与图 4-14 比较，把 $U_0 \to -U_0 (U_0>0)$，取 $\kappa=\frac{\sqrt{2m(U_0+E)}}{\hbar}$，$k=\frac{\sqrt{2mE}}{\hbar}$，并且有 $\kappa \geqslant k$，则透射系数 D 的计算式改写为

$$D = \left[1+\frac{1}{4}\left(\frac{k}{\kappa}-\frac{\kappa}{k}\right)^2 \sin^2(\kappa a)\right]^{-1} = \left[\frac{1+\sin^2(\kappa a)}{4E\left(1+\frac{E}{U_0}\right)}\right]^{-1} \tag{4-153}$$

由此可见，对于 $U_0=0$ 的无势阱情况，$D=1$；当 $U_0\neq 0$ 时，$D<1$。由于 $D+R=1$，且反射系数 $|R|^2>0$，粒子将出现被阱壁弹回的现象，也有一部分透过势阱壁到达阱外，这种现象称为量子隧道效应。但是当 U_0 给定，D 随着粒子能量 E 的变化是波动曲线，如果 $\sin^2(\kappa a)=0$，由式(4-153)可见，透射系数 $D=1$，粒子如同没有受到势阱限制的自由粒子，这种现象称为量子共振透射或量子共振隧道效应。这也是量子力学中有质量粒子在势场中运动的新规律，这个规律在后来的电子技术应用中成为一个重要的技术原理，特别是在集成电路的制作中发挥了重要作用。从式(4-153)中可以看出，量子共振隧道效应的发生有不少的可能性，这就是后来所说的共振条件。如图 4-18 所示，我们看到，当

$$\kappa a = n\pi \tag{4-154}$$

条件满足时，就会发生 $D=1$ 的完全透射。式(4-154)称为量子共振条件。

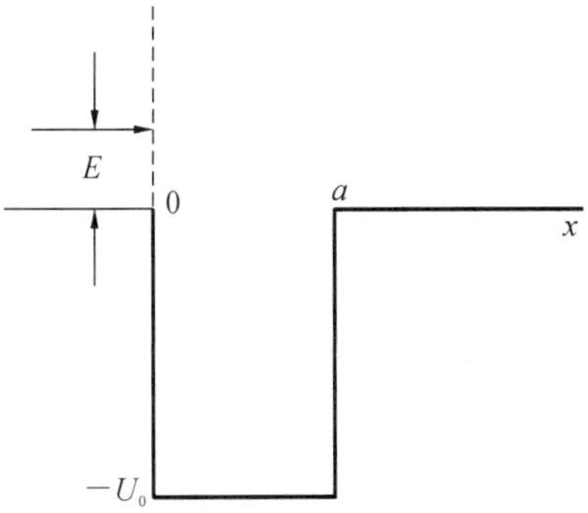

图 4-17　一维势阱量子透射图

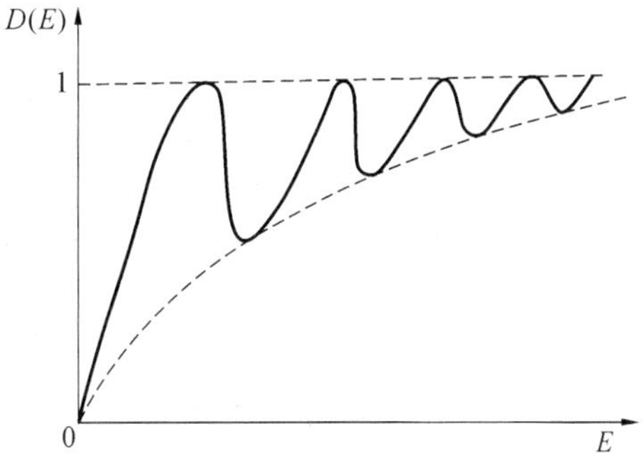

图 4-18　一维势阱透射系数曲线

对于共振发生时粒子能量 E 与阱深 U_0、阱宽 a 的关系，可以结合 $\kappa a=n\pi$ 演算得到。

$$\hbar^2\kappa^2 a^2 = 2m(E+U_0)$$

$$E = E_n = -U_0 + \frac{\hbar^2\pi^2}{2ma^2}n^2 \tag{4-155}$$

式中，粒子能量 E_n 称为共振能级。从这里可以看到，共振能级 E_n 的量子数是 n，由式(4-155)中的第二项决定，而第二项 $\frac{\hbar^2\pi^2}{2ma^2}n^2$ 恰是无限深方势阱的能级（见式(4-72)），这个能级又跟势阱的尺寸 a 有直接关系，这就为应用提供了方便。最后指出，量子共振隧道效应就是无损耗透射，这是光电子器件制造技术中重要的量子力学技术原理。

4.4.4 薛定谔方程的经典极限

首先回顾一下经典分析力学的形式。若体系的经典作用函数为 S_0，$S_0=\int H\mathrm{d}t$，则一个质量为 m 的粒子在势场 $U(\vec{r},t)$ 中运动，其哈密顿-雅可比方程是

$$-\frac{\partial S_0}{\partial t}=\frac{1}{2m}(\nabla S_0)^2+U(\vec{r},t) \tag{4-156}$$

这个公式可由 $H=-\partial S_0/\partial t$，$\vec{p}=\nabla S_0$ 得出。

另外，经典力学的连续性方程是

$$\frac{\partial\rho}{\partial t}+\mathrm{div}\rho\vec{v}=0 \tag{4-157}$$

由于 $\vec{v}=\frac{\vec{p}}{m}=\frac{1}{m}\nabla S_0$，上式可改写为

$$\frac{\partial\rho}{\partial t}=-\frac{1}{m}(\nabla\rho\cdot\nabla S_0+\rho\nabla^2 S_0) \tag{4-158}$$

注意，在经典力学中，连续性方程和哈密顿-雅可比方程是两个彼此相互独立的方程。

现在讨论薛定谔方程的经典过渡。取体系的波函数为

$$\Psi=\mathrm{e}^{\mathrm{i}S/\hbar} \tag{4-159}$$

代入薛定谔方程后有

$$\mathrm{i}\hbar\frac{\partial\Psi}{\partial t}=H\Psi=-\frac{\hbar^2}{2m}\nabla^2\Psi+U\Psi \tag{4-160}$$

得

$$-\frac{\partial S}{\partial t}=\frac{1}{2m}(\nabla S)^2-\frac{\mathrm{i}\hbar}{2m}\nabla^2 S+U \tag{4-161}$$

要使量子情况过渡到经典情况，应将普朗克常量 $\hbar\to0$，因此可将 $\hbar$ 视为小量，查看薛定谔方程在 $\hbar\to0$ 下的极限情况。为此，将 S 按 $\hbar$ 展开，得

$$S=S_0+\frac{\hbar}{\mathrm{i}}S_1+\left(\frac{\hbar}{\mathrm{i}}\right)^2S_2+\cdots \tag{4-162}$$

将式(4-162)代入式(4-161)并比较 $\hbar$ 的同次幂系数后得

$$\hbar^0:\quad \frac{\partial S_0}{\partial t}=\frac{1}{2m}(\nabla S_0)^2+U \tag{4-163}$$

$$\hbar^1:\quad \frac{\partial S_1}{\partial t}=-\frac{1}{2m}(2\nabla S_0\nabla S_1+\nabla^2 S_0) \tag{4-164}$$

比较式(4-163)与式(4-156)可见，取 S 为作用量后，薛定谔方程在零级近似下回到哈密顿-雅可比方程。

为研究方程(4-164)的物理意义，准确到一级近似，有

$$\rho=|\Psi|^2=\left|\mathrm{e}^{\frac{\mathrm{i}}{\hbar}(S_0-\mathrm{i}\hbar S_1)}\right|^2=\mathrm{e}^{2S_1} \tag{4-165}$$

$$\nabla\rho=2\nabla S_1\mathrm{e}^{2S_1} \tag{4-166}$$

$$\frac{\partial\rho}{\partial t}=2\frac{\partial S_1}{\partial t}\mathrm{e}^{2S_1} \tag{4-167}$$

利用式(4-167)可将式(4-164)改写成

$$\frac{\partial \rho}{\partial t}=-\frac{1}{2m}(2\,\nabla\rho\,\nabla S_0+2\rho\,\nabla^2 S_0)$$

这正是连续性方程(4-158)。

由此我们得出下述结论：

(1) $\hbar\to 0$ 时，量子力学过渡到经典力学。准确到 $\hbar^0$，即零级近似，薛定谔方程过渡到哈密顿-雅可比方程。准确到 $\hbar^1$，即一级近似，得出连续性方程。这说明薛定谔方程比牛顿方程的含义更广，根本原因在于满足薛定谔方程的波函数，还满足玻恩的波函数统计解释。因而由薛定谔方程可以导出概率流守恒定律。概率流守恒定律作经典近似后，就得出连续性方程。

(2) 经典近似必须满足的条件是

$$\frac{1}{2m}(\nabla S_0)^2\gg\left|\frac{\mathrm{i}\hbar}{2m}\nabla^2 S_0\right| \tag{4-168}$$

或者写成

$$\frac{p^2}{2m}\gg\left|\frac{\hbar}{2m}\mathrm{div}\vec{p}\right| \tag{4-169}$$

即动能远大于动量的变化，在一维情况下，式(4-169)化简为

$$p^2\gg\left|\hbar\frac{\mathrm{d}p}{\mathrm{d}x}\right| \tag{4-170}$$

由 $p=\hbar\vec{k}$ 得 $\lambda=2\pi\hbar/p$，代入上式后得

$$\left(\frac{2\pi\hbar}{\lambda}\right)^2\gg\left|\hbar\cdot(2\pi\hbar)\left(-\frac{1}{\lambda^2}\frac{\mathrm{d}\lambda}{\mathrm{d}x}\right)\right| \tag{4-171}$$

即

$$\frac{\mathrm{d}\lambda}{\mathrm{d}x}\ll 2\pi \tag{4-172}$$

德布罗意波波长 λ 是 x 的慢变函数。由于 $\lambda=2\pi\hbar/p$，$\hbar\to 0$ 相当于 $\lambda\to 0$。德布罗意波波长变化很慢而且本身就很短，这正是经典情况。

4.5　粒子数守恒定律——再论波函数的性质

薛定谔方程是非相对论量子力学的基本方程，描述了状态或波函数随时间的变化规律。在非相对论(低能)情况下，实物粒子($m\neq 0$)没有产生和湮没(消失)的现象，所以在随时间演变的过程中，粒子数目保持不变，即粒子数守恒。本节将从薛定谔方程出发，推导概率流密度公式，并得到粒子数守恒定律。

4-6　粒子数守恒定律
——再论波函数的性质

4.5.1　概率守恒定律

设 $\Psi(\vec{r},t)$ 是描述粒子状态的归一化波函数，则 t 时刻在 $\vec{r}$ 点附近单位时间内粒子出现的概率为

$$w(\vec{r},t)=|\Psi(\vec{r},t)|^2=\Psi^*(\vec{r},t)\Psi(\vec{r},t) \tag{4-173}$$

则概率密度随时间的变化率为

$$\frac{\partial w}{\partial t}=\frac{\partial \Psi}{\partial t}\Psi^*+\frac{\partial \Psi^*}{\partial t}\Psi \tag{4-174}$$

由薛定谔方程

$$\mathrm{i}\hbar\frac{\partial \Psi}{\partial t}=-\frac{\hbar^2}{2m}\nabla^2\Psi+V(r)\Psi$$

可得

$$\frac{\partial \Psi}{\partial t}=\frac{\mathrm{i}\hbar}{2m}\nabla^2\Psi-\frac{\mathrm{i}}{\hbar}V(r)\Psi \tag{4-175}$$

对上式取复共轭(注意 $V(r)$是实数,即 $V^*(r)=V(r)$),可得

$$\frac{\partial \Psi^*}{\partial t}=-\frac{\mathrm{i}\hbar}{2m}\nabla^2\Psi+\frac{\mathrm{i}}{\hbar}V(r)\Psi \tag{4-176}$$

将式(4-175)和式(4-176)代入式(4-174),可得

$$\begin{aligned}\frac{\partial w}{\partial t}&=\frac{\mathrm{i}\hbar}{2m}(\Psi^*\nabla^2\Psi-\Psi\nabla^2\Psi^*)\\&=\frac{\mathrm{i}\hbar}{2m}\nabla(\Psi^*\nabla\Psi-\Psi\nabla\Psi^*)\end{aligned} \tag{4-177}$$

令

$$\vec{J}=\frac{\mathrm{i}\hbar}{2m}(\Psi\nabla\Psi^*-\Psi^*\nabla\Psi) \tag{4-178}$$

称为概率流密度。

将式(4-178)代入式(4-177),可得

$$\frac{\partial w}{\partial t}+\nabla\cdot\vec{J}=0 \tag{4-179}$$

该方程是概率(粒子数)守恒定律的微分形式,由于它具有连续性方程的形式,因此也称为概率连续性方程。

概率连续性方程与经典电动力学中的电荷守恒方程具有相同的形式,即

$$\frac{\partial \rho_e}{\partial t}+\nabla\cdot\vec{J}_e=0 \tag{4-180}$$

为了说明式(4-179)和矢量$\vec{J}$的物理意义,将式(4-179)对空间任意体积 V 作体积分:

$$\int_V\frac{\partial w}{\partial t}\mathrm{d}\tau+\int_V\nabla\cdot\vec{J}\,\mathrm{d}\tau=0 \tag{4-181}$$

经数学变换可得

$$\int_V\frac{\partial w}{\partial t}\mathrm{d}\tau=\frac{\partial}{\partial t}\int_V w\,\mathrm{d}\tau=-\int_V\nabla\cdot\vec{J}\,\mathrm{d}\tau \tag{4-182}$$

根据矢量分析中的高斯定理,将上式右边的体积分变为面积分,即

$$\int_V\nabla\cdot\vec{J}\,\mathrm{d}\tau=\oint_S\vec{J}\cdot\mathrm{d}S \tag{4-183}$$

式中,S 是 τ 的表面积,方向为垂直于 τ 表面向外,如图 4-19 所示。

将式(4-183)代入式(4-182),化简得到

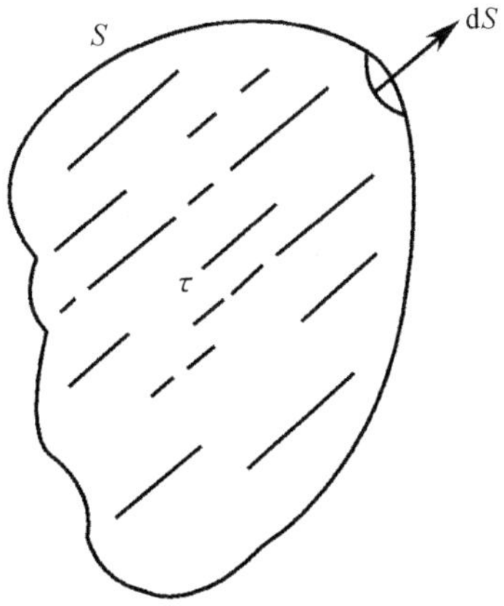

图 4-19　空间曲面示意图

$$\frac{\mathrm{d}}{\mathrm{d}t}\int_V w\mathrm{d}\tau = -\oint_S \vec{J}\cdot \mathrm{d}S = -\oint_S J_n \mathrm{d}S \tag{4-184}$$

式(4-184)左边表示在闭区域 V 中找到粒子的总概率(或粒子数)在单位时间内的增量，而右边(注意负号)则应表示单位时间内通过 V 的封闭表面 S 而流入 V 内的概率(粒子数)。式(4-184)表明：单位时间内粒子在 V 内出现的概率的增量等于单位时间内流入 V 内的概率(负号表示流入)，说明粒子的概率不会凭空产生，更不会凭空消失，只会由一个位置移动到另一个位置。因此，式(4-184)也被称为概率守恒定律的积分形式。所以 $\vec{J}$ 具有概率流(粒子流)密度的意义，是一个矢量。

当体积 $V\to\infty$ 时，没有体积 V 之内和体积 V 之外之分，由于任何真实的波函数应满足平方可积条件，可以证明式(4-184)右边的面积分趋于零，则

$$\frac{\mathrm{d}}{\mathrm{d}t}\int_\infty w\mathrm{d}\tau = 0 \tag{4-185}$$

式(4-185)表明：对于一个粒子来说，在全空间中找到它的总概率不变，即概率守恒。

将式(4-173)代入式(4-185)，可得

$$\frac{\mathrm{d}}{\mathrm{d}t}\int_\infty |\Psi|^2\mathrm{d}\tau = \frac{\mathrm{d}}{\mathrm{d}t}\int_\infty \Psi^*\Psi\mathrm{d}\tau = 0 \tag{4-186}$$

上式表明波函数归一化不随时间改变，其物理意义是粒子既未产生也未消灭。

应该强调，这里的概率守恒具有定域的性质。当粒子在空间某地的概率减小了，必然在另外一些地方的概率增加了(即总概率不变)，并且伴随着有什么东西在流动来实现这种变化，连续性就意味着某种流的存在。定域的概率守恒定律蕴含着概率(粒子)流的概念，具有更深刻的含义。

4.5.2　电荷守恒定律、物质守恒定律

设粒子的电荷为 e，质量为 m，则定义如下物理量。

电荷密度：

$$w_e(\vec{r},t) = ew(\vec{r},t) \tag{4-187}$$

质量密度：

$$w_m(\vec{r},t) = mw(\vec{r},t) \tag{4-188}$$

电流密度：

$$\vec{J}_e(\vec{r},t) = e\vec{J}(\vec{r},t) \tag{4-189}$$

质量流密度：

$$\vec{J}_m(\vec{r},t) = m\vec{J}(\vec{r},t) \tag{4-190}$$

电荷守恒定律：

$$\frac{\partial w_e}{\partial t} + \nabla \cdot \vec{J}_e = 0 \tag{4-191}$$

物质守恒定律：

$$\frac{\partial w_m}{\partial t} + \nabla \cdot \vec{J}_m = 0 \tag{4-192}$$

4.5.3　波函数标准条件再讨论

根据玻恩的波函数统计解释，$w(\vec{r},t) = |\Psi(\vec{r},t)|^2$ 是粒子在 t 时刻在$\vec{r}$点附近出现的概率密度，这是一个确定的数，所以要求 $\Psi(\vec{r},t)$应是$(\vec{r},t)$的单值函数且有限。

分析粒子数守恒定律：

$$\frac{\mathrm{d}}{\mathrm{d}t}\int_V w\,\mathrm{d}\tau = -\oint_S \vec{J} \cdot \mathrm{d}S = -\frac{\mathrm{i}\hbar}{2m}\oint_S (\Psi \nabla \Psi^* - \Psi^* \nabla \Psi)\,\mathrm{d}S \tag{4-193}$$

上式右边含有 $\Psi(\vec{r},t)$及其对坐标一阶导数的积分，由于积分区域是任意选取的，所以 V 是任意闭合面。要使积分有意义，S 必须在变数的全部范围，即空间任何一点都应是有限、连续且其一阶导数亦连续。

概括之，波函数在全空间每一点应满足单值、有限、连续三个条件，该条件称为波函数的标准条件。

知识拓展

薛定谔的猫

“薛定谔的猫”是由奥地利著名物理学家薛定谔（Erwin Schrödinger）于 1935 年提出的有关猫生死叠加的著名思想实验（见图 4-20），是把微观领域的量子行为扩展到宏观世界的推演。在人的意识参与观测的情况下，巧妙地把微观物质是粒子还是波的存在形式和宏观的猫联系起来，以此求证观测介入时量子的存在形式。随着量子物理学的发展，薛定谔的猫还延伸出平行宇宙等物理问题和哲学争议。

实验是这样的：将一只猫关在一个装有少量放射性元素镭和剧毒氰化物的密闭盒子中，镭的衰变存在概率，如果镭发生衰变，就会触发机关打碎装有氰化物的瓶子，释放出毒气杀死这只猫；如果镭不发生衰变，猫就存活。

图 4-20　“薛定谔的猫”的实验构想

根据经典物理学，在盒子里必将发生这两个结果之一，而外部观测者只有打开盒子才能知道里面的结果。在量子世界里，当盒子处于关闭状态，整个系统则一直保持不确定性的状态，即放射性的镭处于衰变和没有衰变两种状态的叠加，猫就理应处于死猫和活猫的叠加状态，这就是所谓的“薛定谔的猫”。猫到底是死是活，必须在盒子被打开后，由外部观测者观测时，物质以粒子形式表现后才能确定。这项实验旨在论证量子力学对微观粒子世界超乎常理的认识和理解，可这使微观不确定性原理变成了宏观不确定性原理，客观规律不以人的意志为转移，猫既活又死违背了自然规律。

这里必须要认识到量子行为的一个现象：观测。微观物质有不同的存在形式，即粒子和波。通常，微观物质以波的叠加混沌态存在；一旦人的意识参与到观测行为中，它们立刻选择成为粒子。

薛定谔的猫本身是一个假设的概念，随着技术的发展，人们在光子、原子、分子中实现了薛定谔猫态，甚至已经开始尝试用病毒来制备薛定谔猫态，如在刘慈欣的《球状闪电》中变成量子态的人，人们已经越来越接近实现生命体的薛定谔猫态。另外，人们发现薛定谔猫态（量子叠加态）本身就在生命过程中存在着，且是生物生存不可缺少的。

薛定谔挖苦地说：按照量子力学的解释，箱中之猫处于“死-活叠加态”——既死了又活着！要等到打开箱子看猫一眼才能决定其生死。（请注意，不是发现而是决定，仅仅看一眼就足以致命！）正像哈姆雷特王子所说：“生存还是死亡，这是一个问题。”只有当你打开盒子的时候，叠加态突然结束（在数学术语中就是“波函数坍缩（collapse）”）。哥本哈根的概率解释的优点：只出现一个结果，这与我们观测到的结果相符合。有一个大的问题：它要求波函数突然坍缩，可物理学中没有一个公式能够描述这种坍缩。尽管如此，长期以来物理学家们或许出于实用主义的考虑，还是接受了哥本哈根的诠释，而付出的代价是违反了薛定谔方程。这就难怪薛定谔一直耿耿于怀了。

1957 年，休·埃弗莱特三世提出的多世界诠释似乎为人们带来了福音，由于它太离奇，开始没有人认真对待。格利宾认为，多世界诠释有许多优点，因此它可以代替哥本哈根诠释。我们下面简单介绍一下休·埃弗莱特三世的多世界诠释。

格利宾在书中写道：“埃弗莱特……指出两只猫都是真实的。有一只活猫，有一只死猫，它们位于不同的世界中。问题并不在于盒子中的放射性原子是否衰变，而在于它既衰变又不衰变。当我们向盒子里看时，整个世界分裂成它自己的两个版本。这两个版本在其余的各个方面都是全同的，唯一的区别在于其中一个版本中，原子衰变了，猫死了；而在另一个版本中，原子没有衰变，猫还活着。”

也就是说，上面说的“原子衰变了，猫死了”和“原子没有衰变，猫还活着”这两个世界将完全相互独立地演变下去，就像两个平行的世界一样。格利宾显然十分赞赏这一诠释，故他接着说：“这听起来就像科幻小说，然而……它是基于无懈可击的数学方程，基于量子力学朴实的、自洽的、符合逻辑的结果。”“在量子的多世界中，我们通过参与而选择出自己的道路。在我们生活的这个世界上，没有隐变量，上帝不会掷骰子，一切都是真实的。”按格利宾所说，如果爱因斯坦还活着，他也许会同意并大大地赞扬这一个“没有隐变量，上帝不会掷骰子”的理论。

这个诠释的优点：薛定谔方程始终成立，波函数从不坍缩，因此它简化了基本理论。它的问题在于：设想过于离奇，付出的代价是这些平行的世界全都是真实的。这就难怪有人说：“在科学史上，多世界诠释无疑是目前所提出的最大胆、最野心勃勃的理论。”

1. 薛定谔的猫量子相干性

1996 年 5 月，美国科罗拉多州博尔德的美国国家标准与技术研究院(NIST)的 Monroe 等人用单个铍离子作成了“薛定谔的猫”并拍下了快照，发现铍离子在第一个空间位置上处于自旋向上的状态，同时又在第二个空间位置上处于自旋向下的状态，而这两种状态相距 80 nm 之遥！——这在原子尺度上是一个遥远的距离。想象这个铍离子是个通灵大师，他在纽约与喜马拉雅同时现身，一个他正从摩天楼顶往下跳伞，而另一个他则正爬上雪山之巅！——量子的这种“化身博士”特点，物理学上称为“量子相干性”。在早期的杨氏双缝干涉实验中，单个光粒子即以优美的波粒二象性，轻巧地同时穿过两条狭缝，在观察屏上制造出一幅美丽的明暗相干条纹。

2. 薛定谔的猫实验

美国国家标准与技术研究院的莱布弗里特等人在《自然》期刊上称，他们已实现拥有粒子较多且持续时间最长的薛定谔猫态。实验中，研究人员将铍离子每隔若干微米“固定”在电磁场阱中，然后用激光使铍离子冷却到接近绝对零度，并分三步操纵这些离子的运动。为了让尽可能多的粒子在尽可能长的时间里实现薛定谔猫态，研究人员一方面提高激光的冷却效率，另一方面使电磁场阱尽可能多地吸收离子振动发出的热量。最终，他们使 6 个铍离子在 50 μs 内同时顺时针自旋和逆时针自旋，实现了两种相反量子态的等量叠加纠缠，也就是薛定谔猫态。

奥地利因斯布鲁克大学的研究人员也在同期《自然》期刊上报告说，他们在 8 个离子的系统中实现了薛定谔猫态，维持时间稍短。

3. 薛定谔的猫研究意义

科学家称，薛定谔猫态不仅具有理论研究意义，也有实际应用的潜力。例如，多粒子的薛定谔猫态系统可以作为未来高容错量子计算机的核心部件，也可以用来制造极其灵敏的传感器以及原子钟、干涉仪等精密测量装备。

人物介绍

1. 劳厄

劳厄(Max Theodor Felix Von Laue，1879—1960)，德国物理学家，1879 年 10 月 9 日生于德国科布伦茨附近的普法芬多夫，1960 年 4 月 24 日卒于柏林。劳厄是普朗克的学生，曾是法兰克福大学理论物理研究所第一任所长(从 1914 年至 1919 年)，他的继任者是玻恩(M. Born)。劳厄由于在实验中探测到 X 射线干涉现象并且对此做出解释，而于 1914 年获得诺贝尔物理学奖。早在 1911 年，劳厄写了一本关于相对论的著作，该书被广泛阅读。他同时致力于相对论的应用研究，例如热力学。后来他发表的论文涉及超导、光致电子发射和真空放大器的机制等内容。

2. 玻恩

玻恩(M. Born，1882—1970)，德国物理学家，1882 年 12 月 12 日生于德国弗雷斯劳(现波兰弗罗茨瓦夫市)，1970 年 1 月 5 日卒于哥廷根。玻恩曾在柏林大学(1915 年)、法兰克福大学(1919 年)和哥廷根大学(1921 年)担任教授，他于 1933 年移居到剑桥，之后于 1939 年在爱丁堡大学成为自然哲学教授。1954 年，玻恩退休，生活在布莱梅(德国)。玻恩首先投入相对论和晶体物理的研究，在 1922 年前后，他开始建立新的原子理论，并于 1925 年与他的学生海森堡(W. Heisenberg)和约尔当(P. Jordan)在建立矩阵力学上获得成功。在哥廷根大学，玻恩创建了一个重要的理论物理学派。1926 年，他将薛定谔的波函数解释为概率振幅，从而引进了现代物理的态的观点。由于这些贡献，他于 1954 年获得迟来的诺贝尔物理学奖。

3. 薛定谔

薛定谔(Erwin Schrödinger，1887 年 8 月 12 日—1961 年 1 月 4 日)，奥地利物理学家，主要从事统计力学、广义相对论和色图理论方面的研究。受德布罗意的博士论文和爱因斯坦关于玻色-爱因斯坦统计文章的启发，薛定谔创立了波动力学。1925 年 12 月，他明确定义了克莱因-戈登方程，1926 年 1 月，他发明了在非相对论近似下描述原子本征值的薛定谔方程，1926 年 3 月他证明了他的理论与矩阵力学(由玻恩、海森堡和约尔当所创立)在数学上是等价的。薛定谔一贯攻击量子理论的统计解释，特别是"哥本哈根诠释"(如爱因斯坦、劳厄和德布罗意也曾参与攻击那样)，1927 年薛定谔去柏林大学作为普朗克的继任者，并于 1933 年作为一个坚定的自由主义者移居牛津。同年，他与狄拉克共享诺贝尔物理学奖。1936 年，薛定谔去奥地利的格拉茨大学，当奥地利被吞并时他第二次移居国外。他和其他一些人在都柏林建立了高等研究所。1956 年薛定谔又回到奥地利。

习　　题

4-1　如何理解波函数的统计解释？

4-2　若 $\Psi_1(x)$是归一化的波函数，问：$\Psi_1(x)$、$\Psi_2(x)=c\Psi_1(x)(c\neq1)$和 $\Psi_3(x)=e^{i\delta}\Psi_1(x)$

(δ 为任意实数)是否描述同一状态?请分别写出它们的位置概率密度公式。

4-3　经典波和量子力学中的概率波有什么本质区别?

4-4　下列一组波函数共描写粒子的几个不同状态?请指出每个状态由哪几个波函数描写。

$$\Psi_1 = e^{i\cdot 2x/\hbar},\quad \Psi_2 = e^{-i\cdot 2x/\hbar},\quad \Psi_3 = 3e^{-i(2x+\pi\hbar)/\hbar},$$
$$\Psi_4 = e^{i\cdot 3x/\hbar},\quad \Psi_5 = -e^{i\cdot 2x/\hbar},\quad \Psi_6 = (4+2i)e^{i\cdot 2x/\hbar}$$

4-5　已知下列两个波函数:

$$\Psi_1(x) = \begin{cases} A\sin\left[\dfrac{n\pi}{2a}(x-a)\right], & |x| \leqslant a \\ 0, & |x| > a \end{cases} \quad n = 1,2,3,\cdots$$

$$\Psi_2(x) = \begin{cases} A\sin\left[\dfrac{n\pi}{2a}(x+a)\right], & |x| \leqslant a \\ 0, & |x| > a \end{cases} \quad n = 1,2,3,\cdots$$

试判断:(1) 波函数 $\Psi_1(x)$ 和 $\Psi_2(x)$ 是否描述同一状态?

(2) 当 $\Psi_1(x)$ 取 $n=\pm 2$ 两种情况,得到的两个波函数是否等价?

4-6　简述态叠加原理。

4-7　如果 Ψ_1 和 Ψ_2 是体系的可能状态,那么它们的线性叠加 $\Psi=c_1\Psi_1+c_2\Psi_2$(c_1、c_2 是复常数)是这个体系的一个可能状态吗?为什么?

4-8　利用概率流密度矢量 $\vec{J}$ 和连续性方程解释概率守恒定律。

4-9　一维粒子状态波函数为 $\Psi(x,t)=A\exp\left(-\dfrac{1}{2}\alpha^2x^2-\dfrac{i}{2}\omega t\right)$

求:(1) 归一化的波函数;

(2) 粒子的概率分布;

(3) 粒子在何处出现的概率最大。

4-10　求波函数 $\Psi_n=\begin{cases} A'\sin\left[\dfrac{n\pi}{2a}(x+a)\right], & |x|<a \\ 0, \ |x|\geqslant a \end{cases}$ 的归一化常数 A'。

4-11　一维谐振子处在第一激发态时有

$$\Psi(x)=\sqrt{\frac{\alpha}{2\sqrt{\pi}}}\cdot 2\alpha x e^{-\frac{1}{2}\alpha^2x^2}$$

求其概率最大的位置。

4-12　设在 $t=0$ 时,粒子的状态为 $\Psi(x)=A\left[\sin^2(kx)+\dfrac{1}{2}\cos(kx)\right]$,求粒子动量的平均值和粒子动能的平均值。

4-13　证明:在定态中概率流与时间无关。

第5章　力学量与算符

在上一章中，我们系统地介绍了波动力学。由于微观粒子具有随机性，它的基本属性无法用经典语言确切描述，在量子力学中用波函数来描述微观粒子的运动状态。波动力学的着眼点是波函数，用波函数描述粒子的运动状态，同时建立波函数的运动方程——薛定谔方程，通过在薛定谔方程中引入普朗克常量的方法进行量子化。

本章将介绍量子力学的另一种表述——矩阵力学，它与波动力学已经被证明是相互等价的。矩阵力学的着眼点是力学量和力学量的测量。

经典力学中物质运动的状态总是用坐标、动量、角动量、动能、势能等力学量来描述的。量子力学引入了波函数这样的基本概念，以概率的特征全面描述了微观粒子的运动状态，但是波函数并不能作为量子力学中的力学量。于是，本章引入了一个重要概念——算符，用它来表示量子力学中的力学量，算符和波函数作为量子力学的核心概念相辅相成，贯穿始终。另外，本章进一步讨论了力学量的测量，重点讨论了力学量的可能值、确定值(包括具有确定值的条件)以及平均值。

所谓"确定"，是基于能给出概率以及能求得平均值意义而言的。一般说来，当微观粒子处在某一运动状态时，它的力学量，如坐标、动量、角动量、能量等，不同时具有确定的数值，而是具有一系列可能值，每一可能值均以一定的概率出现。当给定描述这一运动状态的波函数后，力学量出现各种可能值的相应概率就完全确定。利用统计平均的方法，可以算出该力学量的平均值，进而与实验的观测值相比较。

【知识目标】

1. 掌握坐标、动量、能量算符及其本征值、本征函数；
2. 掌握厄米算符、厄米算符本征函数的性质；
3. 掌握本征函数的正交性、归一性、完备性。

【能力目标】

1. 掌握算符与力学量的关系，以及力学量的三个测量值，并与实际测量值相比较；
2. 结合量子计算的基本原理，分析并掌握量子计算与经典计算之间的区别；
3. 能及时跟踪和学习量子计算的最新理论、技术及相关国际前沿动态。

【素质目标】

结合中国量子计算从无到有的发展历程，理解锲而不舍的创新精神和大国工匠精神。

5.1 表示力学量的算符

5.1.1 算符的定义及其运算规则

5-1 表示力学量的算符(上)

在 4.3 节中已提到，在建立微观粒子的薛定谔方程时，需要引入动量算符 $\hat{p}=-\mathrm{i}\hbar\boldsymbol{\nabla}$，在薛定谔方程中也出现了拉普拉斯算子$\boldsymbol{\nabla}^2$，这些都称为算符。所谓“算符”，表示对波函数（量子态）的一种数学运算，例如 $\mathrm{d}\Psi/\mathrm{d}x$、$V(r)\Psi$、$\Psi^*$、$\boldsymbol{\nabla}^2\Psi$ 等分别表示对波函数求导数、乘 $V(r)$、取复共轭，以及对其作拉普拉斯运算。

1. 算符的定义

若

$$\hat{A}\Psi=\phi \tag{5-1}$$

可理解为对任意波函数 Ψ 进行某种数学运算$\hat{A}$，可得到另一个新的波函数 ϕ，则称该数学运算 $\hat{A}$ 为算符。式(5-1)为算符的定义式。

以下讨论量子力学中算符的一般性质。为强调算符的特点，常常在算符的符号上方加“ ^ ”符号。为避免数学上过分抽象，我们将尽可能结合常见的力学量（例如位置、动量、角动量、动能、势能、哈密顿量等）的相应算符来阐述。

设两个算符 $\hat{A}$ 和 $\hat{B}$ 对体系的任何波函数 Ψ 的运算所得结果都相同，即

$$\hat{A}\Psi=\hat{B}\Psi \tag{5-2}$$

则称两个算符相等，记为 $\hat{A}=\hat{B}$。

2. 线性算符

凡满足下列运算规则的算符 $\hat{A}$，称为线性算符。

$$\hat{A}(c_1\Psi_1+c_2\Psi_2)=c_1\hat{A}\Psi_1+c_2\hat{A}\Psi_2 \tag{5-3}$$

其中，Ψ_1 与 Ψ_2 是两个任意波函数，c_1 与 c_2 是两个任意常数（一般为复数）。例如 $\hat{p}=-\mathrm{i}\hbar\boldsymbol{\nabla}$就是线性算符。量子力学中的算符并不都是线性算符，例如取复共轭就不是线性算符。但刻画可观测量的算符都是线性算符，这是量子态叠加原理的反映。

3. 单位算符 $\hat{I}$

凡满足关系

$$\hat{I}\Psi=\Psi \tag{5-4}$$

则称 $\hat{I}$ 为单位算符，其中 Ψ 为任意波函数。根据本征方程的定义，单位算符也可以理解为本征值恒为 1 的算符。

4. 算符之和

算符$\hat{A}$与$\hat{B}$之和，记为 $\hat{A}+\hat{B}$，定义如下：对于任意波函数 Ψ，有

$$(\hat{A}+\hat{B})\Psi=\hat{A}\Psi+\hat{B}\Psi \tag{5-5}$$

例如，一个粒子的哈密顿算符 $\hat{H}=\hat{T}+\hat{V}$，$\hat{T}$ 和 $\hat{V}$ 分别为动能算符和势能算符。显然，算符的求和满足交换律和结合律，即

$$\hat{A}+\hat{B}=\hat{B}+\hat{A}$$

$$\hat{A}+(\hat{B}+\hat{C})=(\hat{A}+\hat{B})+\hat{C}$$

根据式(5-3)与式(5-5)，可证明两个线性算符之和仍为线性算符。

5. 算符之积

算符 $\hat{A}$ 与 $\hat{B}$ 之积，记为 $\hat{A}\hat{B}$，定义为

$$(\hat{A}\hat{B})\Psi=\hat{A}(\hat{B}\Psi) \tag{5-6}$$

其中，Ψ 是任意波函数。式(5-6)表示 $\hat{A}\hat{B}$ 对 Ψ 的运算结果，等于先用$\hat{B}$对 Ψ 运算(得到 $\hat{B}\Psi$)，再用$\hat{A}$对($\hat{B}\Psi$)运算得到的结果。一般说来，算符之积不满足交换律，即 $\hat{A}\hat{B}\neq\hat{B}\hat{A}$。这是算符与通常数的运算规则唯一不同之处，定义算符的对易关系来表示，即

$$[\hat{A},\hat{B}]=\hat{A}\hat{B}-\hat{B}\hat{A} \tag{5-7}$$

其中，方括号“[ ]”为泊松符号。下面分别以坐标、动量和角动量等算符为例来说明。

【例 5-1】 计算坐标与动量算符的基本对易式$[x,\hat{p}_x]$。

解：第 4 章关于动量算符的表示式为 $\hat{p}_x=-\mathrm{i}\hbar\dfrac{\partial}{\partial x}$。

利用对易关系定义$[x,\hat{p}_x]=x\hat{p}_x-\hat{p}_x x$，考虑到算符只是数学运算符号，需要作用到任意波函数 Ψ 上，因此

$$x\hat{p}_x\Psi=-\mathrm{i}\hbar x\frac{\partial}{\partial x}\Psi$$

但

$$\hat{p}_x x\Psi=-\mathrm{i}\hbar\frac{\partial}{\partial x}(x\Psi)=-\mathrm{i}\hbar\Psi-\mathrm{i}\hbar x\frac{\partial}{\partial x}\Psi$$

所以

$$(x\hat{p}_x-\hat{p}_x x)\Psi=\mathrm{i}\hbar\Psi$$

由于 Ψ 是体系的任意波函数，所以

$$x\hat{p}_x-\hat{p}_x x=\mathrm{i}\hbar$$

即

$$[x,\hat{p}_x]=\mathrm{i}\hbar$$

类似还可证明

$$y\hat{p}_y-\hat{p}_y y=\mathrm{i}\hbar,\quad z\hat{p}_z-\hat{p}_z z=\mathrm{i}\hbar$$

但

$$x\hat{p}_y-\hat{p}_y x=0,\quad x\hat{p}_z-\hat{p}_z x=0,\quad \cdots$$

概括起来，有

$$r_\alpha\hat{p}_\beta-\hat{p}_\beta r_\alpha=\mathrm{i}\hbar\delta_{\alpha\beta}\quad(\alpha、\beta\ \text{表示不同方向分量}) \tag{5-8}$$

其中

$$\delta_{\alpha\beta} = \begin{cases} 1, & \alpha = \beta\text{,表示相同方向分量} \\ 0, & \alpha \neq \beta\text{,表示不同方向分量} \end{cases}$$

此即量子力学中最基本的对易关系。凡任何与力学量相对应算符之间的对易关系均可由式(5-7)导出。式(5-8)可改写成

$$[r_\alpha, \hat{p}_\beta] = \mathrm{i}\hbar\delta_{\alpha\beta} \tag{5-9}$$

不难证明,对易式满足下列代数恒等式:

$$\begin{cases} [\hat{A},\hat{B}] = -[\hat{B},\hat{A}] \\ [\hat{A},\lambda\hat{B}] = \lambda[\hat{A},\hat{B}] \\ [\hat{A},\hat{A}] = 0 \\ [\hat{A},C] = 0 \quad (C\text{ 为常数}) \\ [\hat{A},\hat{B}+\hat{C}] = [\hat{A},\hat{B}] + [\hat{A},\hat{C}] \\ [\hat{A},\hat{B}\hat{C}] = \hat{B}[\hat{A},\hat{C}] + [\hat{A},\hat{B}]\hat{C} \\ [\hat{A}\hat{B},\hat{C}] = \hat{A}[\hat{B},\hat{C}] + [\hat{A},\hat{C}]\hat{B} \\ [\hat{A},[\hat{B},\hat{C}]] = [\hat{B},[\hat{C},\hat{A}]] + [\hat{C},[\hat{A},\hat{B}]] = 0 \quad \text{(雅可比恒等式)} \end{cases} \tag{5-10}$$

【例 5-2】 计算角动量的对易式。

解:角动量算符定义为

$$\hat{\vec{L}} = \hat{\vec{r}} \times \hat{\vec{p}} = -\mathrm{i}\hbar\vec{r} \times \nabla \tag{5-11}$$

各分量表示为

$$\hat{L}_x = y\hat{p}_z - z\hat{p}_y = -\mathrm{i}\hbar\left(y\frac{\partial}{\partial z} - z\frac{\partial}{\partial y}\right)$$

$$\hat{L}_y = z\hat{p}_x - x\hat{p}_z = -\mathrm{i}\hbar\left(z\frac{\partial}{\partial x} - x\frac{\partial}{\partial z}\right)$$

$$\hat{L}_z = x\hat{p}_y - y\hat{p}_x = -\mathrm{i}\hbar\left(x\frac{\partial}{\partial y} - y\frac{\partial}{\partial x}\right)$$

利用式(5-7)与式(5-9),不难证明:

$$[\hat{L}_x, x] = 0, \quad [\hat{L}_x, y] = \mathrm{i}\hbar z, \quad [\hat{L}_x, z] = -\mathrm{i}\hbar y$$

$$[\hat{L}_y, x] = -\mathrm{i}\hbar z, \quad [\hat{L}_y, y] = 0, \quad [\hat{L}_y, z] = \mathrm{i}\hbar x$$

$$[\hat{L}_z, x] = \mathrm{i}\hbar y, \quad [\hat{L}_z, y] = -\mathrm{i}\hbar x, \quad [\hat{L}_z, z] = 0$$

可概括成

$$[\hat{L}_\alpha, r_\beta] = \varepsilon_{\alpha\beta\gamma}\mathrm{i}\hbar r_\gamma \tag{5-12}$$

式中,$\varepsilon_{\alpha\beta\gamma}$称为列维-奇维塔符号,是一个三阶反对称张量,定义如下:

$$\varepsilon_{\alpha\beta\gamma} = \begin{cases} 0, & \alpha = \beta = \gamma \\ 1, & \text{正循环} \\ -1, & \text{其他} \end{cases} \tag{5-13}$$

式中，α、β、γ 取为 x、y、z。

类似地，可以证明：

$$[\hat{L}_\alpha, \hat{p}_\beta] = \varepsilon_{\alpha\beta\gamma} \mathrm{i}\hbar \hat{p}_\gamma \tag{5-14}$$

利用角动量定义及式(5-11)和式(5-12)，还可以证明：

$$[\hat{L}_\alpha, \hat{L}_\beta] = \varepsilon_{\alpha\beta\gamma} \mathrm{i}\hbar \hat{L}_\gamma \tag{5-15}$$

分开写出，即

$$\begin{aligned}
&[\hat{L}_x, \hat{L}_x] = 0, && [\hat{L}_x, \hat{L}_y] = \mathrm{i}\hbar \hat{L}_z, && [\hat{L}_x, \hat{L}_z] = -\mathrm{i}\hbar \hat{L}_y \\
&[\hat{L}_y, \hat{L}_x] = -\mathrm{i}\hbar \hat{L}_z, && [\hat{L}_y, \hat{L}_y] = 0, && [\hat{L}_y, \hat{L}_z] = \mathrm{i}\hbar \hat{L}_x \\
&[\hat{L}_z, \hat{L}_x] = \mathrm{i}\hbar \hat{L}_y, && [\hat{L}_z, \hat{L}_y] = -\mathrm{i}\hbar \hat{L}_x, && [\hat{L}_z, \hat{L}_z] = 0
\end{aligned}$$

令 $\hat{L}^2 = \hat{L}_x^2 + \hat{L}_y^2 + \hat{L}_z^2$，则$[\hat{L}^2, \hat{L}_x] = [\hat{L}^2, \hat{L}_y] = [\hat{L}^2, \hat{L}_z] = 0$，这就是角动量各分量的对易式，必须牢记。

综上，算符的对易关系有两种，即对易和不对易。一般来说，若 $\hat{A}\hat{B} = \hat{B}\hat{A}$，则称 $\hat{A}$ 与 $\hat{B}$ 相互对易；若 $\hat{A}\hat{B} \neq \hat{B}\hat{A}$，则称 $\hat{A}$ 与 $\hat{B}$ 不对易。

6. 逆算符

设

$$\hat{A}\Psi = \varphi \tag{5-16}$$

能够唯一地解出 Ψ，则可以定义算符$\hat{A}$的逆$\hat{A}^{-1}$，则

$$\hat{A}^{-1}\varphi = \Psi \tag{5-17}$$

应该说明的是，并非所有算符都有对应的逆算符，若算符$\hat{A}$的逆算符$\hat{A}^{-1}$存在，则有

$$\hat{A}\,\hat{A}^{-1} = \hat{A}^{-1}\hat{A} = \hat{I}$$

$$[\hat{A}, \hat{A}^{-1}] = 0$$

7. 转置算符

算符$\hat{A}$的转置算符$\tilde{\hat{A}}$定义为

$$\int_{-\infty}^{+\infty} \varphi^* \; \tilde{\hat{A}} \Psi \mathrm{d}\tau = \int_{-\infty}^{+\infty} \Psi \hat{A} \varphi^* \, \mathrm{d}\tau \tag{5-18}$$

式中，Ψ 与 φ 是任意两个波函数。

【例 5-3】 证明：$\widetilde{\dfrac{\partial}{\partial x}} = -\dfrac{\partial}{\partial x}$。

证明：设 Ψ 与 φ 是任意两个波函数，在一维条件下，转置算符的定义式为

$$\int \varphi^* \left(\widetilde{\frac{\partial}{\partial x}}\right) \Psi \mathrm{d}x = \int \Psi \frac{\partial}{\partial x} \varphi^* \, \mathrm{d}x = \int \Psi \mathrm{d}\varphi^*$$

采用分部积分法得

$$\int \varphi^* \left(\widetilde{\frac{\partial}{\partial x}}\right) \Psi \mathrm{d}x = \Psi \varphi^* \Big|_{-\infty}^{+\infty} - \int \varphi^* \, \mathrm{d}\Psi = -\int \varphi^* \; \frac{\partial}{\partial x} \Psi \mathrm{d}x = \int \varphi^* \left(-\frac{\partial}{\partial x}\right) \Psi \mathrm{d}x$$

上式中利用波函数的有限性条件，当 $x \to \pm\infty$ 时，Ψ、$\varphi \to 0$。

由于 Ψ 与 φ 是任意两个波函数，故 $\frac{\tilde{\partial}}{\partial x} = -\frac{\partial}{\partial x}$。证毕。

思考：因为

$$\hat{p}_x = -\mathrm{i}\hbar \frac{\partial}{\partial x}$$

则

$$\tilde{\hat{p}}_x = -\hat{p}_x$$

扩展到三维条件时，有

$$\tilde{\hat{\vec{p}}} = -\hat{\vec{p}} \tag{5-19}$$

5-2 表示力学量的算符(下)

8. 复共轭算符

算符 $\hat{A}$ 的复共轭算符 $\hat{A}^*$ 定义为

$$\hat{A}^* \Psi = (\hat{A}\Psi^*)^* \tag{5-20}$$

通常算符 $\hat{A}$ 的复共轭 $\hat{A}^*$，可由 $\hat{A}$ 的表达式中所有量换成其复共轭得到。例如，在坐标表象中，动量的复共轭为

$$\hat{\vec{p}}^* = (-\mathrm{i}\hbar\nabla)^* = \mathrm{i}\hbar\nabla = -\hat{\vec{p}} \tag{5-21}$$

但应注意，算符 $\hat{A}$ 的表达式与表象有关。例如在动量表象中，$\hat{\vec{p}}^* = \hat{\vec{p}}$。

9. 厄米共轭算符

算符 $\hat{A}$ 的厄米共轭算符 $\hat{A}^+$ 定义为

$$\int \varphi^* \hat{A}^+ \Psi \mathrm{d}\tau = \int \Psi (\hat{A}\varphi)^* \mathrm{d}\tau \tag{5-22}$$

式中，Ψ 和 φ 都是任意波函数。

由此可得

$$\int \varphi^* \hat{A}^+ \Psi \mathrm{d}\tau = \int \Psi (\hat{A}\varphi)^* \mathrm{d}\tau = \int \Psi \hat{A}^* \varphi^* \mathrm{d}\tau = \int \varphi^* \tilde{\hat{A}}^* \Psi \mathrm{d}\tau$$

移项得

$$\int \varphi^* (\hat{A}^+ - \tilde{\hat{A}}^*) \Psi \mathrm{d}\tau = 0$$

由于 Ψ 和 φ 都是任意波函数，故上式成立的必要条件是

$$\hat{A}^+ = \tilde{\hat{A}}^* \tag{5-23}$$

即一个算符的厄米共轭算符可以分解为该算符先转置再取复共轭。

思考题：证明 $\hat{\vec{p}}^+ = \tilde{\hat{\vec{p}}}^*$。

10. 厄米算符

定义 1 若算符 $\hat{A}$ 满足下列关系

$$\int \varphi^* \hat{A} \Psi \mathrm{d}\tau = \int \Psi (\hat{A}\varphi)^* \mathrm{d}\tau \tag{5-24}$$

则称算符$\hat{A}$为厄米算符。

定义 2　根据式(5-24)

$$\int \varphi^* \hat{A} \Psi \mathrm{d}\tau = \int \Psi (\hat{A}\varphi)^* \mathrm{d}\tau = \int \Psi \hat{A}^* \varphi^* \mathrm{d}\tau = \int \varphi^* \tilde{\hat{A}}^* \Psi \mathrm{d}\tau = \int \varphi^* \hat{A}^+ \Psi \mathrm{d}\tau$$

有

$$\hat{A} = \hat{A}^+ \tag{5-25}$$

所以厄米算符也称为自共轭算符。可以证明，x、$\hat{\vec{p}}$等都是厄米算符。

【例 5-4】　证明$\hat{\vec{p}}$是厄米算符。

证明：根据式(5-23)得

$$\hat{\vec{p}}^+ = \tilde{\hat{\vec{p}}}^*$$

再利用式(5-19)和式(5-21)得

$$\hat{\vec{p}}^+ = \tilde{\hat{\vec{p}}}^* = (-\hat{\vec{p}})^* = -(-\hat{\vec{p}}) = \hat{\vec{p}}$$

证毕。

性质 1　两个厄米算符之和仍为厄米算符。

证明：令$\hat{A}$和$\hat{B}$为厄米算符，则

$$\hat{A}^+ = \hat{A}, \quad \hat{B}^+ = \hat{B}$$

所以

$$(\hat{A} \pm \hat{B})^+ = \hat{A}^+ \pm \hat{B}^+ = \hat{A} \pm \hat{B}$$

因此，两个厄米算符之和仍为厄米算符。证毕。

性质 2　当且仅当两算符相互对易($[\hat{A},\hat{B}]=0$)时，厄米算符之积仍然是厄米算符。

证明：因为

$$(\hat{A},\hat{B})^+ = \hat{B}^+ \hat{A}^+ = \hat{B}\hat{A}$$

当且仅当$[\hat{A},\hat{B}] = 0$，则

$$(\hat{A},\hat{B})^+ = \hat{B}^+ \hat{A}^+ = \hat{B}\hat{A} = \hat{A}\hat{B}$$

即

$$(\hat{A},\hat{B})^+ = \hat{A}\hat{B}$$

证毕。

定理　体系的任何状态下，其厄米算符的平均值必为实数。

证明：在任意Ψ态下厄米算符$\hat{A}$的平均值记为$\bar{\hat{A}}$，根据厄米算符定义和式(5-24)得

$$\bar{\hat{A}} = \int \Psi^* \hat{A} \Psi \mathrm{d}\tau = \int \Psi (\hat{A}\Psi)^* \mathrm{d}\tau$$

其复共轭为

$$\bar{\hat{A}}^* = \left(\int \Psi^* \hat{A}\Psi \mathrm{d}\tau\right)^* = \int \Psi(\hat{A}\Psi)^* \mathrm{d}\tau$$

故

$$\bar{\hat{A}}^* = \bar{\hat{A}}$$

所以在任何状态下，其厄米算符的平均值必为实数。证毕。

逆定理 在任何状态下平均值均为实数的算符必为厄米算符。

量子力学中所涉及的所有算符都是厄米算符。

5.1.2 算符的本征方程

假设一体系处于量子态 Ψ，当人们去测量力学量 A 时，一般说来，可能出现各种不同的结果，各有一定的概率。对于都用 Ψ 来描述其状态的大量的完全相同的体系，如果进行多次测量，所得结果的平均值将趋于一个确定值。而每一次测量的结果则围绕平均值有一个涨落，该涨落定义为

$$\Delta\bar{\hat{A}}^2 = (\hat{A}-A)^2 = \int \Psi^* (\hat{A}-A)^2 \Psi \mathrm{d}\tau \tag{5-26}$$

因为$\hat{A}$为厄米算符，A 必为实数，因而 $\hat{A}-A$ 仍为厄米算符，则有

$$\begin{aligned}\Delta\bar{\hat{A}}^2 &= \int \Psi^* (\hat{A}-A)^2 \Psi \mathrm{d}\tau \\ &= \int \Psi^* (\hat{A}-A)[(\hat{A}-A)\Psi]\mathrm{d}\tau \\ &= \int [(\hat{A}-A)\Psi][(\hat{A}-A)\Psi]^* \mathrm{d}\tau \\ &= \int |(\hat{A}-A)\Psi|^2 \mathrm{d}\tau\end{aligned} \tag{5-27}$$

如果体系处于一种特殊的状态，测量力学量 A 所得结果是唯一确定的，即涨落

$$\Delta\bar{\hat{A}}^2 = 0$$

则称这种状态为力学量 A 的本征态。在这种状态下，由式(5-27)可以看出，被积函数必须为零，即 Ψ 必须满足

$$(\hat{A}-A)\Psi = 0$$

或

$$\hat{A}\Psi = 常数 \times \Psi$$

为了方便，常把此常数记为 A_n，并把此特殊状态记为 Ψ_n，于是

$$\hat{A}\Psi_n = A_n \Psi_n \tag{5-28}$$

式中，A_n 称为 A 的一个确定的值，也称为本征值，Ψ_n 为相应的确定状态，称为本征态。式(5-28)即算符$\hat{A}$的本征方程。凡是满足本征方程的任何一个 A_n 值都是测量力学量 A 的一个

可能取值，都是相应的线性厄米算符$\hat{A}$的本征值。力学量 A 的取值都是量子化的，而 Ψ_n 则是算符$\hat{A}$取确定值A_n 所对应的状态波函数，故当体系处于$\hat{A}$的本征态Ψ_n 时，每次测量所得结果A_n 都是完全确定的。

由此得到量子力学中的一个基本假定：若线性厄米算符$\hat{A}$表示力学量 A，那么当体系处于$\hat{A}$的本征态 Ψ_n 时，力学量 A 有确定值，这个值就是算符$\hat{A}$在 Ψ_n 态中的本征值 A_n。

定理 1 厄米算符的本征值必为实数。

证明：设算符$\hat{F}$有本征方程 $\hat{F}\Psi=\lambda\Psi$，其中，λ 是算符$\hat{F}$的本征值，Ψ 是算符$\hat{F}$的本征函数。

根据已知条件，算符$\hat{F}$是厄米算符，厄米算符的定义式为

$$\int\varphi^*\hat{F}\Psi\mathrm{d}\tau=\int\Psi(\hat{F}\varphi)^*\mathrm{d}\tau$$

由于定义式中 φ 和 Ψ 是任意波函数，故取 $\varphi=\Psi$，上式仍然成立，即

$$\int\Psi^*\hat{F}\Psi\mathrm{d}\tau=\int\Psi(\hat{F}\Psi)^*\mathrm{d}\tau$$

将算符 $\hat{F}$ 的本征方程代入上式中，算符的本征值 λ 是常数，化简得

$$\int\Psi^*\hat{F}\Psi\mathrm{d}\tau=\int\Psi^*\lambda\Psi\mathrm{d}\tau=\lambda\int\Psi^*\Psi\mathrm{d}\tau=\lambda\int|\Psi|^2\mathrm{d}\tau$$

$$\int\Psi(\hat{F}\Psi)^*\mathrm{d}\tau=\int\Psi(\lambda\Psi)^*\mathrm{d}\tau=\int\Psi\lambda^*\Psi^*\mathrm{d}\tau=\lambda^*\int\Psi\Psi^*\mathrm{d}\tau=\lambda^*\int|\Psi|^2\mathrm{d}\tau$$

故

$$\lambda\int|\Psi|^2\mathrm{d}\tau=\lambda^*\int|\Psi|^2\mathrm{d}\tau$$

移项得

$$(\lambda-\lambda^*)\int|\Psi|^2\mathrm{d}\tau=0$$

由于 Ψ 是任意波函数，要保持上式成立，必须 $\lambda-\lambda^*=0$，即 $\lambda=\lambda^*$。

所以厄米算符的本征值是实数。证毕。

定理 2 厄米算符的属于不同本征值的本征函数，彼此正交。

厄米算符 $\hat{F}$ 有本征方程

$$\hat{F}\Psi_n=\lambda_n\Psi_n$$

$$\hat{F}\Psi_m=\lambda_m\Psi_m$$

其中：λ_n 和 λ_m 都是厄米算符$\hat{F}$的本征值，且 $\lambda_n\neq\lambda_m$。

Ψ_n 和 Ψ_m 是分别与 λ_n 和 λ_m 相对应的本征函数，则有

$$\int\Psi_n^*\Psi_m\mathrm{d}\tau=0$$

成立，此为厄米算符的正交性。具体证明过程详见 5.3.1 节。

5.2 动量算符和角动量算符

5-3 动量算符和角动量算符

5.2.1 动量算符的本征值和本征函数

本节重点介绍通过求解本征方程计算动量算符的本征值和本征函数的方法。

根据 4.3.1 节，动量算符$\hat{\vec{p}}$可以表示为

$$\hat{\vec{p}} = -\mathrm{i}\hbar\nabla$$

则其本征方程可以写成

$$-\mathrm{i}\hbar\nabla\Psi_{\vec{p}} = \vec{p}\Psi_{\vec{p}} \tag{5-29}$$

只要$\vec{p}$取实数，则式(5-29)在全空间均取有限值，即动量具有连续本征值，动量算符的本征函数是连续谱本征函数。

1. 连续谱本征函数及其归一性

为了计算方便，利用分离变量法定义本征函数：

$$\Psi_{\vec{p}} = \Psi_{px} \cdot \Psi_{py} \cdot \Psi_{pz} \tag{5-30}$$

将三维本征方程化为三个一维本征方程，即

$$\begin{cases} -\mathrm{i}\hbar\dfrac{\partial}{\partial x}\Psi_{px} = p_x\Psi_{px} \\ -\mathrm{i}\hbar\dfrac{\partial}{\partial y}\Psi_{py} = p_y\Psi_{py} \\ -\mathrm{i}\hbar\dfrac{\partial}{\partial z}\Psi_{pz} = p_z\Psi_{pz} \end{cases}$$

求解一维本征方程得

$$\begin{cases} \Psi_{px} = c_1\exp\left(\dfrac{\mathrm{i}}{\hbar}p_x x\right) \\ \Psi_{py} = c_2\exp\left(\dfrac{\mathrm{i}}{\hbar}p_y y\right) \\ \Psi_{pz} = c_3\exp\left(\dfrac{\mathrm{i}}{\hbar}p_z z\right) \end{cases} \tag{5-31}$$

则三维本征函数的通解是

$$\Psi_{\vec{p}} = \Psi_{px} \cdot \Psi_{py} \cdot \Psi_{pz} = c\exp\left(\frac{\mathrm{i}}{\hbar}\vec{p} \cdot \vec{r}\right) \tag{5-32}$$

式中，c 为归一化常数，$\vec{p}$可以取$(-\infty,+\infty)$中连续变化的一切实数值。

利用波函数的归一化条件

$$\int_{-\infty}^{+\infty}\Psi_{\vec{p}'}^{*}(\vec{r})\Psi_{\vec{p}}(\vec{r})\mathrm{d}\tau = |c|^2\int_{-\infty}^{+\infty}\int_{-\infty}^{+\infty}\int_{-\infty}^{+\infty}\left\{\exp\left[\frac{\mathrm{i}}{\hbar}(p_x - p_x')x\right] + \exp\left[\frac{\mathrm{i}}{\hbar}(p_y - p_y')y\right] + \exp\left[\frac{\mathrm{i}}{\hbar}(p_z - p_z')z\right]\right\}\mathrm{d}x\mathrm{d}y\mathrm{d}z \tag{5-33}$$

为处理连续谱本征函数的“归一化”，引用狄拉克的 δ 函数是十分方便的。δ 函数定义为

$$\delta(x-x_0)=\begin{cases}0, & x\neq x_0\\ \infty, & x=x_0\end{cases} \tag{5-34}$$

根据 δ 函数的表示式

$$\delta(k-k')=\frac{1}{2\pi}\int_{-\infty}^{\infty}e^{i(k'-k)x}dx$$

$$\delta(p-p')=\delta(\hbar k-\hbar k')=\frac{1}{\hbar}\delta(k-k')$$

$$\int_{-\infty}^{+\infty}\Psi_{\vec{p}'}^{*}(\vec{r})\Psi_{\vec{p}}(\vec{r})d\tau=|c|^2(2\pi\hbar)^3\delta(p_x-p'_x)\delta(p_y-p'_y)\delta(p_z-p'_z)$$

$$=|c|^2(2\pi\hbar)^3\delta(\vec{p}-\vec{p}')$$

当系数 $c=(2\pi\hbar)^{-3/2}$ 时，动量算符的本征函数为

$$\Psi_{\vec{p}}(\vec{r})=(2\pi\hbar)^{-3/2}\exp\left(\frac{i}{\hbar}\vec{p}\cdot\vec{r}\right) \tag{5-35}$$

则动量算符连续谱本征函数的正交归一性表示为

$$\int\Psi_{\vec{p}'}^{*}\Psi_{\vec{p}}d\vec{r}=\delta(\vec{p}-\vec{p}') \tag{5-36}$$

通过分析发现，由于 $\vec{p}$ 可以取 $(-\infty,+\infty)$ 中连续变化的一切实数值，其本征函数 $\Psi_{\vec{p}}$ 是不能归一化的，只能规格化为 δ 函数。

此外，坐标本征态也是不能归一化的，同样可以类似处理。利用 δ 函数的性质

$$(x-x_0)\delta(x-x_0)=0$$

即

$$x\delta(x-x_0)=x_0\delta(x-x_0) \tag{5-37}$$

可以看出 $\delta(x-x_0)$ 正是坐标的本征态，本征值为 x_0，记为

$$\Psi_x(x)=\delta(x-x_0)$$

利用 δ 函数性质，有

$$\int\Psi_{x'}^{*}(x)\Psi_x(x)dx=\int\delta(x-x_0)\delta(x'-x_0)dx=\delta(x-x') \tag{5-38}$$

同样也用 δ 函数来表述其“归一化”。

2. “箱归一化”

在一些具体问题中，遇到求解动量的本征值问题时，常常需要把动量的连续本征值谱变成分立本征值谱计算，最后由分立本征值谱回到连续本征值谱。这可通过“箱归一化”的方法来实现。

这里我们放弃无穷空间的积分，而将粒子局限在边长为 L 的有限空间内（最后才让 $L\to\infty$）。取其中心为坐标原点，要求波函数在两个对称箱壁的对应点上具有相同值，即一维条件下，有

$$\Psi_{px}(-L/2)=\Psi_{px}(L/2) \tag{5-39}$$

根据式(5-31)得

$$e^{-ip_xL/2\hbar}=e^{ip_xL/2\hbar}$$

即

$$e^{ip_x L/\hbar} = 1$$

所以

$$p_x L/\hbar = 2n_x\pi, \quad n_x = 0, \pm 1, \pm 2, \cdots$$

或

$$p_x = p_{xn} = \frac{2\pi\hbar n_x}{L}, \quad n_x = 0, \pm 1, \pm 2, \cdots \tag{5-40}$$

可以看出，只要 $L \neq \infty$，动量的可能取值 p_{xn} 就是不连续的，是分立的本征值谱。此时，与 p_{xn} 相应的动量本征函数为

$$\Psi_{px}(x) = \frac{1}{\sqrt{L}} e^{ip_{xn}x/\hbar} = \frac{1}{\sqrt{L}} e^{i\cdot 2\pi n_x x/L} \tag{5-41}$$

满足正交归一化条件

$$\int_{-L/2}^{L/2} \Psi_{p_x}^*(x)\Psi_{p_x}(x)\mathrm{d}x = 1 \tag{5-42}$$

同理可得

$$p_y = p_{yn} = \frac{2\pi\hbar n_y}{L}, \quad n_y = 0, \pm 1, \pm 2, \cdots$$

$$p_z = p_{zn} = \frac{2\pi\hbar n_z}{L}, \quad n_z = 0, \pm 1, \pm 2, \cdots$$

将其推广至三维条件下

$$\Psi_{\vec{p}}(\vec{r}) = L^{-3/2}\exp\left(\frac{i}{\hbar}\vec{p}\cdot\vec{r}\right) \tag{5-43}$$

当 $L \to \infty$ 时：

$$\Delta p_{xn} \to 0, \quad \Delta p_{yn} \to 0, \quad \Delta p_{zn} \to 0$$

本征值谱又从分立值谱变回连续值谱。

5.2.2 角动量算符的本征值和本征函数

1. 角动量算符

角动量算符定义为

$$\hat{\vec{L}} = \vec{r} \times \hat{\vec{p}}$$

其各分量在笛卡儿直角坐标系中可以表示为

$$\begin{cases} \hat{L}_x = y\hat{p}_z - z\hat{p}_y = -i\hbar\left(y\dfrac{\partial}{\partial z} - z\dfrac{\partial}{\partial y}\right) \\ \hat{L}_y = z\hat{p}_x - x\hat{p}_z = -i\hbar\left(z\dfrac{\partial}{\partial x} - x\dfrac{\partial}{\partial z}\right) \\ \hat{L}_z = x\hat{p}_y - y\hat{p}_x = -i\hbar\left(x\dfrac{\partial}{\partial y} - y\dfrac{\partial}{\partial x}\right) \end{cases}$$

分别代入其本征方程中，得

$$\begin{cases}\hat{L}_x\Psi_x = -i\hbar\left(y\dfrac{\partial}{\partial z} - z\dfrac{\partial}{\partial y}\right)\Psi_x = L_x\Psi_x \\ \hat{L}_y\Psi_y = -i\hbar\left(z\dfrac{\partial}{\partial x} - x\dfrac{\partial}{\partial z}\right)\Psi_y = L_y\Psi_y \\ \hat{L}_z\Psi_z = -i\hbar\left(x\dfrac{\partial}{\partial y} - y\dfrac{\partial}{\partial x}\right)\Psi_z = L_z\Psi_z\end{cases}$$

我们发现无法求解本征函数,故需要对其进行坐标变换。

在球坐标系中,利用坐标变换关系,即

$$\begin{cases}x = r\sin\theta\cos\phi \\ y = r\sin\theta\sin\phi \\ z = r\cos\theta\end{cases}$$

得

$$\begin{cases}r = \sqrt{x^2 + y^2 + z^2} \\ \theta = \arctan(\sqrt{x^2 + y^2}/z) \\ \phi = \arctan(y/x)\end{cases} \tag{5-44}$$

则可以把$\hat{\vec{L}}$的各分量表示成

$$\begin{cases}\hat{L}_x = i\hbar\left(\sin\phi\dfrac{\partial}{\partial\theta} + \cot\theta\cos\phi\dfrac{\partial}{\partial\theta}\right) \\ \hat{L}_y = i\hbar\left(-\cos\phi\dfrac{\partial}{\partial\theta} + \cot\theta\sin\phi\dfrac{\partial}{\partial\theta}\right) \\ \hat{L}_z = -i\hbar\dfrac{\partial}{\partial\theta}\end{cases} \tag{5-45}$$

$$\hat{L}^2 = -\hbar^2\left(\frac{1}{\sin\theta}\frac{\partial}{\partial\theta}\sin\theta\frac{\partial}{\partial\theta} + \frac{1}{\sin^2\theta}\frac{\partial^2}{\partial\phi^2}\right)$$

2. $\hat{L}_z$ 的本征值和本征函数

$\hat{L}_z$ 的本征方程为

$$\hat{L}_z\Psi(\phi) = -i\hbar\frac{\partial}{\partial\phi}\Psi(\phi) = L_z\Psi(\phi) \tag{5-46}$$

对上式积分,得

$$\Psi(\phi) = A\exp(iL_z\phi/\hbar) \tag{5-47}$$

按照波函数的标准条件,$\Psi(\phi)$应该是单值函数,因此其边界条件是

$$\Psi(\phi + 2\pi) = \Psi(\phi) \tag{5-48}$$

所以

$$A\exp[iL_z(\phi + 2\pi)/\hbar] = A\exp(iL_z\phi/\hbar)$$

$$L_z \cdot 2\pi/\hbar = 2\pi m,\quad m = 0, \pm 1, \pm 2, \cdots$$

$$L_z = m\hbar,\quad m = 0, \pm 1, \pm 2, \cdots \tag{5-49}$$

式中,m 为磁量子数,它决定了角动量在 z 轴方向的投影。

其本征函数通解为

$$\Psi_m(\phi) = A\mathrm{e}^{\mathrm{i}m\phi}$$

利用本征函数的归一性，得

$$\int_0^{2\pi} |\Psi_m(\phi)|^2 \mathrm{d}\phi = 2\pi |A|^2 = 1$$

所以，归一化常数 $A = \dfrac{1}{\sqrt{2\pi}}$。

综上，$\hat{L}_z$ 的本征函数为

$$\Psi_m(\phi) = \frac{1}{\sqrt{2\pi}}\mathrm{e}^{\mathrm{i}m\phi}, \quad m = 0, \pm 1, \pm 2, \cdots \tag{5-50}$$

对于属于不同本征值（即 $m \neq n$）的本征函数，满足：

$$\int_0^{2\pi} \Psi_m^*(\phi)\Psi_n(\phi)\mathrm{d}\phi = \left(\frac{1}{\sqrt{2\pi}}\right)^2 \int_0^{2\pi} \mathrm{e}^{-\mathrm{i}m\phi}\mathrm{e}^{\mathrm{i}n\phi}\mathrm{d}\phi = \frac{1}{2\pi}\int_0^{2\pi} \mathrm{e}^{\mathrm{i}(n-m)\phi}\mathrm{d}\phi = 0 \tag{5-51}$$

称其为本征函数的正交性。

因此，本征函数的正交归一性可归纳为

$$\int_0^{2\pi} \Psi_m^*(\phi)\Psi_n(\phi)\mathrm{d}\phi = \delta_{mn} = \begin{cases} 0, & m \neq n \quad (\text{正交性}) \\ 1, & m = n \quad (\text{归一性}) \end{cases} \tag{5-52}$$

5.3 厄米算符本征函数的性质

5-4 厄米算符本征函数的性质

5.1 节系统介绍了厄米算符的定义、性质和定理，方便学生理解和掌握厄米算符。厄米算符本征函数不仅具有波函数的所有性质，而且还具有归一性、正交性和完备性，其中归一性在 5.2 节中已经进行了完整论述。

归一性条件的数学表达式为

$$\int_\infty w(\vec{r},t)\mathrm{d}\tau = \int_\infty |\Psi(\vec{r},t)|^2 \mathrm{d}\tau = 1$$

满足此条件的波函数 $\Psi(\vec{r},t)$ 称为归一化波函数。

对于量子力学中最常见的几个力学量，如坐标、动量、角动量和能量，坐标和动量的取值（本征值）是连续变化的，连续本征值谱的本征函数是不能归一化的，只能规格化为 δ 函数。而角动量的本征值是离散的，离散本征值谱的本征函数可以归一化为 1。下面具体讨论厄米算符本征函数的正交性和完备性。

5.3.1 厄米算符本征函数的正交性及其含义

对于本征函数的正交性，在 5.2.2 节中我们讨论了算符 $\hat{L}_z$ 的正交性，现在进一步证明厄米算符本征函数的正交性。

1. 函数正交性的定义

若两个函数 Ψ_1、Ψ_2 满足关系：

$$\int_{\infty} \Psi_1^* \Psi_2 \mathrm{d}\tau = 0 \tag{5-53}$$

则称函数 Ψ_1、Ψ_2 相互正交。

2. 厄米算符本征函数的正交性

定理　厄米算符的属于不同本征值的两个本征函数相互正交。

设 $\phi_1, \phi_2, \cdots, \phi_n$ 是厄米算符$\hat{F}$ 的本征函数，它们所属的本征值分别为 $\lambda_1, \lambda_2, \cdots, \lambda_n$，且 $\lambda_1 \neq \lambda_2 \neq \cdots \neq \lambda_n$，需要证明当 $\lambda_k \neq \lambda_l$ 时，$\int_{\infty} \phi_k^* \phi_l \mathrm{d}\tau = 0$ 成立。

证明：厄米算符$\hat{F}$的本征方程为

$$\hat{F}\phi_k = \lambda_k \phi_k$$

$$\hat{F}\phi_l = \lambda_l \phi_l$$

利用厄米算符的定义，有

$$\int_{\infty} \phi_k^* \hat{F} \phi_l \mathrm{d}\tau = \int_{\infty} \phi_l (\hat{F}\phi_k)^* \mathrm{d}\tau$$

将 $\hat{F}$ 的本征方程代入上式得

$$\int_{\infty} \phi_k^* \lambda_l \phi_l \mathrm{d}\tau = \int_{\infty} \phi_l \lambda_k^* \phi_k^* \mathrm{d}\tau$$

根据 5.1.2 节的讨论，厄米算符的本征值是实数，即

$$\lambda_k^* = \lambda_k$$

则有

$$\lambda_l \int_{\infty} \phi_k^* \phi_l \mathrm{d}\tau = \lambda_k \int_{\infty} \phi_l \phi_k^* \mathrm{d}\tau$$

移项得

$$(\lambda_l - \lambda_k) \int_{\infty} \phi_k^* \phi_l \mathrm{d}\tau = 0$$

当 $\lambda_k \neq \lambda_l$，则

$$\int_{\infty} \phi_k^* \phi_l \mathrm{d}\tau = 0 \quad \text{（证毕）}$$

当 $k = l$ 时，由波函数归一化条件可知

$$\int_{\infty} \phi_k^* \phi_k \mathrm{d}\tau = 1$$

上述两式可以统一写成

$$\int_{\infty} \phi_k^* \phi_l \mathrm{d}\tau = \delta_{kl} = \begin{cases} 0, & k \neq l \quad \text{（正交性）} \\ 1, & k = l \quad \text{（归一性）} \end{cases}$$

对于连续本征值谱，其正交归一条件为

$$\int_{\infty} \phi_\lambda^* \phi_{\lambda'} \mathrm{d}\tau = \delta(\lambda - \lambda')$$

式中，ϕ_λ 和 $\phi_{\lambda'}$ 称为正交归一（函数）系。

5.3.2 厄米算符本征函数的完备性及其含义

1. 函数完备性的定义

有一组函数 $\phi_n(x)$ $(n=1,2,3,\cdots)$，如果任意函数 $\Psi(x)$ 可以按这组函数展开，即

$$\Psi(x) = \sum_n C_n \phi_n(x) \tag{5-54}$$

则称这组函数 $\phi_n(x)$ 是完备的，或者说 $\phi_n(x)$ 组成完备系，该性质称为函数的完备性。

2. 厄米算符本征函数的完备性

如果厄米算符 $\hat{F}$ 的正交归一本征函数是 $\phi_n(x)$，对应的本征值是 λ_n。根据 4.2.2 节态叠加原理，任意状态 $\Psi(x)$ 可以看作本征态 $\phi_n(x)$ 的线性叠加，即

$$\Psi(x) = \sum_n C_n \phi_n(x)$$

成立。式中，系数 C_n 与 x 无关。本征函数 $\phi_n(x)$ 的这种性质称为厄米算符 $\hat{F}$ 的完备性，或者说 $\phi_n(x)$ 组成完备系。

3. 展开式在量子力学中的物理意义

任意状态 $\Psi(x)$ 总可以用某力学量算符 $\hat{F}$ 的本征态 $\phi_n(x)$ 的线性叠加来表示。该展开式符合态叠加原理。

4. 展开系数 C_n 的计算及其物理意义

式(5-54)中的系数 C_n 可以用 $\Psi(x)$ 和 $\phi_n(x)$ 求解，具体过程如下：

利用本征函数 $\phi_n(x)$ 的正交归一性，用 $\phi_m^*(x)$ 左乘式(5-54)，并对 x 的整个区域积分，得

$$\begin{aligned}\int_\infty \phi_m^*(x)\Psi(x)\mathrm{d}x &= \int_\infty \phi_m^*(x)\sum_n C_n\phi_n(x)\mathrm{d}x \\ &= \sum_n C_n \int_\infty \phi_m^*(x)\phi_n(x)\mathrm{d}x \\ &= \sum_n C_n \delta_{mn} \\ &= C_m\end{aligned}$$

因此，系数

$$C_n = \int_\infty \phi_n^*(x)\Psi(x)\mathrm{d}x \tag{5-55}$$

设 $\Psi(x)$ 已归一化，利用 $\Psi(x)$ 的归一化条件和 $\phi_n(x)$ 的正交归一性可得

$$\begin{aligned}1 &= \int_\infty |\Psi(x)|^2 \mathrm{d}\tau = \int_\infty \Big[\sum_n C_m\phi_m(x)\Big]^* \Big[\sum_n C_n\phi_n(x)\Big]\mathrm{d}x \\ &= \sum_{mn} C_m^* C_n \int_\infty \phi_m^*(x)\phi_n(x)\mathrm{d}x \\ &= \sum_{mn} C_m^* C_n \delta_{mn} \\ &= \sum_n |C_n|^2\end{aligned}$$

即

$$\sum_n |C_n|^2 = 1 \tag{5-56}$$

我们可以看到$|C_n|^2$具有概率的含义，它表示在$\Psi(x)$态中本征态$\phi_n(x)$的概率，进一步表示测量力学量F得到$\hat{F}$本征值λ_n的概率，这就是波函数统计解释的一般表述，据此称C_n为概率振幅。

5.4 算符与力学量的关系

5-5 算符与力学量的关系

5.4.1 基本假设

量子力学非常巧妙地引入了算符的概念，在理论计算中，力学量(实验中可以观测的量)可以用一个算符来表示，这是经典物理中所没有的新概念。因此，微观粒子的状态用波函数来描述，力学量用算符来表示。

力学量和算符之间的关系满足如下基本假设：

量子力学中表示力学量F的算符$\hat{F}$都是线性厄米算符，它们的本征函数$\phi_n(x)$组成完备系。当体系处于本征函数$\phi_n(x)$表示的本征态时，测量力学量具有确定值，且该确定值就是本征态下的本征值λ_n；当体系处于波函数$\Psi(x)$表示的任意状态时，测量力学量具有一系列的可能值，且该可能值必定是本征值λ_n之一，其概率是任意波函数$\Psi(x)$按照本征函数$\phi_n(x)$展开的系数的模平方即$|C_n|^2$。

根据这个基本假设，力学量在任意状态$\Psi(x)$下没有确定值，而有一系列的可能值，这些可能值就是表示这个力学量算符的本征值，每个可能值都以一定的概率出现。

5.4.2 力学量的平均值

根据上述基本假定，当粒子处于波函数$\Psi(x)$所描述的状态下，力学量只能具有一系列的可能值，且都以一定的概率分布出现，利用统计平均的方法可求得力学量的平均值，即

$$\bar{F} = \sum_n \lambda_n |C_n|^2 \tag{5-57}$$

上式计算的前提是要确定算符的每个本征值λ_n及其概率$|C_n|^2$，具有较大的局限性，下面将推导更为普遍的平均值公式。

利用式(5-55)，取其复共轭得

$$C_n^* = \int_{\infty} \phi_n(x)\Psi^*(x)\mathrm{d}x$$

将上式代入式(5-57)得

$$\begin{aligned}\bar{F} &= \sum_n \lambda_n |C_n|^2 = \sum_n \lambda_n C_n C_n^* = \sum_n C_n \lambda_n \int_{\infty} \phi_n(x)\Psi^*(x)\mathrm{d}x \\ &= \int_{\infty} \Psi^*(x) \sum_n C_n \lambda_n \phi_n(x)\mathrm{d}x = \int_{\infty} \Psi^*(x) \sum_n C_n \hat{F}\phi_n(x)\mathrm{d}x\end{aligned}$$

$$= \int_{\infty} \Psi^*(x) \hat{F} \sum_n C_n \phi_n(x) \mathrm{d}x = \int_{\infty} \Psi^*(x) \hat{F} \Psi(x) \mathrm{d}x$$

利用该平均值公式，只要给定了任意归一化波函数 $\Psi(x)$ 以及力学算符 $\hat{F}$，就可以直接计算出平均值$\overline{F}$，将其扩展到三维条件依然成立，得到著名的平均值公式：

$$\overline{F} = \int_{\infty} \Psi^*(\vec{r}) \hat{F} \Psi(\vec{r}) \mathrm{d}\tau \tag{5-58}$$

若波函数 $\Psi(x)$ 未归一化，则需要对上面各式均进行归一化计算，平均值公式改写为

$$\overline{F} = \frac{\sum_n \lambda_n \mid C_n \mid^2}{\sum_n \mid C_n \mid^2} = \frac{\int_{\infty} \Psi^* \hat{F} \Psi \mathrm{d}\tau}{\int_{\infty} \Psi^* \Psi \mathrm{d}\tau} \tag{5-59}$$

5.5 共同本征态定理与不确定关系

根据 5.1.1 节的证明，算符的对易关系有两种，即对易和不对易。本节将具体介绍两算符相互对易的条件、共同本征态定理，以及不确定关系。

5-6 共同本征态定理与不确定关系

5.5.1 两算符相互对易条件与共同本征态定理

1. 两算符相互对易的条件

在考虑两算符相互对易的条件之前，我们不妨进行如下思考：

如果两个算符$\hat{F}$和$\hat{G}$有一组共同本征函数 ϕ_n，而且 ϕ_n 组成完备系，那么算符$\hat{F}$和$\hat{G}$具有怎样的关系呢？具体分析如下。

根据已知条件建立算符的本征方程：

$$\begin{cases} \hat{F}\phi_n = \lambda_n \phi_n \\ \hat{G}\phi_n = \mu_n \phi_n \end{cases}$$

因此

$$\begin{aligned} (\hat{F}\hat{G} - \hat{G}\hat{F})\phi_n &= \hat{F}\mu_n\phi_n - \hat{G}\lambda_n\phi_n \\ &= \mu_n\lambda_n\phi_n - \lambda_n\mu_n\phi_n \\ &= 0 \end{aligned}$$

由于 ϕ_n 是算符$\hat{F}$和$\hat{G}$的共同本征函数，并不具有普遍性，因此通过上式并不能得出算符$\hat{F}$和$\hat{G}$相互对易的结论。

利用本征函数 ϕ_n 的完备性，将任意波函数 Ψ 按照本征函数 ϕ_n 进行线性展开：

$$\Psi = \sum_n a_n \phi_n$$

$$(\hat{F}\hat{G} - \hat{G}\hat{F})\Psi = \sum_{\infty} a_n (\hat{F}\hat{G} - \hat{G}\hat{F})\phi_n = 0$$

由于 Ψ 是任意波函数，故

$$\hat{F}\hat{G}-\hat{G}\hat{F}=[\hat{F},\hat{G}]=0$$

综上，得到算符基本定理：如果两个算符$\hat{F}$和$\hat{G}$有一组共同本征函数 ϕ_n，而且 ϕ_n 组成完备系，则算符 $\hat{F}$ 和$\hat{G}$相互对易。

2. 共同本征态定理

定理　如果两个算符$\hat{F}$和$\hat{G}$相互对易，则这两个算符有一组共同本征函数 ϕ_n，而且 ϕ_n 组成完备系。

证明：设$\{\phi_n\}$是算符$\hat{F}$的本征函数完备系，则其本征方程为

$$\hat{F}\phi_n=\lambda_n\phi_n$$

若算符$\hat{F}$和$\hat{G}$相互对易，则

$$\hat{F}\hat{G}=\hat{G}\hat{F}$$

$$\hat{F}\hat{G}\phi_n=\hat{G}\hat{F}\phi_n=\hat{G}\lambda_n\phi_n=\lambda_n\hat{G}\phi_n$$

由上式可见，ϕ_n 和 $\hat{G}\phi_n$ 都是算符$\hat{F}$属于本征值 λ_n 的本征函数，表示相同的本征态。根据波函数的统计解释，ϕ_n 和 $\hat{G}\phi_n$ 之间可以相差一个相数因子 μ_n，即

$$\hat{G}\phi_n=\mu_n\phi_n$$

综上，ϕ_n 也是算符$\hat{G}$的本征函数，即$\{\phi_n\}$是算符$\hat{F}$和$\hat{G}$的共同本征函数完备系。证毕。

上面两个定理可以推广到两个以上算符的情况，即如果一组算符具有共同本征函数，且这些本征函数组成完备系，则这组算符两两相互对易。这个定理的逆定理也成立。

3. 两个力学量同时具有确定值的条件

根据 5.4.1 节的基本假设，当算符处于本征函数所表示的本征态下时，与算符对应的力学量具有确定值。如果两个算符$\hat{F}$和$\hat{G}$相互对易，则这两个算符有一组共同本征函数 ϕ_n，在该共同本征态下，两个力学量 F 和 G 同时具有确定值，分别为其本征值 λ_n 和 μ_n。

举例：

(1) 动量算符分量$\hat{p}_x$、$\hat{p}_y$、$\hat{p}_z$ 是相互对易的，所以在其共同本征函数 $\Psi_p(x)$表示的状态中，动量的各分量同时具有确定值 p_x、p_y、p_z。

(2) 角动量平方算符$\hat{L}^2$ 和角动量 z 轴方向分量算符$\hat{L}_z$ 相互对易，即$[\hat{L}^2,\hat{L}_z]=0$，因此在其共同本征函数完备系$\{Y_{lm}(\theta,\phi)\}$描述的状态中，L^2 和 L_z 同时具有确定值，且 $L^2=l(l+1)\hbar^2$，$L_z=m\hbar$。

(3) 氢原子中电子的哈密顿算符$\hat{H}$、角动量平方算符$\hat{L}^2$ 和角动量 z 轴方向分量算符$\hat{L}_z$ 相互对易，所以在其共同本征函数完备系$\{Y_{lm}(\theta,\phi)\}$描述的状态中，H、L^2 和 L_z 同时具有确定值，且 $H=E_n$，$L^2=l(l+1)\hbar^2$，$L_z=m\hbar$。

5.5.2　不确定关系

如果两个算符彼此不对易，则这两个算符表示的力学量不能同时具有确定值，或者说不能

同时确定，其不确定的程度用不确定关系来表示。

设算符$\hat{F}$和$\hat{G}$的对易关系为

$$[\hat{F},\hat{G}]=\hat{F}\hat{G}-\hat{G}\hat{F}=\mathrm{i}\hat{k} \tag{5-60}$$

式中，$\hat{k}$是算符或者普通常数。以$\bar{F}$、$\bar{G}$和$\bar{k}$分别表示Ψ态下力学量F、G和k的平均值。

令

$$\Delta\hat{F}=\hat{F}-\bar{F},\quad \Delta\hat{G}=\hat{G}-\bar{G} \tag{5-61}$$

若算符$\hat{F}$和$\hat{G}$不对易，则$\Delta\hat{F}\cdot\Delta\hat{G}\neq 0$，因此关于$\Delta\hat{F}$和$\Delta\hat{G}$的函数可以反映力学量不确定的程度。

构建波函数$(\xi\Delta\hat{F}-\mathrm{i}\Delta\hat{G})\Psi$，其中$\xi$是实参数，考虑积分

$$I(\xi)=\int_{\infty}|(\xi\Delta\hat{F}-\mathrm{i}\Delta\hat{G})\Psi|^2\mathrm{d}\tau\geqslant 0 \tag{5-62}$$

将积分展开，得到

$$\begin{aligned}I(\xi)&=\int_{\infty}|(\xi\Delta\hat{F}-\mathrm{i}\Delta\hat{G})\Psi|^2\mathrm{d}\tau\\&=\int_{\infty}[(\xi\Delta\hat{F}-\mathrm{i}\Delta\hat{G})\Psi]^*(\xi\Delta\hat{F}-\mathrm{i}\Delta\hat{G})\Psi\mathrm{d}\tau\\&=\int_{\infty}[\xi(\Delta\hat{F}\Psi)^*+\mathrm{i}(\Delta\hat{G}\Psi)^*](\xi\Delta\hat{F}\Psi-\mathrm{i}\Delta\hat{G}\Psi)\mathrm{d}\tau\\&=\xi^2\int_{\infty}(\Delta\hat{F}\Psi)^*(\Delta\hat{F}\Psi)\mathrm{d}\tau+\int_{\infty}(\Delta\hat{G}\Psi)^*(\Delta\hat{G}\Psi)\mathrm{d}\tau\\&\quad-\mathrm{i}\xi\int_{\infty}[(\Delta\hat{F}\Psi)^*(\Delta\hat{G}\Psi)-(\Delta\hat{G}\Psi)^*(\Delta\hat{F}\Psi)]\mathrm{d}\tau\end{aligned}$$

由于$\hat{F}$和$\hat{G}$都是厄米算符，因此$\Delta\hat{F}$和$\Delta\hat{G}$也是厄米算符，利用厄米算符的定义式化简得

$$\begin{aligned}I(\xi)&=\xi^2\int_{\infty}\Psi^*\Delta\hat{F}\Delta\hat{F}\Psi\mathrm{d}\tau+\int_{\infty}\Psi^*\Delta\hat{G}\Delta\hat{G}\Psi\mathrm{d}\tau\\&\quad-\mathrm{i}\xi\int_{\infty}\Psi^*(\Delta\hat{F}\Delta\hat{G}-\Delta\hat{G}\Delta\hat{F})\Psi\mathrm{d}\tau\\&=\overline{(\Delta\hat{F})^2}\xi^2-\mathrm{i}\xi\int_{\infty}\Psi^*(\mathrm{i}\hat{k})\Psi\mathrm{d}\tau+\overline{(\Delta\hat{G})^2}\\&=\overline{(\Delta\hat{F})^2}\xi^2+\bar{k}\xi+\overline{(\Delta\hat{G})^2}\geqslant 0\end{aligned}$$

由代数中二项式知识可知，这个不等式恒成立的条件是系数满足

$$\overline{(\Delta\hat{F})^2}\,\overline{(\Delta\hat{G})^2}\geqslant\frac{\bar{k}}{4} \tag{5-63}$$

上式说明：如果$\bar{k}$不为零，即两算符$\hat{F}$和$\hat{G}$不对易，则力学量F和G不能同时具有确定值，其均方偏差不会同时为零，它们的积要大于一正数。称式(5-63)为不确定关系，它是由海森堡首先提出来的。

举例：

(1) 应用于坐标和动量。

由于

$$[x,\hat{p}_x]=\mathrm{i}\hbar \tag{5-64}$$

则应用不确定关系得

$$\overline{\Delta x^2}\,\overline{\Delta p_x^2}\geqslant\frac{\hbar^2}{4} \tag{5-65}$$

$$\Delta x\Delta p\geqslant\frac{\hbar}{2} \tag{5-66}$$

这是严格的定量结果。海森堡分析了大量典型实验，得到微观粒子的位置和动量不能同时精确测定，而只能确定到

$$\Delta x\Delta p\geqslant\hbar$$

不确定关系集中反映了量子力学规律的特点，规定了经典力学轨道概念的适用限度。例如，经典力学认为质点有绝对静止状态，动量等于零时，位置也完全确定($\Delta x=0$)。而根据量子力学的不确定关系，这种经典静止状态是不可能的。实验也验证了这个结果，粒子的位置越精确(Δx)，动量的涨落 Δp 就越大。另外，经典力学认为粒子有运动轨道，在任何时刻粒子均有确定的位置和动量，即 $\Delta x=0$，$\Delta p=0$，而不确定关系否定了运动轨道的概念。但是人们可能会质疑，在接触量子力学之前，用经典力学讨论粒子的运动轨道并没有出现原则性的错误，这又是为什么呢？例如，电子在宏观尺度下运动，其 $\Delta x\sim10^{-4}$ cm，根据不确定关系，Δp 的下限是

$$\Delta p_x\sim\frac{\hbar}{\Delta x}\sim10^{-28}\ \mathrm{kg\cdot m\cdot s^{-1}}$$

若电子的动能等于 1 eV，则动量等于

$$p=\sqrt{2meE}\sim5.4\times10^{-25}\ \mathrm{kg\cdot m\cdot s^{-1}}$$

Δp_x 与 p 相比可忽略不计，因此轨道概念可近似成立，电子的宏观运动可以用经典力学来解释。

(2)应用于角动量分量之间。

由于

$$[\hat{L}_x,\hat{L}_y]=\mathrm{i}\hbar\hat{L}_z \tag{5-67}$$

则

$$(\Delta\bar{L}_x)^2(\Delta\bar{L}_y)^2\geqslant\frac{\hbar^2\bar{L}_z^2}{4} \tag{5-68}$$

因为

$$\bar{L}_z=\int_\infty\Psi^*\hat{L}_z\Psi\mathrm{d}\tau=m\hbar \tag{5-69}$$

将式(5-69)代入式(5-68)得

$$(\Delta\bar{L}_x)^2(\Delta\bar{L}_y)^2\geqslant\frac{m^2\hbar^4}{4} \tag{5-70}$$

式(5-70)是角动量分量之间的不确定关系。

知识拓展

量子计算与量子计算机

随着量子力学取得新进展,新的交叉学科——量子信息学应运而生。量子计算机是量子信息学的主要研究内容之一。量子信息学近10年来有了长足的发展,量子计算机、量子通信和量子密码技术等各个领域都获得了引人注目的研究成果。目前,人们普遍认为,量子计算机是最具发展前景的新型计算机。

1. 经典计算的原理性限制

基于经典物理理论的电子通信和电子计算机技术,现在并且在未来相当长时间内仍将是人们传输和处理信息的主要途径和工具。然而,这一局面正面临着以量子物理为理论基础的量子信息技术的越来越严峻的挑战。最早,理查德·费曼(R. P. Feynman)首先认识到,经典的电子计算机不可能有效地对量子系统的动力学行为进行模拟。的确,作为经典图灵机具体实现形式的电子计算机,其运算速度的进一步提高将受到如下三种原理上的限制。

(1) 不断提高计算速度,需要不断提高作为电子计算机硬件基础的微电子元器件的集成度。但是,电子元器件的小型化必然受到量子极限尺寸的限制。实际上,在纳米量级上量子效应将很显著,因而基于经典物理规律的微电子元器件的小型化努力几乎走到了尽头。

(2) 电子计算机的每一步操作都是不可逆的,而根据热力学原理,这样的过程是一定要消耗热量的,因而计算芯片的发热问题是电子计算机计算能力提高所无法逾越的障碍。

(3) 本质上讲,电子计算机的计算是串行的,并不具有内在的并行性。因此,通过连接更多的计算资源来解决大规模并行计算的复杂性极高而难以实现。比如,要模拟一个由40个自旋为1/2粒子组成的量子系统的演化过程,要求电子计算机至少有 2^{40} B$\approx 10^6$ MB的内存,并且可有效地计算一个 $2^{40}\times 2^{40}$ 维矩阵的指数。这对电子计算机来说,显然是不可能完成的任务。原则上,这一问题只能由未来的量子计算机来解决。

对于按量子力学基本原理所设计的计算机来说,以上制约电子计算机计算能力提高的原理限制都将不存在。这是因为,构成量子计算机"芯片"的核心元器件实际上就是一些量子器件;并且量子计算是由一系列可逆的幺正演化完成的,因而理论上说其在计算过程中并不消耗能量,所以不存在发热问题;更重要的是,量子计算是建立在量子态叠加原理基础上的,故而自动地具有并行性。

2. 量子计算机的工作原理及步骤

(1) 量子计算机的提出。

量子计算机(quantum computer)是一类遵循量子力学规律,进行高速数学和逻辑运算、存储及量子信息处理的物理装置。当某个装置处理和计算的是量子信息,运行的是量子算法时,它就是量子计算机。量子计算机的概念源于对可逆计算机的研究。研究可逆计算机的目的是解决计算机中的能耗问题。量子计算机对每一个叠加分量实现的变换相当于一种经典计算,所有这些经典计算同时完成，并按一定的概率振幅叠加起来，最终得出量子计算机的输出结果。这种计算称为量子并行计算，也是量子计算机最重要的特点。

1982 年，美国著名物理学家理查德·费曼首次在公开演讲中提出利用量子体系实现通用计算的新奇想法。可他发现当模拟量子现象时，因为庞大的希尔伯特(Hilbert)空间使资料量也变得庞大，一个完好的模拟所需的运算时间变得相当长，甚至是不切实际的天文数字。紧接其后，1985 年，英国物理学家大卫·杜斯(D. Deutsch)提出了量子图灵机模型，描述了量子计算机的结构，定义了量子网络的表述方法，并预言了量子计算机的高效性能。1994 年，彼得·肖尔(P. Shor)发现了一种量子算法(quantum algorithm)，称为 Shor 算法，这种算法可在所设想的量子计算上实现大数的素数分解，大大提高了大数分解的速度。Shor 算法的发现为量子计算和量子计算机的实际应用提供了有力的支撑，也使量子计算机成为研究的热点。1996 年，Grover 又发展了量子搜索算法(quantum search algorithm)。量子搜索算法利用迭代算法，在 N 个未加整理的数据库中，只经过 $\sqrt{N}$ 次的搜索便可以 1/2 的概率找到目标数据(经典计算机需要 $N/2$ 次搜索)。

(2) 量子计算机的结构。

量子计算机本质上是一个量子力学体系。量子计算(quantum computation)是量子力学体系的量子态随时间的演化过程。量子计算机由存储器、量子逻辑“线路”和测量设备构成。

存储器就是捕获到一起的一串粒子，每个粒子都是一个两态量子体系——量子比特(qubit，又称昆比特)，是二维希尔伯特空间中的任意矢量，因此，一个制备 N 个量子比特的存储器可构造 2^N 维希尔伯特空间中的一个矢量，信息就编码在这些量子态上。目前研究中的存储器主要有腔 QED、离子阱、量子点、核磁共振等方案。

逻辑“线路”由进行逻辑运算的逻辑器件构成，逻辑器件就是通用逻辑门(universal logic gate)。通用逻辑门有好几种方案，目前设想应用最多的就是前面所介绍的单比特逻辑门(如非门、相位门和 Hadamard 门)加上受控双比特逻辑门(CNOT 门)。这些逻辑门实际上都是对存储器上所制备的量子态实施幺正变换的控制设备。因此，在量子计算机中，数据的存储和数据的处理(逻辑的运算)是在同一个体系(存储器)上实现的。这是量子计算机与经典计算机的重要区别之一。

测量设备就是获取输出信息(计算结果)的设备。

(3) 量子计算机的工作原理。

在量子计算机中，基本信息单元叫作一个量子位或者昆比特，不同于传统计算机，这种计算机并不采用二进制位，而是按照性质 4 个一组组成一个单元。量子计算机是以量子态作为信息的载体，运算对象是昆比特序列。昆比特是两个正交量子态的任意叠加态，从而实现了信息的量子化。与现有计算机类似，量子计算机同样主要由存储元件和逻辑门构成，但是它们又同现有计算机上使用的这两类元件大不一样。现有计算机上，数据用二进制位存储，每位只能存储一个数据，非 0 即 1。而量子计算机采用量子位存储，由于量子叠加效应，一个量子位可以是 0 或 1，也可以既存储 0 又存储 1。也就是说，量子位存储的内容可以是 0 和 1 的叠加。由于一个二进制位只能存储一个数据，所以几个二进制位就只能存储几个数据。而一个量子位可以存储 2 个数据，所以 N 个量子位就可以存储 2^N 个数据，这便大大提高了存储能力。而对这些数据的计算，量子计算机可以同时进行，即量子计算机可以对每一个叠加分量进行变换，这些变换可以同时完成，并按一定的概率振幅叠加起来，给出结果。

传统计算机中基本的逻辑门是“与”门和“非”门，对于量子计算机来说，所有操作必须是可逆的，就是说由输出可以反推出输入。因此现有的逻辑门多不能用，需要使用能实现可逆操作的逻辑门，就是“控制非”门，又叫“量子异或”门。有了存储信息的量子位，又有了用于进行运算的量子逻辑门，便可以建造量子计算机。

(4) 量子计算步骤。

一般情况下，量子计算过程分为以下三步。

① 输入数据。输入数据是制备初始量子态的过程，数据要存储到存储器上，以备编码量子信息。

② 逻辑运算。逻辑运算过程是对所输入的量子态进行符合量子算法逻辑要求的幺正变换过程。幺正变换是可逆的，因此，逻辑运算过程不仅是热力学可逆过程，也是逻辑可逆过程。幺正变换靠逻辑门来完成。存储数据(量子态)的腔 QED、离子阱等系统就是逻辑门的物理实现部件，通过对量子部件的操作，实现对所存量子态的幺正变换，达到逻辑运算的目的。

③ 量子测量。通过量子测量读取计算结果，得到输出信息。要特别指出的是，大多数的量子计算末态仍然是计算基的某种量子叠加态，所以投影到某个计算基上的所输出的测量结果一般都是概率性的。所以，量子计算通常需要重复多次才能得出最后比较确定的结果。

(5) 量子计算的并行性。

第一个具有量子计算并行性的算法是 Deutsch-Jozsa 算法。假定布尔函数 $f(x)$的取值整体上只有两种可能：对所有的输入，输出恒等于“0”或“1”，即该函数是常数型的；对所有的输入，其输出一半等于“0”，另一半等于“1”，即此函数是平衡型的。

经典计算通常依次计算各种不同输入的输出值，然后将所有的输出结果综合起来确定该函数是属于这两种类型中的哪一种，所以，如果输入的自变量有 N 个，那么需要计算的次数就是 $O(N)$。但对量子计算机而言，只需要运行 Deutsch-Jozsa 算法一次便能确定输出。

以最简单的两比特系统为例，输入的数字信号只有四个，即 $x=00,01,10,11$。经典计算要给出 $f(x)$是常数型的还是平衡型的，需要对每个输入信号依次计算 $f(x)$，这样共需计算四次才能得出结论。而 Deutsch-Jozsa 算法可通过并行运算来完成，具体步骤如下。

① 将两比特存储器制备为各种可能输入数态的等概率叠加态，同时引入一个制备于叠加态的单比特辅助存储器。初始时刻两比特都自然地处于它们的量子基态 $|00\rangle=|X_0\rangle$。对每个比特施行 Hadamard 变换：

$$\hat{U}_H=\frac{1}{\sqrt{2}}\begin{pmatrix}1 & 1\\ 1 & -1\end{pmatrix} \tag{5-71}$$

可得

$$\begin{aligned}|X_1\rangle &= \prod_{j=1}^{2}\hat{U}_{j,H}\,|X_0\rangle=\frac{1}{2}(|00\rangle+|01\rangle+|10\rangle+|11\rangle)\\ &=\frac{1}{2}\sum_{x=00,01,10,11}|x\rangle\end{aligned} \tag{5-72}$$

同时，单比特辅助存储器被制备为如下的量子叠加态：

$$|Y\rangle=\hat{U}_{a,H}\,|1\rangle=\frac{1}{\sqrt{2}}\sum_{y=0,1}(-1)^y\,|y\rangle \tag{5-73}$$

② 对单个存储器实施一个联合量子操作，即受控 f_- 操作$\hat{U}_f$，得到

$$\begin{aligned}\hat{U}_f \mid X_1\rangle \mid Y\rangle &= \mid X_1\rangle \mid Y \oplus f(x)\rangle = (-1)^{f(x)} \mid X_1\rangle \mid Y\rangle = \mid X_1'\rangle \mid Y\rangle \\ &= \frac{1}{2}[(-1)^{f(00)} \mid 00\rangle + (-1)^{f(01)} \mid 01\rangle \\ &\quad + (-1)^{f(10)} \mid 10\rangle + (-1)^{f(11)} \mid 11\rangle] \otimes \mid Y\rangle\end{aligned} \tag{5-74}$$

③ 再次对存储器的每个比特实施一次 Hadamard 变换，即

$$\begin{aligned}\mid X_2\rangle &= \prod_{j=1}^{2} \hat{U}_{j,H} \mid X_1'\rangle \\ &= \frac{1}{2}(A \mid 00\rangle + B \mid 01\rangle + C \mid 10\rangle + D \mid 11\rangle)\end{aligned} \tag{5-75}$$

其中

$$A = (-1)^{f(00)} + (-1)^{f(01)} + (-1)^{f(10)} + (-1)^{f(11)}$$
$$B = (-1)^{f(00)} - (-1)^{f(01)} + (-1)^{f(10)} - (-1)^{f(11)}$$
$$C = (-1)^{f(00)} + (-1)^{f(01)} - (-1)^{f(10)} - (-1)^{f(11)}$$
$$D = (-1)^{f(00)} - (-1)^{f(01)} - (-1)^{f(10)} + (-1)^{f(11)}$$

④ 为了“读出”函数 $f(x)$的整体特性，我们对存储器进行投影测量 $P=|00\rangle\langle 00|$，得到结果：$P_{|00\rangle}=|A|^2/4$。显然，如果 $f(x)$是常数型的，则 $P_{|00\rangle}=1$；反之，如果 $f(x)$是平衡型的，则 $P_{|00\rangle}=0$。

通过这个例子我们看到，量子计算的效率比经典计算高的一个根本原因是，不同输入情况下函数 $f(x)$的取值被并行地计算了，其整体特性进而再通过量子干涉效应归结为计算末态中某个计算基的取值概率。以上所举的简单例子，充分展示了建立在量子力学态叠加原理基础上的量子计算所具有的自动并行性。这一特性是所有量子算法构造的基础。

综上，可得到量子计算机具有两个优点：① 能够实现量子并行计算，可加快解题速度；② 大大提高了存储能力，例如 N 个量子位可存储 2^N 个数据。当然，任何事物都具有两面性，其缺点有：① 受环境影响大；② 纠错不太容易。

3. 量子计算机的分类与发展

在实现量子计算商业化的过程中，有以下三种类型的计算机正处于发展阶段。

(1) 传统量子计算机。

IBM、谷歌、D-Wave 等公司研发的量子计算机属于该类型。2007 年，加拿大 D-Wave 公司展示了全球首台量子计算机“Orion(猎户座)”，它利用量子退火效应来实现量子计算。该公司此后在 2011 年推出具有 128 个量子位的 D-Wave One 型量子计算机，并在 2013 年宣称 NASA(美国航空航天局)与谷歌公司共同预定了一台具有 512 个量子位的 D-Wave Two 型量子计算机。2017 年 D-Wave 最新处理器可以处理 2000 量子比特，远超之前模型的能力。然而，传统量子计算机还存在很多问题。以 IBM 公司的量子计算机为例，由于量子态非常不稳定，并且对噪声(也称作干扰)很敏感，噪声导致的干涉效应会降低量子系统的相干性。为了保持相干性，抑制退相干，使量子比特能很好地工作，将影响它们的干涉效应降到最低以达到很好的容错性能，量子计算机需要在接近绝对零度的温度下运行。D-Wave 公司研发的量子计

算机也同样存在温度问题。但是,无论系统温度多低,量子计算机还是会因为较低的容错性能而导致退相干。

当提起传统量子计算机时,未来学家和科学家们经常会谈起关于量子比特的竞赛。1998年,一台有双量子比特计算能力的计算机出现了。到2018年8月,谷歌演示了72量子比特的计算机。初创公司 Rigetti Computing 宣布其将要制造128量子比特计算机的计划。通常,一台商用量子计算机可能需要有计算100万量子比特信息的能力。但是对于某些特定的量子计算任务,可能需要较少甚至少得多的量子比特就可以完成。不过,这也取决于量子比特的相干性和器件的性能。未来还有很长的路要走。

(2) 模拟量子计算机。

由于真正的量子计算机有诸多物理限制,因此物理学家们另辟蹊径,研制可以在室温条件下工作的量子计算机,即模拟量子计算机。科学家布莱恩·拉库尔和他的同事采用模拟的、基于信号的量子计算机仿真方法,研制模拟量子计算机,这种计算方法具有一定的概率属性,这种属性与在绝对零度环境下工作的传统量子计算机的量子比特的属性相仿。

模拟量子计算机的巨大优势是它可以在室温下运行。这一点非常重要,因为室温下运行的模拟量子计算机在作为经典图灵机的协同处理器或次级处理器方面有很大优势,可以应用于手机、便携式计算机和物联网中。

同真正的量子计算机一样,模拟量子计算机也没有达到商用的水平。模拟量子技术同样有一些限制,这使得它成为在传统量子计算机具有可扩展性之前的一种中间技术。

(3) 光量子计算机。

英国布里斯托大学量子光子学中心主任杰里米·奥布莱恩(Jeremy O'Brien)是该类型量子计算机研究的代表人物,也是初创公司 PsiQuantum 的 CEO(首席执行官)。光量子计算机侧重于使用大规模硅基光子集成电路,它不受噪声影响,也不需要必须置于接近绝对零度环境的特殊芯片。虽然光量子计算机面临一些涉及光子本质和电路复杂度方面的技术挑战和限制,但是与模拟量子计算机一样,它可以在室温下工作。它需要的芯片就像其他任何一种计算机需要的芯片一样。

这三种量子计算机正同时发展,在向实用化推进,意味着它们可以有不同的用途,也可能会在不同时期投入使用,为人类发展发挥重要作用。

4. 量子计算机的应用及研究意义

迄今为止,世界上还没有真正意义上的量子计算机。但是,世界各地的许多实验室正在以巨大的热情追寻着这个梦想。如何实现量子计算,方案并不少,问题是在实验中实现对微观量子态的操纵确实太困难了。已提出的方案主要利用原子和光腔相互作用、冷阱束缚离子、电子或核自旋共振、量子点操纵、超导量子干涉效应等原理。现在还很难说哪一种方案更有前景,只是量子点方案和超导约瑟夫森结方案更适合集成化和小型化。将来也许还会出现全新的设计,而这种新设计又是以某种新材料为基础,就像半导体材料之于电子计算机一样。研究量子计算机的目的不是取代现有的计算机。量子计算机使计算的概念焕然一新,这是量子计算机与其他计算机如光计算机和生物计算机等的不同之处。

(1) 安全的隐私保护。

基于量子不可克隆的原理，用户在网络上关于搜索、支付等的私密信息任何人都不会得到保存备份。换而言之，量子计算机如果真的在市场上普及了，就能为用户带来一个“阅后即焚、搜后即删、输后即消”的完美体验。

(2) 高效的计算能力。

首先，量子计算机的高效计算能力可以为现代科技发展带来强大动力。例如，量子计算机可以在传统计算机的基础上为人工智能的进化学习带来一个飞跃和提升，它可以在超能的基础上让机器学习变得更为超效。比如，它可以让像 Watson 一样的人工智能形态提前具备多项逻辑分析能力；再如，它可以通过自我纠错功能自主纠正程序中出现的乱码以及出现在机器人身上的恶意程序代码等。其次，量子计算机可以缩简空中和地面交通控制的工作量，以超快速、超高效的计算方式在微秒内迅速计算出最佳行驶路线。如果你计划公路旅行，其间要在10个不同的地方停留，普通计算机可能需要单独计算所有可能路线的长度，然后筛选出最佳路线；而因为量子计算机可以多线叠加，所以它可以同时计算所有路线的长度。最后，沿用了来自量子力学的实际应用理论，量子计算机可以在多个与之相关的领域发挥自己的核心优势，例如化学、物理、生物等学科，到时，新药品的发现以及新元素、新生物的研究在精确的高效分析下都会有一个质的提升。

(3) 单原子量子信息存储首次实现。

2013年5月，德国马克斯·普朗克量子光学研究所的科学家格哈德·瑞普领导的科研小组，首次成功地实现了用单原子存储量子信息——将单个光子的量子状态写入一个铷原子中，经过180 μs后将其读出。该最新突破有望助力科学家设计出功能强大的量子计算机，并让其远距离联网构建“量子网络”。

(4) 首次实现线性方程组量子算法。

2013年6月8日，由中国科学技术大学潘建伟教授领衔的量子光学和量子信息团队的陆朝阳、刘乃乐研究小组，在国际上首次成功实现了用量子计算机求解线性方程组的实验。该研究成果发表在2013年6月7日的《物理评论快报》上。

思政小课堂

中国量子计算从无到有的发展——锲而不舍的创新精神

基于大规模集成电路的发展，信息技术使人类进入信息化的新时代，或称为电脑时代。从中兴到华为，中国在芯片领域的巨大弊端完全暴露，让国人意识到发展国产芯片刻不容缓，应通过知识带动技术，并服务于国家、社会、行业的发展。

此外，随着21世纪技术的发展，量子化概念的引入，开创了以激光为典型代表的光电子技术领域；基于量子纠缠效应开辟了全新的量子通信领域，实现量子密码通信、量子远程传态等功能；基于量子相干性理论发展出彻底颠覆传统计算机概念的量子计算机，实现高速运算、存储及处理量子信息的功能。2023年5月10日，BEYOND Expo 2023在澳门正式开幕，在开幕式上，中国科学技术协会副主席、中国科学院院士潘建伟发表演讲。在谈到量子科学时，潘建伟表示，为确保该领域的健康发展，学术界制定了三个发展阶段的目标：第一阶段是要实现量子计算优越性。量子计算系统对某些特定问题的求解速度已经远远超过了经典超级计算机，以此展示量子计算的优越性。第二阶段是构建专用的量子模拟机，用来求解一些经典计算机难以完成的特定的复杂问题，比如高温超导机制等。第三阶段的目标是基于量子纠错，实现通用的、可编程的量子计算。中国科学界聚焦这三个目标，不断迈向新征程。

2020 年 12 月 4 日，在中国科学技术大学潘建伟研究团队的努力下，我国成功研制出量子计算原型机“九章”。该团队与中国科学院上海微系统与信息技术研究所、国家并行计算机工程技术研究中心合作，构建出 76 个光子 100 个模式的高斯玻色采样量子计算原型机“九章”，实现了高斯玻色采样任务的快速求解，而“九章”的命名源自中国古代最早的数学专著《九章算术》。高斯玻色采样是一种复杂的采样计算，其计算难度呈指数增长，很容易超出目前超级计算机的计算能力，是量子信息领域第一个在数学上被严格证明可以用来演示量子计算加速的算法。采用“九章”量子计算原型机求解高斯玻色采样问题时仅仅用了 200 s，即便是轰动一时的谷歌“悬铃木”量子计算原型机，在处理这个问题时也要比“九章”慢得多。与谷歌采用 −273 ℃左右的超导线圈产生量子比特不同，潘建伟团队的实验用光子实现量子的计算过程大部分是在常温下进行的，他们将一束定制的激光分成强度相等的 13 条路径，聚焦在 25 个晶体上产生 25 个特殊状态的量子光源，光源通过 2 m 自由空间和 20 m 光纤进入干涉仪和彼此“对话”，最后输出结果由 100 个超导纳米线单光子探测器探测，最终有 76 个探测器探测到了光子。这一成果意味着我国成功实现了量子计算机研究的第一个里程碑——量子计算优越性。

对于潘建伟团队来说，他们的实验并不是一蹴而就的，而是慢慢积累的结果。早在 2017 年，他的团队就构建了世界首台超越早期经典计算机的单光子量子计算机，2019 年则实现了输入 20 个光子、探测 14 个光子的量子计算，而当时国际上也只能做到 3～4 个光子，他们已经赶超其他国家了。

我国已成为世界上第三个具备量子计算机整机交付能力的国家，国内已经有多台量子计算机上市。作为超导量子计算机，“祖冲之”号服务于重大科技攻关项目。中国科学技术大学“祖冲之”号量子计算机研发团队在原“祖冲之”号 66 比特的芯片基础上做出改进，新增了 110 个耦合比特的控制接口，使得用户可操纵的量子比特数达到 176 比特，研发的“祖冲之”二号针对特定问题的计算能力远远超过经典超级计算机。

此外，在中国科学院量子信息与量子科技创新研究院指导下，科大国盾量子技术股份有限公司联合合作伙伴推出“祖冲之”号量子计算云平台。除了性能方面有提升外，云平台的推出，也是量子计算商业化推广的关键一步。推出的计算产品及服务包括超导量子计算子系统、整机解决方案以及云平台（云服务）三个部分，其中国盾量子计算云平台（即“祖冲之”号量子计算云平台）旨在连接用户和高性能量子计算机，共建专业、开放的量子计算生态。该项目由中国科学院量子信息与量子科技创新研究院提供“祖冲之”号同款量子计算芯片，科大国盾量子技术股份有限公司提供测控设备等硬件设施，并承担了整机和云平台系统的搭建及运维工作，与中国电子科技集团公司第十六研究所、北京中科弧光量子软件技术有限公司等合作研制开发了关键核心器件、国产量子程序编译语言和软件，共同建设了新的 176 比特超导量子计算机并上线云平台。

我国研发的“九章”号与“祖冲之”号量子计算机，体现了我国在量子计算领域走在世界前列，同步实现了光量子和超导量子的领先地位。至此，我国成为全球唯一一个成功掌握两种量子计算物理体系的国家，在上述研究领域一直保持着国际领先的水平，而我国下一步的目标就是实现量子计算机的实用化，为密码分析、人工智能、气象预报、资源勘探、药物设计等所涉及的大规模计算难题提供解决方案。

科技是第一生产力，“九章”号与“祖冲之”号量子计算机的问世不仅让世界看到了中国科技的力量，也让世界看到了中国智慧从古至今一直都在熊熊燃烧。中国计算机取得的成果具有跨时代意义，未来中国必将迎来科技大爆发时代。

人物介绍

1. 海森堡

海森堡(W. Heisenberg，1901 年 12 月 5 日—1976 年 2 月 1 日)，德国物理学家，1927 年到 1941 年，担任莱比锡大学理论物理学教授，1941 年任柏林大学物理学教授，1955 年任位于慕尼黑的马克斯·普朗克物理研究所所长。1925 年 7 月，在寻找原子现象的正确描述中，海森堡阐述了他的原理：只有在原则上是可观测的量才是须考虑的。这使早期玻尔-索末菲由直觉得来的量子论被拒绝。与此同时，海森堡在他的复矩阵的乘法法则中为新的哥廷根矩阵力学的建立创造了条件，并与玻恩和约尔当一起于 1925 年 9 月建立了矩阵力学。在与玻尔(N. Bohr)的紧密合作中，他彰显了新形式的更深的物理或哲学背景。1927 年提出的海森堡不确定原理成为量子理论的哥本哈根诠释的基础。1932 年查德威克(J. Chadwick)发现中子后，海森堡认识到这一新粒子与质子一起组成了原子核。在这一基础上，他发展了原子核结构理论，并特别引入了同位旋的概念。1933 年，海森堡获 1932 年度诺贝尔物理学奖。从 1953 年起，海森堡致力于物理的统一理论。这一理论的目的是用守恒律描述所有的粒子和它们的变化过程，该守恒律体现了自然法则的对称性，假设用非线性自旋量方程描述所有的基本粒子。

2. 潘建伟

潘建伟(1970 年 3 月—)，中国科学技术大学教授，中国科学院院士，发展中国家科学院院士，中国科学院量子信息与量子科技前沿卓越创新中心主任，教育部量子信息与量子科技前沿协同创新中心主任，中国科学技术协会副主席，中国青年科技工作者协会会长，中华全国青年联合会副主席。潘建伟 1992 年毕业于中国科学技术大学近代物理系，1995 年获该校理论物理硕士学位，1999 年获奥地利维也纳大学实验物理博士学位。

潘建伟主要从事量子通信、量子计算和量子力学基础问题检验等方面的研究。作为国际上量子信息和量子通信实验研究领域的先驱和开拓者之一，他是该领域有重要国际影响力的科学家。利用量子光学手段，他在量子调控领域取得了一系列有重要意义的研究成果，尤其是他关于量子通信和多光子纠缠操纵的系统性创新工作，使得量子信息实验研究成为近年来物理学发展最迅速的方向之一。

潘建伟及其同事有关实现量子隐形传态的研究成果于 1999 年同伦琴发现 X 射线、爱因斯坦建立相对论等影响世界的重大研究成果一起被《自然》期刊选为“百年物理学 21 篇经典论文”。其研究成果曾1次入选英国《自然》期刊评选的“年度十大科技亮点”、1次入选美国《科学》杂志评选的“年度十大科技进展”、6次入选英国物理学会评选的“年度物理学重大进展”、5次入选美国物理学会评选的“年度物理学重大事件”、9次入选两院院士评选的“中国年度十大科技进展新闻”。

习　题

5-1　厄米算符的本征值和本征函数有什么特点？

5-2　简述本征方程、本征值和本征波函数的定义。

5-3　简述厄米算符的定义和性质。

5-4　求动量算符 $\hat{\vec{p}}=-i\hbar\nabla$ 的本征函数。

5-5　简述测不准关系的主要内容，并写出坐标 y 和角动量 $\hat{\vec{L}}_x$ 的测不准关系。

5-6　简述两力学量同时有确定值的条件。

5-7　计算下列坐标算符与动量算符。

① $[x,\hat{p}_x]$；

② $[y,\hat{p}_y]$；

③ $[[\hat{L}_x,\hat{L}_y],\hat{L}_z]+[[\hat{L}_y,\hat{L}_z],\hat{L}_x]+[[\hat{L}_z,\hat{L}_x],\hat{L}_y]$。

5-8　下列函数中，哪些是算符 $\frac{d^2}{dx^2}$ 的本征函数，其本征值是什么？

① x^2；② e^x；③ $\sin x$；④ $3\cos x$；⑤ $\sin x+\cos x$。

5-9　求角动量 z 轴分量算符 $\hat{L}_z=-i\hbar\frac{d}{d\phi}$ 的本征值和本征函数。

5-10　一刚性转子转动惯量为 I，它的能量的经典表示式是 $H=\frac{L^2}{2I}$，L 为角动量。求与此对应的量子体系在下列情况下的定态能量及波函数：

① 转子绕一固定轴转动；

② 转子绕一固定点转动。

5-11　求在能量本征态 $\Psi_n(x)=\sqrt{\frac{2}{L}}\sin\left(\frac{n\pi x}{L}\right)(0\leqslant x\leqslant L)$ 下，动量的平均值。

5-12　一维谐振子处在 $\Psi(x)=\sqrt{\frac{\alpha}{\pi^{\frac{1}{2}}}}e^{-\frac{\alpha^2x^2}{2}-\frac{i}{2}\omega t}$ 的状态，求：

① 势能的平均值 $\overline{U}=\frac{1}{2}\mu\omega^2\,\overline{x}^2$；

② 动能的平均值 $\overline{T}=\frac{\overline{p^2}}{2\mu}$；

③ 动量的概率分布函数。

第6章 表象理论

根据量子力学的基本原理，量子力学的研究对象是微观粒子，其着眼点有两个：一个是状态，另一个是力学量。其中，状态用波函数来描述，波函数的模平方具有概率的物理意义，波函数描写的状态满足态叠加原理，这就是量子力学中波动力学讨论的主要内容；而矩阵力学则通过线性厄米算符来描述各个力学量，例如用动量算符描述动量，用哈密顿算符描述能量，等等。力学量的确定值、可能值可以通过算符满足的本征方程进行求解。这是我们在第4至5章中讨论的主要内容。

然而，在前面的讨论中，描述状态的波函数和表示力学量的算符都是用以坐标 $\vec{r}$ 为自变量的函数来表示的。那么，是否可以选择在其他力学量空间，以其他力学量为自变量的函数来表示呢？回答是肯定的。波函数和力学量的描述方式在量子力学中并不是唯一的，而且恰当地选择描述体系的自变量往往会给运算带来很多方便。这正如几何学中选用的坐标系不是唯一的道理一样，坐标系除了直角坐标系外，还可以根据实际问题选择球坐标系和柱坐标系。

量子力学中，状态和力学量的具体表示方式称为表象，在前面的讨论中采用的是以坐标 $\vec{r}$ 为自变量的表示方式，称为坐标表象。如果选择用任意力学量 q 为自变量，则统称为 Q 表象，例如动量表象、角动量表象等。但是，不管是哪种表象，其描述是完全等价的。

本章主要讨论任意力学量表象，以及状态波函数、算符等在任意力学量表象中的表示方法，最后建立不同力学量表象中的变换规则，我们把它们统称为“表象理论”。

【知识目标】

1. 理解表象和表象变换；
2. 掌握算符的矩阵表示和量子力学公式的矩阵表示；
3. 掌握幺正变换及其特点，熟悉量子力学的表象变换；
4. 了解狄拉克符号。

【能力目标】

结合量子纠缠原理，理解量子纠缠的内涵，并讨论基于量子纠缠的未来量子技术的发展。

【素质目标】

了解中国量子纠缠的发展，培养开拓创新的精神和报效国家、甘于奉献的社会责任感。

6.1 态和算符的表象

6-1 态的表象

6.1.1 表象的定义

在量子力学中，力学量用相应的线性厄米算符来表示，力学量的可能取值能够由该算符满足的本征方程求出来。体系的状态用波函数来描述，波函数满足态叠加原理。

一个量子态可以采用不同的表象来描述。作为对量子态进行运算的算符，当然随之也有不同表象的问题。下面用大家熟悉的解析几何中的坐标及坐标变换作为类比，引入量子力学中的表象及表象变换的概念。

一个平面直角坐标系 x_1Ox_2 中 x_1 方向的单位矢量为$\vec{e}_1$，x_2 方向的单位矢量为$\vec{e}_2$，则$\vec{e}_1$ 和 $\vec{e}_2$ 构成一组正交、归一、完备的基矢，即

$$(\vec{e}_i,\vec{e}_j)=\delta_{ij}\quad(i,j=1,2) \tag{6-1}$$

这里$(\vec{e}_i,\vec{e}_j)$表示基矢$\vec{e}_i$ 与$\vec{e}_j$ 的标积。平面中的任何一个矢量$\vec{A}$均可用基矢量来展开，即$\vec{A}$可以表示为

$$\vec{A}=A_1\vec{e}_1+A_2\vec{e}_2 \tag{6-2}$$

其中

$$A_1=(\vec{e}_1,\vec{A}),\quad A_2=(\vec{e}_2,\vec{A}) \tag{6-3}$$

式中，A_1、A_2 代表矢量$\vec{A}$与两个基矢量的标积，即矢量$\vec{A}$在两个坐标轴上的分量(投影)。当 A_1、A_2 确定之后，平面中的矢量$\vec{A}$就完全确定了。因此，可以认为$(A_1、A_2)$就是矢量$\vec{A}$在坐标系 x_1Ox_2 中的表示。

现在假设有另外一个直角坐标系 $x_1'Ox_2'$，这个坐标系是把原来的坐标系 x_1Ox_2 绕垂直于 x_1Ox_2 面的轴转动 θ 角而成的。设 x_1'方向的单位矢量为$\vec{e}\,'_1$，x_2'方向的单位矢量为$\vec{e}\,'_2$，则$\vec{e}\,'_1$与$\vec{e}\,'_2$同样构成一组正交、归一、完备的基矢，满足

$$(\vec{e}\,'_i,\vec{e}\,'_j)=\delta_{ij}\quad(i,j=1,2) \tag{6-4}$$

在坐标系 $x_1'Ox_2'$中矢量$\vec{A}$同样可以用基矢量$\vec{e}\,'_1$与$\vec{e}\,'_2$来展开：

$$\vec{A}=A_1'\vec{e}\,'_1+A_2'\vec{e}\,'_2 \tag{6-5}$$

其中

$$A_1'=(\vec{e}\,'_1,\vec{A}),\quad A_2'=(\vec{e}\,'_2,\vec{A}) \tag{6-6}$$

式中，(A_1',A_2')就是矢量$\vec{A}$在坐标系 $x_1'Ox_2'$中的表示。

试想一个问题，同一个矢量$\vec{A}$在两个不同的坐标系中的表示有什么关系？下面我们就来找出(A_1',A_2')和(A_1,A_2)之间的关系。

根据式(6-2)与式(6-5)，有

$$A_1\vec{e}_1 + A_2\vec{e}_2 = \vec{A} = A_1'\vec{e}_1' + A_2'\vec{e}_2' \tag{6-7}$$

取 $\vec{e}_1'$ 和式(6-7)做标积，得

$$A_1' = A_1(\vec{e}_1', \vec{e}_1) + A_2(\vec{e}_1', \vec{e}_2) \tag{6-8}$$

取 $\vec{e}_2'$ 和式(6-7)做标积，得

$$A_2' = A_1(\vec{e}_2', \vec{e}_1) + A_2(\vec{e}_2', \vec{e}_2) \tag{6-9}$$

式(6-8)和式(6-9)也可以写成矩阵的形式，即

$$\begin{pmatrix} A_1' \\ A_2' \end{pmatrix} = \begin{pmatrix} (\vec{e}_1', \vec{e}_1) & (\vec{e}_1', \vec{e}_2) \\ (\vec{e}_2', \vec{e}_1) & (\vec{e}_2', \vec{e}_2) \end{pmatrix} \begin{pmatrix} A_1 \\ A_2 \end{pmatrix} \tag{6-10}$$

如果用旋转角 θ 表示，则可以得到我们熟悉的变换式：

$$\begin{pmatrix} A_1' \\ A_2' \end{pmatrix} = \begin{pmatrix} \cos\theta & -\sin\theta \\ \sin\theta & \cos\theta \end{pmatrix} \begin{pmatrix} A_1 \\ A_2 \end{pmatrix} \tag{6-11}$$

设

$$\boldsymbol{R}(\theta) = \begin{pmatrix} \cos\theta & -\sin\theta \\ \sin\theta & \cos\theta \end{pmatrix} \tag{6-12}$$

则式(6-11)可以写成

$$\begin{pmatrix} A_1' \\ A_2' \end{pmatrix} = \boldsymbol{R}(\theta) \begin{pmatrix} A_1 \\ A_2 \end{pmatrix}$$

由此可见，$\boldsymbol{R}(\theta)$是把矢量$\vec{A}$在两个坐标系中的表示$\begin{pmatrix} A_1' \\ A_2' \end{pmatrix}$和$\begin{pmatrix} A_1 \\ A_2 \end{pmatrix}$联系起来的变换矩阵，它的矩阵元正是两个坐标系的基矢量之间的标积，描述了基矢量之间的关系。任何矢量均可以表示成各基矢量的叠加，因此，当 $\boldsymbol{R}(\theta)$矩阵给定后，任何矢量在两个坐标系中的表示间的关系也随之确定。

变换矩阵 $\boldsymbol{R}$ 具有下面的性质：

$$\boldsymbol{R}\boldsymbol{R}^{\mathrm{T}} = \boldsymbol{R}^{\mathrm{T}}\boldsymbol{R} = 1 \quad (\boldsymbol{R}^{\mathrm{T}} \text{ 是 } \boldsymbol{R} \text{ 的转置矩阵}) \tag{6-13}$$

$$\det(\boldsymbol{R}) = \begin{vmatrix} \cos\theta & -\sin\theta \\ \sin\theta & \cos\theta \end{vmatrix} = 1 \tag{6-14}$$

满足上面性质的矩阵称为正交矩阵。又因为 $\boldsymbol{R}^* = \boldsymbol{R}$，即 $\boldsymbol{R}$ 为实矩阵，所以 $\boldsymbol{R}^+ = \boldsymbol{R}^{\mathrm{T}*} = \boldsymbol{R}^{\mathrm{T}}$，因此式(6-13)又可以表示成

$$\boldsymbol{R}\boldsymbol{R}^+ = \boldsymbol{R}^+\boldsymbol{R} = 1 \tag{6-15}$$

满足这种特性的矩阵称为幺正矩阵。因此，一个矢量在两个坐标系中的表示通过一个幺正变换相联系。

在量子力学中，把状态和力学量算符的具体表示方式称为表象。

6.1.2　态的表象

在量子力学中，按照态叠加原理，任何一个量子态 Ψ(可归一化)，可以看成抽象的希尔伯

特(Hilbert)空间中的一个"矢量",形式上与坐标和坐标变换相似。体系的任何一组力学量完全集 F 的共同本征态 Ψ_k(k 代表一组完备的量子数,此处假定为分立谱),可以用来构成此态空间的一组正交、归一、完备的"基矢"(称为 F 表象),有

$$(\Psi_k, \Psi_j) = \delta_{kj} \tag{6-16}$$

体系的任何一个态 Ψ 可以用该"基矢"展开:

$$\Psi = \sum_k a_k \Psi_k \tag{6-17}$$

$$a_k = (\Psi_k, \Psi) \tag{6-18}$$

这一组数($a_1, a_2, \cdots$)就是态 Ψ 在 F 表象中的表示,它们分别是 Ψ 与各"基矢"的标积。

需要特别指出的是,这里的"矢量"(量子态)一般是复数;空间维数可以是无穷数,有时甚至是不可数的(连续谱情况)。

现在来考虑另一组力学量完全集 F',其共同本征态记为 Ψ'_α,也是正交、归一的,即

$$(\Psi'_\alpha, \Psi'_\beta) = \delta_{\alpha\beta} \tag{6-19}$$

任意量子态 Ψ 也可以用这一组基矢展开:

$$\Psi = \sum_\alpha a'_\alpha \Psi'_\alpha \tag{6-20}$$

式中,$a'_\alpha = (\Psi'_\alpha, \Psi)$,而($a'_1, a'_2, \cdots$)就是同一个量子态 Ψ 在 F' 表象中的表示。

6.1.3 算符的表象

由上一节的讨论可知,任何一个量子态可以用给定表象中的本征函数系 $\{\Psi_n\}$ 所张开的 Hilbert 空间中的一个列矢量来表示。Hilbert 空间中任何矢量的变换一般靠力学量算符对矢量的作用来完成。这种变换要满足态的表象变换的矩阵形式,因此力学量算符要用矩阵形式表示出来。本节我们讨论力学量算符的矩阵表示以及它们的表象变换。

仍以平面矢量作类比。平面上一个矢量 $\vec{A}$ 经逆时针转动 θ 角后,变成另一个矢量 $\vec{B}$。在 x_1Ox_2 坐标系中,矢量的表示分别为

$$\vec{A} = A_1 \vec{e}_1 + A_2 \vec{e}_2, \quad \vec{B} = B_1 \vec{e}_1 + B_2 \vec{e}_2 \tag{6-21}$$

假设

$$\vec{B} = \boldsymbol{R}(\theta)\vec{A} \tag{6-22}$$

其中,$\boldsymbol{R}(\theta)$ 表示沿逆时针方向把矢量旋转 θ 角的操作。上式写成分量的形式为

$$B_1 \vec{e}_1 + B_2 \vec{e}_2 = A_1 \boldsymbol{R} \vec{e}_1 + A_2 \boldsymbol{R} \vec{e}_2$$

分别用 $\vec{e}_1$ 和 $\vec{e}_2$ 左乘上式,得

$$B_1 = A_1(\vec{e}_1, \boldsymbol{R}\vec{e}_1) + A_2(\vec{e}_1, \boldsymbol{R}\vec{e}_2), \quad B_2 = A_1(\vec{e}_2, \boldsymbol{R}\vec{e}_1) + A_2(\vec{e}_2, \boldsymbol{R}\vec{e}_2)$$

也就是说

$$\begin{aligned}\begin{pmatrix} B_1 \\ B_2 \end{pmatrix} &= \begin{pmatrix} (\vec{e}_1, \boldsymbol{R}\vec{e}_1) & (\vec{e}_1, \boldsymbol{R}\vec{e}_2) \\ (\vec{e}_2, \boldsymbol{R}\vec{e}_1) & (\vec{e}_2, \boldsymbol{R}\vec{e}_2) \end{pmatrix} \begin{pmatrix} A_1 \\ A_2 \end{pmatrix} \\ &= \begin{pmatrix} \cos\theta & -\sin\theta \\ \sin\theta & \cos\theta \end{pmatrix} \begin{pmatrix} A_1 \\ A_2 \end{pmatrix}\end{aligned} \tag{6-23}$$

式(6-23)就是式(6-22)的矩阵表示，矢量按逆时针方向旋转 θ 角的操作可以用矩阵 $\boldsymbol{R}(\theta)$ 来刻画，且

$$\boldsymbol{R}(\theta)=\begin{pmatrix}\cos\theta & -\sin\theta\\ \sin\theta & \cos\theta\end{pmatrix}\begin{pmatrix}A_1\\ A_2\end{pmatrix} \tag{6-24}$$

矩阵元描述的是基矢在该旋转下是如何变化的。例如，第一列元素

$$\begin{pmatrix}R_{11}\\ R_{21}\end{pmatrix}=\begin{pmatrix}\cos\theta\\ \sin\theta\end{pmatrix}=\begin{pmatrix}(\vec{e}_1,\boldsymbol{R}\vec{e}_1)\\ (\vec{e}_2,\boldsymbol{R}\vec{e}_1)\end{pmatrix}$$

是基矢 $\vec{e}_1$ 经过旋转后（变成 $\boldsymbol{R}\vec{e}_1$）在坐标系各个基矢方向的投影。同样，第二列元素描述的是基矢 $\vec{e}_2$ 在旋转下的变化情况。所以，只要旋转矩阵 $\boldsymbol{R}$ 给定，那么所有基矢在旋转下的变化就完全确定了。因此，任何矢量（表示成各个基矢的线性叠加）在旋转下的变化可以完全确定。

与此类比，假设量子态 Ψ 经过算符 $\hat{L}$ 运算后变成另一个量子态 ϕ，即

$$\phi=\hat{L}\Psi \tag{6-25}$$

在以力学量完全集 F 的本征态 Ψ_k 为基矢的表象中，式(6-25)表示为

$$\sum_k b_k\Psi_k=\sum_k a_k\hat{L}\Psi_k$$

上式两边同时与 Ψ_j 做标积，得

$$b_j=\sum_k(\Psi_j,\hat{L}\Psi_k)a_k=\sum_k L_{jk}a_k \tag{6-26}$$

其中

$$L_{jk}=(\Psi_j,\hat{L}\Psi_k)$$

式(6-26)写成矩阵的形式为

$$\begin{pmatrix}b_1\\ b_2\\ \vdots\end{pmatrix}=\begin{pmatrix}L_{11} & L_{12} & \cdots\\ L_{21} & L_{22} & \cdots\\ \cdots & \cdots & \cdots\end{pmatrix}\begin{pmatrix}a_1\\ a_2\\ \vdots\end{pmatrix} \tag{6-27}$$

式(6-27)就是式(6-26)在 F 表象中的矩阵表示，而矩阵 $\boldsymbol{L}$ 就是算符 $\hat{L}$ 在 F 表象中的表示，它的第 n 列元素

$$\begin{pmatrix}L_{1n}\\ L_{2n}\\ \vdots\end{pmatrix}=\begin{pmatrix}(\Psi_1,\hat{L}\Psi_n)\\ (\Psi_2,\hat{L}\Psi_n)\\ \vdots\end{pmatrix}$$

描述的是基矢 Ψ_n 在 $\hat{L}$ 作用下的变化。所以，$\boldsymbol{L}$ 矩阵一旦给出，则所有基矢在算符 $\hat{L}$ 作用下的变化也就确定了，因此，任何矢量（表示成各个基矢的线性叠加）在算符 $\hat{L}$ 作用下的变化也就完全确定了。

6.2 矩阵力学的表示

6.2.1 波函数的矩阵表示

$$\boldsymbol{\Psi}=\begin{pmatrix}a_1(t)\\ \vdots\\ a_n(t)\\ \vdots\end{pmatrix},\quad \boldsymbol{\Psi}^{+}=(a_1^*(t)\quad a_2^*(t)\quad\cdots\quad a_n^*(t)\quad\cdots)$$

6.2.2 算符的矩阵表示

$$b_j=\sum_k L_{jk}a_k$$

$$L_{jk}=\int\boldsymbol{\Psi}_j^*(x)L\boldsymbol{\Psi}_k(x)\mathrm{d}x$$

6-2 算符的矩阵表示

以上分析表明，如果一个力学量的完全集确定，就可以张开以力学量完全集 F 的共同本征函数系(假设是分立的)$\{\Psi_k,k=1,2,3,\cdots\}$为基矢的 Hilbert 空间，任何一个量子态都可以用 Hilbert 空间中的一个列矢量来表示，即任何一个力学量算符$\hat{L}$可以表示成以(L_{kj})，$L_{kj}=(\Psi_k,\hat{L}\Psi_j)$为矩阵元的矩阵，而任何一个量子态 Ψ 则表示成

$$\begin{pmatrix}a_1\\ a_2\\ \vdots\end{pmatrix}$$

其中，$a_k=(\Psi_k,\Psi)$，$\Psi=\sum_k a_k\Psi_k$。这样，量子力学的理论表述均可以用矩阵形式表示出来，如平均值公式、本征方程、薛定谔方程等都可以用矩阵来表示。

6.2.3 量子力学公式的矩阵表示

1. 平均值公式的矩阵表示

6-3 量子力学公式的矩阵表示

如前所述，设$\{\Psi_k,k=1,2,3,\cdots\}$为某一给定表象 F 中的基矢，则任意量子态 Ψ 可以表示成$\Psi=\sum_k a_k\Psi_k$。在量子态 Ψ 下，力学量算符$\hat{L}$ 的平均值为

$$\bar{L}=(\Psi,\hat{L}\Psi)=\sum_{kj}a_k^*(\Psi_k,\hat{L}\Psi_j)a_j=\sum_{kj}a_k^*L_{kj}a_j$$

写成矩阵形式，为

$$\overline{L}=(a_1^* \quad a_2^* \quad \cdots)\begin{pmatrix}L_{11} & L_{12} & \cdots \\ L_{21} & L_{22} & \cdots \\ \cdots & \cdots & \cdots\end{pmatrix}\begin{pmatrix}a_1 \\ a_2 \\ \vdots\end{pmatrix}=\vec{a}^+\boldsymbol{L}\vec{a} \tag{6-28}$$

其中

$$\vec{a}=\begin{pmatrix}a_1 \\ a_2 \\ \vdots\end{pmatrix},\quad \boldsymbol{L}=\begin{pmatrix}L_{11} & L_{12} & \cdots \\ L_{21} & L_{22} & \cdots \\ \cdots & \cdots & \cdots\end{pmatrix}$$

式(6-28)即平均值的矩阵形式。

2. 本征方程的矩阵表示

力学量算符$\hat{L}$的本征方程为

$$\hat{L}\Psi=L'\Psi \tag{6-29}$$

将 $\Psi=\sum\limits_k a_k\Psi_k$ 代入方程(6-29),得

$$\sum_k a_k\hat{L}\Psi_k=L'\sum_k a_k\Psi_k$$

上式两边左乘 Ψ_j(取标积),得

$$\sum_k \boldsymbol{L}_{jk}a_k=\sum L'\delta_{jk}a_k$$

$$\sum_k(\boldsymbol{L}_{jk}-L'\delta_{jk})a_k=0 \tag{6-30}$$

式(6-30)就是力学量算符$\hat{L}$的本征方程在 F 表象中的矩阵形式,它是关于 $a_k(k=1,2,3,\cdots)$的线性齐次方程组。这个方程具有平凡解的必要条件是

$$\det|\boldsymbol{L}_{jk}-L'\delta_{jk}|=0 \tag{6-31}$$

将其展开,有

$$\begin{vmatrix}L_{11}-L' & L_{12} & L_{13} & \cdots \\ L_{21} & L_{22}-L' & L_{23} & \cdots \\ L_{21} & L_{32} & L_{33}-L' & \cdots \\ \cdots & \cdots & \cdots & \cdots\end{vmatrix}=0 \tag{6-32}$$

解方程(6-32)就可以求出本征值 L'。设表象空间(Hilbert 空间)是 N 维的,则式(6-32)是 L'的 N 次幂代数方程。又因为对于可观测量,力学量算符$\hat{L}$是厄米算符,$\boldsymbol{L}_{jk}$为厄米矩阵($\boldsymbol{L}_{jk}^*=\boldsymbol{L}_{kj}$),其本征值 L'必为实数,因此,方程必有 N 个实根,记为 $L'_j(j=1,2,3,\cdots,N)$。将所求得的 N 个本征值L'_j分别代入式(6-30),可以求出相应的 N 个解 $a_k^{(j)}(k=1,2,\cdots,N)$。写成列矢量的形式为

$$\begin{pmatrix}a_1^{(1)} \\ a_2^{(1)} \\ \vdots \\ a_N^{(1)}\end{pmatrix},\begin{pmatrix}a_1^{(2)} \\ a_2^{(2)} \\ \vdots \\ a_N^{(2)}\end{pmatrix},\cdots,\begin{pmatrix}a_1^{(N)} \\ a_2^{(N)} \\ \vdots \\ a_N^{(N)}\end{pmatrix} \tag{6-33}$$

式(6-33)就是与本征值 L'_j相应的本征态在 F 表象中的表示。

3. 薛定谔方程的矩阵表示

同样地，薛定谔方程也可以写成矩阵形式。在薛定谔方程

$$i\hbar\frac{\partial\Psi(\vec{r},t)}{\partial t}=\hat{H}\Psi(\vec{r},t) \tag{6-34}$$

中，$\Psi(\vec{r},t)$可以用某一表象(假设为 F 表象)中的基矢$\{\Psi_k(\vec{r}),k=1,2,\cdots\}$展开为

$$\Psi(\vec{r},t)=\sum_k a_k(t)\Psi_k(\vec{r}) \tag{6-35}$$

将其代入薛定谔方程(6-34)，可得

$$i\hbar\sum_k\frac{\mathrm{d}a_k(t)}{\mathrm{d}t}\Psi_k(\vec{r})=\sum_k a_k(t)\hat{H}\Psi_k(\vec{r}) \tag{6-36}$$

将式(6-36)左乘 Ψ_j(取标积)得

$$i\hbar\sum_k\frac{\mathrm{d}a_k(t)}{\mathrm{d}t}(\Psi_j,\Psi_k)=\sum_k a_k(t)(\Psi_j,\hat{H}\Psi_k)$$

即

$$i\hbar\frac{\mathrm{d}a_j(t)}{\mathrm{d}t}=\sum_k H_{jk}a_k(t) \tag{6-37}$$

其中，$H_{jk}=(\Psi_j,\hat{H}\Psi_k)$。

将式(6-37)表示成矩阵的形式：

$$i\hbar\frac{\mathrm{d}}{\mathrm{d}t}\begin{pmatrix}a_1(t)\\a_2(t)\\\vdots\end{pmatrix}=\begin{pmatrix}H_{11}&H_{12}&\cdots\\H_{21}&H_{22}&\cdots\\\cdots&\cdots&\cdots\end{pmatrix}\begin{pmatrix}a_1(t)\\a_2(t)\\\vdots\end{pmatrix} \tag{6-38}$$

也可以写成

$$i\hbar\frac{\mathrm{d}\vec{a}(t)}{\mathrm{d}t}=\boldsymbol{H}\vec{a}(t) \tag{6-39}$$

式中

$$\vec{a}=\begin{pmatrix}a_1\\a_2\\\vdots\end{pmatrix},\quad \boldsymbol{H}=\begin{pmatrix}H_{11}&H_{12}&\cdots\\H_{21}&H_{22}&\cdots\\\cdots&\cdots&\cdots\end{pmatrix}$$

方程(6-38)和式(6-39)就是薛定谔方程在 F 表象中的矩阵形式。

6.3 幺正变换

我们知道一个矢量可以在不同坐标系中表示，由高等数学知识可知，这些不同坐标系的表示可以通过坐标变换联系起来。类似地，在量子力学中，同一个量子态或者同一个算符也可以在不同的表象中表示，且这些态或算符的不同表示也可以用表象变换把它们联系起来。

6-4 幺正变换

假设算符$\hat{A}$的本征函数为 $\Psi_1(x),\Psi_2(x),\cdots$，算符$\hat{B}$的本征函数为 $\varphi_1(x),\varphi_2(x),\cdots$，算符$\hat{F}$在 A 表象中的矩阵元为

$$F_{mn} = \int \Psi_m^*(x)\hat{F}\Psi_n(x)\mathrm{d}x \quad (m,n = 1,2,\cdots) \tag{6-40}$$

算符$\hat{F}$在 B 表象中的矩阵元为

$$F'_{\alpha\beta} = \int \varphi_\alpha^*(x)\hat{F}\varphi_\beta(x)\mathrm{d}x \quad (\alpha,\beta = 1,2,\cdots) \tag{6-41}$$

要找出 A 表象和 B 表象之间的关系，我们将 B 表象中的本征函数 $\varphi_\alpha^*(x)$与 $\varphi_\beta(x)$按照 A 表象的本征函数系展开：

$$\varphi_\alpha^*(x) = \sum_m \Psi_m^*(x)S_{m\alpha}^* \quad (\alpha = 1,2,\cdots) \tag{6-42}$$

$$\varphi_\beta(x) = \sum_m S_{n\beta}\Psi_n(x) \quad (\beta = 1,2,\cdots) \tag{6-43}$$

其中，展开系数 $S_{m\alpha}^*$ 与 $S_{n\beta}$ 满足

$$S_{m\alpha}^* = \int \Psi_m(x)\varphi_\alpha^*(x)\mathrm{d}x \tag{6-44}$$

$$S_{n\beta} = \int \Psi_n^*(x)\varphi_\beta(x)\mathrm{d}x \tag{6-45}$$

式(6-42)和式(6-43)可以写成矩阵形式

$$\begin{aligned}&(\varphi_1^*(x)\quad \varphi_2^*(x)\quad \cdots\quad \varphi_n^*(x)\quad \cdots) = \\ &(\Psi_1^*(x)\quad \Psi_2^*(x)\quad \cdots\quad \Psi_n^*(x)\quad \cdots)\begin{pmatrix} S_{11}^* & S_{12}^* & \cdots & S_{1n}^* & \cdots \\ S_{21}^* & S_{22}^* & \cdots & S_{2n}^* & \cdots \\ \cdots & \cdots & \cdots & \cdots & \cdots \\ S_{n1}^* & S_{n2}^* & \cdots & S_{nn}^* & \cdots \\ \cdots & \cdots & \cdots & \cdots & \cdots \end{pmatrix}\end{aligned} \tag{6-46}$$

$$\begin{pmatrix} \varphi_1(x) \\ \varphi_2(x) \\ \vdots \\ \varphi_n(x) \\ \vdots \end{pmatrix} = \begin{pmatrix} S_{11} & S_{21} & \cdots & S_{n1} & \cdots \\ S_{12} & S_{22} & \cdots & S_{n2} & \cdots \\ \cdots & \cdots & \cdots & \cdots & \cdots \\ S_{1n} & S_{2n} & \cdots & S_{nn} & \cdots \\ \cdots & \cdots & \cdots & \cdots & \cdots \end{pmatrix} \begin{pmatrix} \Psi_1(x) \\ \Psi_2(x) \\ \vdots \\ \Psi_n(x) \\ \vdots \end{pmatrix} \tag{6-47}$$

简写为

$$\boldsymbol{\Phi}^+ = \boldsymbol{\Psi}^+ \tilde{\boldsymbol{S}}^+ \tag{6-48}$$

$$\boldsymbol{\Phi} = \tilde{\boldsymbol{S}}\boldsymbol{\Psi} \tag{6-49}$$

由式(6-46)和式(6-47)可知，$\boldsymbol{S}$ 矩阵是一个变换矩阵，通过 $\boldsymbol{S}$ 矩阵可以将A 表象中的基矢变换为 B 表象中的基矢。式(6-48)和式(6-49)中，$\tilde{\boldsymbol{S}}$ 是 $\boldsymbol{S}$ 矩阵的转置矩阵，$\boldsymbol{S}^+$ 是 $\boldsymbol{S}$ 矩阵的共轭矩阵。算符$\hat{S}$是联系两个不同表象 A 和 B 之间的变换。

接下来我们讨论变换$\hat{S}$所要满足的条件。由式(6-49)和本征函数系$\{\varphi_\alpha(x),\alpha=1,2,\cdots\}$的正交归一性可得

$$
\begin{aligned}
\delta_{\alpha\beta} &= \int \varphi_\alpha^*(x)\varphi_\beta(x)\mathrm{d}x \\
&= \sum_{nm}\int \Psi_m^*(x)S_{m\alpha}^*\Psi_n(x)S_{n\beta}\mathrm{d}x \\
&= \sum_{nm} S_{m\alpha}^* S_{n\beta}\delta_{mn} \\
&= \sum_m S_{\alpha m}^+ S_{m\beta} = (S^+ S)_{\alpha\beta}
\end{aligned}
\tag{6-50}
$$

上式也可以写成

$$\boldsymbol{S}^+ \boldsymbol{S} = \boldsymbol{I} \tag{6-51}$$

又

$$
\begin{aligned}
\sum_\alpha S_{n\alpha}S_{\alpha m}^+ &= \sum_\alpha S_{n\alpha}S_{m\alpha}^* \\
&= \sum_\alpha \int \Psi_n^*(x)\varphi_\alpha(x)\mathrm{d}x \int \Psi_m(x')\varphi_\alpha^*(x')\mathrm{d}x'
\end{aligned}
\tag{6-52}
$$

把 $\Psi_m(x')$按照$\{\varphi_\alpha(x')\}$展开为

$$\Psi_m(x') = \sum_{\alpha'} C_{\alpha' m}\varphi_{\alpha'}(x') \tag{6-53}$$

将展开式(6-53)代入式(6-52)可得

$$
\begin{aligned}
\sum_\alpha S_{n\alpha}S_{\alpha m}^+ &= \sum_\alpha \int \Psi_n^*(x)\varphi_\alpha(x)\mathrm{d}x \sum_{\alpha'} C_{\alpha' m}\int \varphi_{\alpha'}(x')\varphi_\alpha^*(x')\mathrm{d}x' \\
&= \sum_\alpha \int \Psi_n^*(x)\varphi_\alpha(x)\mathrm{d}x\, C_{\alpha m} \\
&= \int \Psi_n^*(x)\Psi_m(x)\mathrm{d}x = \delta_{mn}
\end{aligned}
\tag{6-54}
$$

上式也可以写为

$$\boldsymbol{S}\boldsymbol{S}^+ = \boldsymbol{I} \tag{6-55}$$

由式(6-51)和式(6-55)可以看出,两个表象之间的变换矩阵 $\boldsymbol{S}$ 满足

$$\boldsymbol{S}^+ = \boldsymbol{S}^{-1} \tag{6-56}$$

满足式(6-56)的矩阵称为幺正矩阵,即从一个表象到另一个表象的变换是幺正变换。

6.3.1 算符的变换

在 F 表象(基矢为 Ψ_k)中,力学量 L 表示成(L_{kj}),$L_{kj}=(\Psi_k,\hat{L}\Psi_j)$。假设有另一个表象 F'(基矢为 Ψ'_α),那么在 F'表象中力学量 L 表示成$(L'_{\alpha\beta})$,$L'_{\alpha\beta}=(\Psi'_\alpha,\hat{L}\Psi'_\beta)$。由于

$$
\begin{gathered}
\Psi'_\alpha = \sum_k \Psi_k(\Psi_k,\Psi'_\alpha) = \sum_k S_{\alpha k}^*\Psi_k \\
S_{\alpha k} = (\Psi'_\alpha,\Psi_k) \\
\Psi'_\beta = \sum_j \Psi_j(\Psi_j,\Psi'_\beta) = \sum_j S_{\beta j}^*\Psi_j
\end{gathered}
\tag{6-57}
$$

可以得到

$$L'_{\alpha\beta} = \sum_{kj} S_{\alpha k}(\Psi_k,\hat{L}\Psi_j)S_{\beta j}^* = \sum_{kj} S_{\alpha k}L_{kj}S_{j\beta}^+ = (\boldsymbol{S}\boldsymbol{L}\boldsymbol{S}^+)_{\alpha\beta}$$

也就是说

$$L' = SLS^{+} = SLS^{-1} \tag{6-58}$$

其中，$L=(L_{kj})$和$L'=(L'_{\alpha\beta})$分别是力学量$\hat{L}$在F表象和F'表象中的矩阵表示，而$S=(S_{\alpha k})$，$S_{\alpha k}=(\Psi'_\alpha,\Psi_k)$表示的是从$F$表象到$F'$表象的幺正变换矩阵。

6.3.2　波函数的变换

本节我们讨论6.1.2节中$(a'_1,a'_2,\cdots)$与$(a_1,a_2,\cdots)$之间有什么联系？

由于

$$\sum_k a_k\Psi_k = \Psi = \sum_\alpha a'_\alpha \Psi'_\alpha \tag{6-59}$$

用Ψ'_α左乘上式取标积可得

$$\sum_k (\Psi'_\alpha,\Psi_k)a_k = \sum_k S_{\alpha k}a_k = a'_\alpha \tag{6-60}$$

其中

$$S_{\alpha k} = (\Psi'_\alpha,\Psi_k) \tag{6-61}$$

是F'表象基矢与F表象基矢的标积，式(6-60)也可以表示成矩阵的形式：

$$\begin{pmatrix} a'_1 \\ a'_2 \\ \vdots \end{pmatrix} = \begin{pmatrix} S_{11} & S_{12} & \cdots \\ S_{21} & S_{22} & \cdots \\ \cdots & \cdots & \cdots \end{pmatrix}\begin{pmatrix} a_1 \\ a_2 \\ \vdots \end{pmatrix} \tag{6-62}$$

或者可以简写成

$$a' = Sa \tag{6-63}$$

由此可见，式(6-62)是同一个量子态在F'表象中的表示与它在F表象中的表示之间的关系，它们通过一个矩阵S相联系。S矩阵的矩阵元(式(6-61))是由两个表象的基矢之间的标积组成，刻画基矢之间的关系。任何一个量子态均可表示成基矢的某种叠加，当S矩阵给定后，任何一个量子态在两个表象中的表示之间的变换关系也随之确定。

由于

$$\begin{cases} S_{\alpha k} = (\Psi'_\alpha,\Psi_k) = \int \Psi'^*_\alpha \Psi_k \mathrm{d}^3\vec{r} \\ S^*_{\alpha k} = (\Psi'_\alpha,\Psi_k)^* = \int \Psi'_\alpha \Psi^*_k \mathrm{d}^3\vec{r} \end{cases} \tag{6-64}$$

所以在F表象中有

$$\begin{aligned} (S^{+}S)_{\alpha k} &= \sum_n S^{+}_{\alpha n}S_{nk} = \sum_n S^*_{n\alpha}S_{nk} = \sum_n (\Psi'_n,\Psi_\alpha)^*(\Psi'_n,\Psi_k) \\ &= \sum_n \int \Psi'_n(\vec{r})\Psi^*_\alpha(\vec{r})\mathrm{d}^3\vec{r}\int \Psi'^*_n(\vec{r}')\Psi_k(\vec{r}')\mathrm{d}^3\vec{r}' \\ &= \iint \sum_n \Psi'_n(\vec{r})\Psi'^*_n(\vec{r}')\Psi^*_\alpha(\vec{r})\Psi_k(\vec{r}')\mathrm{d}^3\vec{r}\,\mathrm{d}^3\vec{r}' \\ &= \iint \delta^3(\vec{r}-\vec{r}')\Psi^*_\alpha(\vec{r})\Psi_k(\vec{r}')\mathrm{d}^3\vec{r}\,\mathrm{d}^3\vec{r}' \\ &= \int \Psi^*_\alpha(\vec{r})\Psi_k(\vec{r})\mathrm{d}^3\vec{r} = (\Psi_\alpha,\Psi_k) = \delta_{\alpha k} \end{aligned} \tag{6-65}$$

由此可知，$\boldsymbol{S}^{+}\boldsymbol{S}$ 在 F 表象中为单位矩阵，而单位矩阵在任何表象中均为单位矩阵，即 $\boldsymbol{S}^{+}\boldsymbol{S}=\boldsymbol{I}$，同样可以证明 $\boldsymbol{S}\boldsymbol{S}^{+}=\boldsymbol{I}$，所以变换矩阵 $\boldsymbol{S}$ 是一个幺正矩阵，故这种变换也称为幺正变换。

6.3.3 幺正变换的性质

幺正变换具有下述两个性质：

(1) 幺正变换不改变算符的本征值；

(2) 幺正变换不改变矩阵的迹。

下面我们对此稍作介绍。先看第一条性质。假设算符 $\hat{F}$ 在 A 表象中的本征方程是

$$\hat{F}a=\lambda a \tag{6-66}$$

其中，λ 为相应的本征值。A 表象经过一个变换矩阵 $\boldsymbol{S}$ 变换到 B 表象，在 B 表象中算符 $\hat{F}$ 的矩阵 $\boldsymbol{F}'$ 与算符 $\hat{F}$ 在 A 表象中的矩阵 $\boldsymbol{F}$ 之间的关系为

$$\boldsymbol{F}'=\boldsymbol{S}^{-1}\boldsymbol{F}\boldsymbol{S} \tag{6-67}$$

态矢量在 B 表象中的矩阵表示 $\boldsymbol{b}$ 与其在 A 表象的矩阵表示 $\boldsymbol{a}$ 之间的关系为

$$\boldsymbol{b}=\boldsymbol{S}^{-1}\boldsymbol{a} \tag{6-68}$$

因此，在 B 表象中算符 $\hat{F}$ 相应的矩阵 $\boldsymbol{F}'$ 满足

$$\boldsymbol{F}'\boldsymbol{b}=\boldsymbol{S}^{-1}\boldsymbol{F}\boldsymbol{S}\boldsymbol{S}^{-1}\boldsymbol{a}=\boldsymbol{S}^{-1}\boldsymbol{F}\boldsymbol{a}=\lambda\boldsymbol{S}^{-1}\boldsymbol{a}=\lambda\boldsymbol{b} \tag{6-69}$$

而式(6-69)正是算符 $\hat{F}$ 在 B 表象中的本征方程，且其相应的本征值仍为 λ，所以，表象变换不改变算符的本征值。

这个性质给我们提供了一个求解算符本征值的方法。因为，算符在自身表象中对应对角矩阵，而且对角线上的元素就是它的本征值，表象变换不改变算符的本征值，那么，如果通过表象变换使得算符变回到自身的表象，或者说通过一个幺正变换使得并不对角化的 $\boldsymbol{F}$ 矩阵变成对角化的 $\boldsymbol{F}'$（$\boldsymbol{F}'=\boldsymbol{S}^{-1}\boldsymbol{F}\boldsymbol{S}$）矩阵，则 $\boldsymbol{F}'$ 矩阵对角线上的元素就是算符的本征值，因此，求解本征值的问题就归结为矩阵对角化问题。特别是，如果想求解定态薛定谔方程的能谱，除了通过波动力学方案求解特定边界条件下的偏微分方程，或者通过矩阵力学方案求解线性齐次微分方程组及其相应久期方程之外，还可以通过幺正变换方案将哈密顿算符的矩阵经过幺正变换对角化而求得。

我们再来看第二条性质。假设经过幺正变换后，矩阵 $\boldsymbol{F}$ 变成矩阵 $\boldsymbol{F}'$，$\boldsymbol{F}'=\boldsymbol{S}^{-1}\boldsymbol{F}\boldsymbol{S}$，应用矩阵性质——几个矩阵乘积的迹满足如下轮换关系：

$$\mathrm{tr}(\boldsymbol{AB}\cdots\boldsymbol{CDE})=\mathrm{tr}(\boldsymbol{EAB}\cdots\boldsymbol{CD})=\mathrm{tr}(\boldsymbol{DEAB}\cdots\boldsymbol{C})=\cdots \tag{6-70}$$

式中，$\mathrm{tr}\boldsymbol{A}$ 表示矩阵 $\boldsymbol{A}$ 的对角元素之和，称为矩阵 $\boldsymbol{A}$ 的迹。

$$\mathrm{tr}\boldsymbol{F}'=\mathrm{tr}(\boldsymbol{S}^{-1}\boldsymbol{F}\boldsymbol{S})=\mathrm{tr}(\boldsymbol{S}\boldsymbol{S}^{-1}\boldsymbol{F})=\mathrm{tr}\boldsymbol{F} \tag{6-71}$$

即 $\boldsymbol{F}'$ 的迹 $\mathrm{tr}\boldsymbol{F}'$ 等于 $\boldsymbol{F}$ 的迹 $\mathrm{tr}\boldsymbol{F}$，也就是说幺正变换不改变矩阵的迹。

6.4 狄拉克符号

前面我们介绍了量子力学的两种描述方法：一种是薛定谔的波动力学，它用薛定谔方程描

述波函数随时间的变化规律；另一种是海森堡的矩阵力学。在矩阵力学中，量子态用 Hilbert 空间中的列矢量表示，力学量的算符用矩阵表示，并用幺正变换来描述体系量子态随时间的变化。

1928 年，英国理论物理学家狄拉克引入了一种描述量子力学的新方法，该方法具有两个优点：① 无须采用具体表象(即可以脱离某一具体的表象)来讨论问题；② 运算简捷，即可以用简捷、精巧的方式表述量子力学，特别是表象变换。下面介绍狄拉克符号和量子力学的狄拉克描述方法。

1. 左矢“bra”与右矢“ket”

量子体系的一切可能状态构成一个 Hilbert 空间，空间中的一个矢量(方向)一般为复量。现在引入符号“$|\rangle$”，叫作“ket”(右矢或刃矢)，它是不涉及具体表象的抽象 Hilbert 空间中的一个矢量，用以标记一个量子态。如果要表示某个特殊的态，那么右矢内标上某种记号。例如：$|\Psi\rangle$表示用波函数 Ψ 描述的态矢量。对于本征态，常用本征值(或相应的量子数)标在右矢内。例如：

① $|x'\rangle$表示本征值为 x'的坐标本征态；

② $|p'\rangle$表示本征值为 p'的动量本征态；

③ $|E_n\rangle$或$|n\rangle$表示能量本征值为 E_n 的能量本征态；

④ $|lm\rangle$表示角动量$(\vec{l}^2, l_z)$的本征值分别为 $l(l+1)\hbar^2$ 和 $m\hbar$ 的共同本征态。

与“$|\rangle$”相应，引入符号“$\langle|$”，叫作“bra”，也是 Hilbert 空间中的一个抽象态矢，它是右矢“ket”的复共轭态，因此，$\langle\Psi|$表示的是$|\Psi\rangle$的复共轭态，$\langle x'|$表示的是$|x'\rangle$的复共轭态。

2. 基本运算规则

(1) 标积。

态矢$|\Psi\rangle$和$|\varphi\rangle$的标积记作$\langle\varphi|\Psi\rangle$，它代表一个数。也就是说，完整的括号$\langle$bracket$\rangle$代表一个数，不完整的括号$|ket\rangle$和$\langle$bra$|$代表态矢量。标积$\langle\varphi|\Psi\rangle$的复共轭为

$$\langle\varphi \mid \Psi\rangle^* = \langle\Psi \mid \varphi\rangle \tag{6-72}$$

如果$\langle\varphi|\Psi\rangle=0$，那么称态矢$|\Psi\rangle$与$|\varphi\rangle$正交；如果$\langle\Psi|\Psi\rangle=1$，那么称态矢$|\Psi\rangle$为归一化态矢量。

假设力学量完全集 F 的本征态(对分离谱)记为$|k\rangle$，则两个态矢量$|k\rangle$、$|j\rangle$的正交归一性用 Kronecker δ 函数表示成

$$\langle k \mid j\rangle = \delta_{kj} \tag{6-73}$$

如果是连续谱，则两个态矢的正交归一性可以用狄拉克 δ 函数表示。例如：对于坐标本征态，$\langle x'|x''\rangle=\delta(x'-x'')$；对于动量本征态，$\langle p'|p''\rangle=\delta(p'-p'')$。

(2) 线性算符。

假设一个态矢$|\varphi\rangle$是通过一个算符$\hat{L}$作用到另一个态矢$|\Psi\rangle$得到的，即

$$|\varphi\rangle = \hat{L} \mid \Psi\rangle \tag{6-74}$$

此时，如果算符$\hat{L}$具有如下性质：

$$\hat{L}\{c_1 \mid \Psi_1\rangle + c_2 \mid \Psi_2\rangle\} = c_1\hat{L} \mid \Psi_1\rangle + c_2\hat{L} \mid \Psi_2\rangle \tag{6-75}$$

那么$\hat{L}$是一个线性算符。

6.4.1 态矢量的狄拉克表示方法

在某一具体表象(假设是 F 表象)中,基矢为$\{\Psi_k, k=1,2,\cdots\}$,如果用狄拉克符号$\{|k\rangle, k=1,2,\cdots\}$表示这个基矢,那么任意态矢量$|\Psi\rangle$可以展开为

$$|\Psi\rangle = \sum_k a_k |k\rangle \tag{6-76}$$

展开系数 a_k 可由下式求得:

$$a_k = \langle k | \Psi\rangle \quad (k = 1,2,\cdots) \tag{6-77}$$

可见展开系数是态矢量$|\Psi\rangle$在基矢$|k\rangle$上的投影。当所有 a_k 都给定时就确定了一个态矢量$|\Psi\rangle$,所以,这一组数$\{a_k\}=\{\langle k|\Psi\rangle\}$就是态矢量$|\Psi\rangle$在 F 表象中的表示,常用列矢形式表示成

$$\vec{a} = \begin{pmatrix} a_1 \\ a_2 \\ \vdots \end{pmatrix} = \begin{pmatrix} \langle 1 | \Psi\rangle \\ \langle 2 | \Psi\rangle \\ \vdots \end{pmatrix} \tag{6-78}$$

将式(6-77)代入式(6-76),则任意一个态矢量可以表示成

$$|\Psi\rangle = \sum_k |k\rangle\langle k | \Psi\rangle \tag{6-79}$$

由此可见,$\sum_k |k\rangle\langle k| = I$,也就是说$\sum_k |k\rangle\langle k|$是一个单位算符。式(6-79)中$|k\rangle\langle k|$可以看成一个投影算符:

$$P_k = |k\rangle\langle k| \tag{6-80}$$

于是有

$$P_k |\Psi\rangle = |k\rangle\langle k | \Psi\rangle = a_k |k\rangle$$

即算符 P_k 对任意一个态矢量$|\Psi\rangle$运算后,就得到态矢量$|\Psi\rangle$在基矢$|k\rangle$方向上的分量矢量。或者说 P_k 的作用是把任意态矢量在$|k\rangle$方向的分量挑选出来。

如果基矢是连续谱,那么求和应换为积分。例如:对于连续谱$|x'\rangle$或$|p'\rangle$,单位算符分别为

$$\int |x'\rangle\langle x'| \mathrm{d}x' = I, \quad \int |p'\rangle\langle p'| \mathrm{d}p' = I$$

投影算符分别为

$$P(x') = |x'\rangle\langle x'|, \quad P(p') = |p'\rangle\langle p'|$$

在某一表象(假设为 F 表象)中,基矢为$\{|k\rangle, k=1,2,\cdots\}$,则两个态矢量$|\varphi\rangle$和$|\Psi\rangle$可以展开为

$$|\varphi\rangle = \sum_k b_k |k\rangle, \quad |\Psi\rangle = \sum_k a_k |k\rangle$$

因为

$$b_k = \langle k | \varphi\rangle, \quad a_k = \langle k | \Psi\rangle$$

所以两个态矢量$|\varphi\rangle$和$|\Psi\rangle$的标积为

$$\langle \varphi \mid \Psi \rangle = \sum_k \langle \varphi \mid k \rangle \langle k \mid \Psi \rangle$$

$$= \sum_k b_k^* a_k$$

$$= (b_1^* \quad b_2^* \quad \cdots) \begin{pmatrix} a_1 \\ a_2 \\ \vdots \end{pmatrix}$$

或者

$$\langle \varphi \mid \Psi \rangle = \vec{b}^+ \vec{a}$$

6.4.2　算符的狄拉克表示方法

假设某一力学量算符$\hat{L}$作用在态矢量$|\Psi\rangle$后得到另一个态矢量$|\varphi\rangle$，即

$$|\varphi\rangle = \hat{L} \mid \Psi\rangle \tag{6-81}$$

此时还没有涉及具体表象。在以$\{|k\rangle, k=1,2,\cdots\}$为基矢的某一具体表象（假设是 F 表象）中$\hat{L}$的矩阵元可以表示成

$$(L_{kj}) = \langle k \mid \hat{L} \mid j \rangle$$

在 F 这一具体表象中，有

$$|\varphi\rangle = \sum_k b_k \mid k\rangle, \quad b_k = \langle k \mid \varphi \rangle$$

$$|\Psi\rangle = \sum_k a_k \mid k\rangle, \quad a_k = \langle k \mid \Psi \rangle$$

因此，式(6-81)可以表示为

$$\langle k \mid \varphi \rangle = \langle k \mid \hat{L} \mid \Psi \rangle = \sum_j \langle k \mid \hat{L} \mid j \rangle \langle j \mid \Psi \rangle \tag{6-82}$$

$$b_k = \sum_j L_{kj} a_j \tag{6-83}$$

其中，$b_k = \langle k|\varphi\rangle$，$a_j = \langle j|\Psi\rangle$，分别是态矢量$|\varphi\rangle$和$|\Psi\rangle$在 F 表象中的表示。

6.4.3　薛定谔绘景、海森堡绘景与相互作用绘景

前面我们讨论波函数与算符的表象时，没有涉及时间变量，也就是说，没有考虑体系随时间的变化。一般来说，量子体系的性质是随时间变化的，而且描述这种变化的方式并不是唯一的。通常情况下，如果 F 为任意力学量，那么体系随时间的变化有下面三种不同的方式：

$$\frac{\partial}{\partial t}\Psi(\vec{r},t) \neq 0; \quad \frac{\partial}{\partial t}\hat{F}(t) = 0$$

$$\frac{\partial}{\partial t}\Psi(\vec{r},t) = 0; \quad \frac{\partial}{\partial t}\hat{F}(t) \neq 0$$

$$\frac{\partial}{\partial t}\Psi(\vec{r},t) \neq 0; \quad \frac{\partial}{\partial t}\hat{F}(t) \neq 0$$

对于这三种不同的情况，需要采用不同的方式来处理，于是就形成了三种不同的绘景，即

薛定谔绘景、海森堡绘景和相互作用绘景(狄拉克绘景),分别用下标 S、H 和 I 来标示它们。

实际上,绘景(图象)是一种广义的表象。不管采用哪种绘景,所得到的物理结果应该是完全相同的。不同的绘景以不同的方式反映算符与态矢量随时间的变化情况。

1. 薛定谔绘景

到目前为止,我们所采用的量子力学的描述方法中,体系的量子态(波函数)是时间的函数,随时间变化,量子态随时间的演化满足薛定谔方程:

$$i\hbar \frac{\partial}{\partial t} | \Psi(t)\rangle = \hat{H} | \Psi(t)\rangle$$

而体系的力学量算符$\hat{p}$、$\hat{H}$等都不显含时间变量。因此,一个给定力学量完全集的共同本征函数系(基矢)$\{|\Psi_k(\vec{r})\rangle, k=1,2,\cdots\}$也不显含时间变量。利用$\{|\Psi_k(\vec{r})\rangle, k=1,2,\cdots\}$,任意态矢量 $\Psi(\vec{r},t)$都可以展开为

$$| \Psi(\vec{r},t)\rangle = \sum_k C_k(t) | \Psi_k(\vec{r})\rangle \tag{6-84}$$

这种描述方式称为薛定谔绘景。一般用下标 S 来表示薛定谔绘景中的态矢量和力学量算符,例如$|\Psi_S\rangle$、$\hat{H}_S$、$\hat{p}_S$ 等。

在薛定谔绘景下,态矢量$|\Psi_S(t)\rangle$与算符$\hat{L}_S$ 的运动方程分别为

$$i\hbar \frac{\partial}{\partial t} | \Psi_S(t)\rangle = \hat{H} | \Psi_S(t)\rangle \tag{6-85}$$

$$\frac{\partial}{\partial t}\hat{L}_S = 0$$

设在初始时刻 t_0,某一量子体系的波函数为$|\Psi_S(t_0)\rangle$,则在任意时刻 t 的波函数可表示为

$$| \Psi_S(t)\rangle = \hat{U}_S(t,t_0) | \Psi_S(t_0)\rangle \tag{6-86}$$

式中,$\hat{U}_S(t,t_0)$称为体系的时间演化算符。为了求得时间演化算符的具体形式,将式(6-86)代入薛定谔方程式(6-85)中,得

$$i\hbar \frac{\partial}{\partial t}\hat{U}_S(t,t_0) | \Psi_S(t_0)\rangle = \hat{H}_S \hat{U}_S(t,t_0) | \Psi_S(t_0)\rangle$$

由于$|\Psi_S(t_0)\rangle$是任意选取的初始态,从而可得

$$i\hbar \frac{\partial}{\partial t}\hat{U}_S(t,t_0) = \hat{H}_S \hat{U}_S(t,t_0)$$

解方程可得

$$\hat{U}_S(t,t_0) = \exp\left(-\frac{i}{\hbar}\int_{t_0}^{t} \hat{H}_S dt\right) \tag{6-87}$$

由于哈密顿量在薛定谔绘景中不显含时间,因此,式(6-87)可以改写成

$$\hat{U}_S(t,t_0) = \exp\left[-\frac{i}{\hbar}\hat{H}_S(t-t_0)\right] \tag{6-88}$$

如果进一步取 $t_0=0$,那么时间演化算符为

$$\hat{U}_S(t,t_0) = \exp\left(-\frac{i}{\hbar}\hat{H}_S t\right) \tag{6-89}$$

由此可得任意时刻 t 的态矢量为

$$|\Psi_S(t)\rangle = e^{-\frac{i}{\hbar}\hat{H}_S t}|\Psi_S(0)\rangle$$

即可以由初始时刻的态矢量求得任意时刻的态矢量。

2. 海森堡绘景

对于同样的量子体系,我们可以采用不同的绘景来描述。海森堡绘景就是描述量子力学体系的另一种绘景。在海森堡绘景中,力学量算符和基矢量是随时间变化的,而体系的态矢量是不随时间变化的。海森堡绘景中,态矢量和力学量算符常表示为$|\Psi_H\rangle$、$\hat{L}_H(t)$。

在海森堡绘景中,态矢量是用薛定谔绘景下的态矢量定义的,即

$$|\Psi_H(t)\rangle = \exp\left(\frac{i}{\hbar}\hat{H}t\right)|\Psi_S(t)\rangle \tag{6-90}$$

它所满足的运动方程为

$$\begin{aligned}
i\hbar\frac{\partial}{\partial t}|\Psi_H(t)\rangle &= i\hbar\frac{\partial}{\partial t}\left[\exp\left(\frac{i}{\hbar}\hat{H}t\right)|\Psi_S(t)\rangle\right] \\
&= i\hbar\left(\frac{i}{\hbar}\right)\hat{H}\exp\left(\frac{i}{\hbar}\hat{H}t\right)|\Psi_S(t)\rangle + \exp\left(\frac{i}{\hbar}\hat{H}t\right)\hat{H}|\Psi_S(t)\rangle \\
&= 0
\end{aligned}$$

即态矢量满足的运动方程为

$$i\hbar\frac{\partial}{\partial t}\bigg|\Psi_H(t)\rangle = 0 \tag{6-91}$$

这就说明按照式(6-90)定义的海森堡绘景中的态矢量是不随时间变化的。

在海森堡绘景中,算符也是用薛定谔绘景下的算符定义的,即

$$\hat{L}_H(t) = \exp\left(\frac{i}{\hbar}\hat{H}t\right)\hat{L}_S\exp\left(-\frac{i}{\hbar}\hat{H}t\right) \tag{6-92}$$

它所满足的运动方程为

$$\begin{aligned}
i\hbar\frac{\partial}{\partial t}\hat{L}_H(t) &= i\hbar\frac{\partial}{\partial t}\left[\exp\left(\frac{i}{\hbar}\hat{H}t\right)\hat{L}_S\exp\left(-\frac{i}{\hbar}\hat{H}t\right)\right] \\
&= i\hbar\left(\frac{i}{\hbar}\right)\hat{H}\exp\left(\frac{i}{\hbar}\hat{H}t\right)\hat{L}_S\exp\left(-\frac{i}{\hbar}\hat{H}t\right) - i\hbar\left(\frac{i}{\hbar}\right)\exp\left(\frac{i}{\hbar}\hat{H}t\right)\hat{L}_S\hat{H}\exp\left(-\frac{i}{\hbar}\hat{H}t\right) \\
&= [\hat{L}_H(t), \hat{H}]
\end{aligned}$$

即算符的运动方程为

$$i\hbar\frac{\partial}{\partial t}\hat{L}_H(t) = [\hat{L}_H(t), \hat{H}] \tag{6-93}$$

这就说明按照式(6-92)定义的海森堡绘景中的力学量算符是随时间变化的。

3. 相互作用绘景

在第 7 章将要介绍的微扰近似计算中,通常将哈密顿算符写成下面的形式:

$$\hat{H} = \hat{H}_0 + \hat{W}$$

其中,$\hat{H}_0$ 的解已知,而$\hat{W}$的作用比$\hat{H}_0$ 的要小得多,通常将其称为微扰项。为了突出无微扰时算符$\hat{H}_0$ 的作用,引入相互作用绘景,也称为狄拉克绘景。

在相互作用绘景中,算符的定义是

$$\hat{L}_{\rm I}(t) = \exp\left(\frac{\rm i}{\hbar}\hat{H}_0 t\right)\hat{L}_{\rm S}\exp\left(-\frac{\rm i}{\hbar}\hat{H}_0 t\right) \tag{6-94}$$

用类似海森堡绘景中使用的方法，可以推导出相互作用绘景中算符满足的运动方程为

$$\mathrm{i}\hbar\frac{\partial}{\partial t}\hat{L}_{\rm I}(t) = [\hat{L}_{\rm I}(t), \hat{H}_0] \tag{6-95}$$

在相互作用绘景中，态矢量的定义是

$$|\Psi_{\rm I}(t)\rangle = \exp\left(\frac{\rm i}{\hbar}\hat{H}_0 t\right)|\Psi_{\rm S}(t)\rangle \tag{6-96}$$

它所满足的运动方程为

$$\begin{aligned}
\mathrm{i}\hbar\frac{\partial}{\partial t}|\Psi_{\rm I}(t)\rangle &= \mathrm{i}\hbar\frac{\partial}{\partial t}\left[\exp\left(\frac{\rm i}{\hbar}\hat{H}_0 t\right)|\Psi_{\rm S}(t)\rangle\right] \\
&= \mathrm{i}\hbar\left(\frac{\rm i}{\hbar}\right)\hat{H}_0\exp\left(\frac{\rm i}{\hbar}\hat{H}_0 t\right)|\Psi_{\rm S}(t)\rangle + \exp\left(\frac{\rm i}{\hbar}\hat{H}_0 t\right)\hat{H}\,|\Psi_{\rm S}(t)\rangle \\
&= \exp\left(\frac{\rm i}{\hbar}\hat{H}_0 t\right)(\hat{H} - \hat{H}_0)|\Psi_{\rm S}(t)\rangle \\
&= \exp\left(\frac{\rm i}{\hbar}\hat{H}_0 t\right)\hat{W}_{\rm S}\exp\left(-\frac{\rm i}{\hbar}\hat{H}_0 t\right)\exp\left(\frac{\rm i}{\hbar}\hat{H}_0 t\right)|\Psi_{\rm S}(t)\rangle \\
&= \hat{W}_{\rm I}(t)\,|\Psi_{\rm I}(t)\rangle
\end{aligned}$$

即态矢量满足的运动方程为

$$\mathrm{i}\hbar\frac{\partial}{\partial t}|\Psi_{\rm I}(t)\rangle = \hat{W}_{\rm I}(t)\,|\Psi_{\rm I}(t)\rangle \tag{6-97}$$

其中

$$\hat{W}_{\rm I}(t) = \exp\left(\frac{\rm i}{\hbar}\hat{H}_0 t\right)\hat{W}_{\rm S}\exp\left(-\frac{\rm i}{\hbar}\hat{H}_0 t\right) \tag{6-98}$$

是相互作用绘景下的微扰算符。

知识拓展

量 子 纠 缠

1. 量子纠缠的内涵

量子力学中所谓的非定域性，是指对一个子系统的测量结果无法独立于其他子系统的测量参数。量子纠缠(quantum entanglement，也称纠缠)，就是非定域性的生动体现，是量子系统独有的物理性质。形象地说，量子纠缠就是粒子之间被纠缠在一起了(哪怕它们相隔得非常遥远)，对其中一个粒子的干扰，与之纠缠的相隔遥远的另一粒子也将即刻做出反应，这就是非常奇妙的量子力学的非定域现象，也是爱因斯坦所反对的“超距作用”，我们可以理解为遥远粒子间的一种“关联”。量子纠缠一般认为起源于 1935 年爱因斯坦(Einstein)、波多尔斯基(Podolsky)和罗森(Rosen)针对量子力学完备性发表的《能认为量子力学对物理实在的描述是完备的吗？》的质疑文章(即 Einstein-Podolsky-Rosen paradox，称为 EPR 佯谬或 EPR 悖论)

和同年薛定谔发表的《量子力学目前的形势》文章中提出的薛定谔猫佯谬。

EPR 佯谬是爱因斯坦和他在普林斯顿高等研究院的同事波多尔斯基和罗森一起为论证量子力学的不完备性而提出的。EPR 佯谬认为，作为一个完备的理论，每一个实在的成分都必须能够从中找出它的对应成分，判定一个物理量实在的充分条件是，在不扰动系统的情况下能对其做出确定性的预言。由于量子力学中存在由非对易算符所描述的物理量，按照量子力学的说法，对其中一个的认识将会排斥对另一个的认识，那么，按照实在完备性的要求，要么由量子力学波函数所给出的实在的描述是不完备的(结论 1)，要么一对非对易的物理量确实不能同时确定(结论 2)。当考虑由两个子系统构成的复合系统时，在实在完备性和局域性(对于任意两个分离的系统，对其中一个系统所做的任何物理操作不应立刻对另一个系统有任何影响，即不存在超距作用)的假定下，EPR 佯谬推导出，如果结论 1 是错误的，那么结论 2 也是错误的。在文章中，EPR 佯谬给出如下一个理想实验的例子。

对于一个用波函数

$$\Psi(x_1,x_2)=\int_{-\infty}^{+\infty}\exp[\mathrm{i}(x_1-x_2+x_0)p/\hbar]\mathrm{d}p \tag{6-99}$$

描述的两粒子(粒子 1 和粒子 2)系统，其中 x_1、x_2 分别代表粒子 1 和粒子 2 的坐标，x_0 为任意常数，p 为粒子的动量。

首先测量粒子 1 的动量，由于粒子 1 的动量本征态为

$$u_p(x_1)=\exp(\mathrm{i}px_1/\hbar) \tag{6-100}$$

其中，$-\infty<p<+\infty$，p 为动量本征值。

用上述粒子 1 的动量本征态展开波函数为

$$\Psi(x_1,x_2)=\int_{-\infty}^{+\infty}\Psi_p(x_2)u_p(x_1)\mathrm{d}p \tag{6-101}$$

式中

$$\Psi_p(x_2)=\exp[-\mathrm{i}p(x_2-x_0)/\hbar] \tag{6-102}$$

这正是粒子 2 的动量本征态，其本征值为 $-p$。

因此，当测得粒子 1 的动量为 p 时，粒子 2 的动量应为 $-p$。

其次测量粒子 1 的坐标，坐标本征态为

$$v_x(x_1)=\delta(x_1-x) \tag{6-103}$$

本征值为 $x(-\infty<x<+\infty)$。

用上述粒子 1 的坐标本征态展开波函数为

$$\Psi(x_1,x_2)=\int_{-\infty}^{+\infty}\Psi_x(x_2)v_x(x_1)\mathrm{d}x \tag{6-104}$$

式中

$$\Psi_x(x_2)=2\pi\hbar\delta(x_2-(x-x_0)) \tag{6-105}$$

而这正是粒子 2 的坐标本征态，其本征值为 $x-x_0$。

因此，当测得粒子 1 的位置在 x 处时，粒子 2 的位置就在 $x-x_0$ 处，两者相距 x_0(常量)。

EPR 佯谬提出的疑问是：当两个粒子相距很远时，对粒子 1 进行的任何测量(动量或坐标)，都不会影响到粒子 2 的状态(这就是定域性假定)。然而按上述分析，粒子 2 究竟处于什么状态呢？是 $\Psi_p(x_2)$还是 $\Psi_x(x_2)$？这就是他们提出“量子力学的描述是不自洽的”论据。也

就是说，EPR 佯谬所提出的两粒子波函数不能写成两个子系统量子态的直积形式，即

$$\Psi(x_1,x_2) \neq \phi(x_1)\phi(x_2) \tag{6-106}$$

薛定谔将这样的量子态称为纠缠态。

需要说明的是，EPR 佯谬很快就得到了巨大的反响。在反对声中，玻尔的反驳具有最大的影响力。玻尔明确指出在爱因斯坦的论证中，认为"对粒子 1 的测量不会干扰到粒子 2"的看法是站不住脚的。目前，从很多实验的证据来看，爱因斯坦确实是不对的，而玻尔的反驳是正确的。玻尔认为，粒子 1 和粒子 2 虽然在空间上分隔开来（而且可能相隔很远），但是它们既然共同处于一个系统中，就必须当作一个整体来考虑，不可以看成互相独立的两个部分。这就是两个粒子之间的"纠缠"（两个粒子能不能纠缠起来是由体系波函数的形式决定的，EPR 佯谬给出的波函数形式确实是两个粒子的纠缠态）。在玻尔看来，在两个粒子被观测之前，存在的只是由波函数描述的相互关联的整体粒子。既然是协调的、相互关联的整体，那就用不着什么信息的传递，更不会有超光速的信息传递。所以，玻尔看到的是微观世界的"实在"，而爱因斯坦论述的却是经典世界的"实在"。应该说，在爱因斯坦与玻尔争论的时代，量子力学非定域性的实验证明还没有出现，所以他们之间的争论很大程度上可以说是纯观念上的争论，尽管这种争论后来被证明玻尔是正确的。玻尔的回答并没有使爱因斯坦信服，爱因斯坦坚信两个在空间上远离的物体的真实状态是彼此独立的（此后这被称为"定域性要求"）。爱因斯坦明确反对两个粒子间的量子力学关联，他称之为"鬼魅般的超距作用"。我们可能对爱因斯坦的诸多成就充满崇拜，但是随后很多实验已经证明了量子力学的非定域性，证明了玻尔对 EPR 佯谬的反驳是正确的。

量子纠缠是存在于多粒子量子系统中的一种奇妙现象，即对一个子系统的测量结果无法独立于其他子系统的测量参数。对于一个多体量子系统，如果其子系统之间在某个时间间隔内有过相互作用，那么即使在这以后它们彼此相距甚远且没有任何联系，也不能孤立地研究这些子系统的性质。这些子系统之间表现出来的关联无法用经典的定域实在论来解释，也就是说，无法赋予这些子系统确定的量子态及确定的实在性，否则得到的结果将与量子力学的理论预言和实验结果相悖。这种不符合直觉的奇特的关联现象称为量子纠缠或量子关联。

两体系统 AB 的子系统分别记为 A 和 B，其 Hilbert 空间分别记作 H_A 和 H_B，则 AB 的 Hilbert 空间 H 应为 H_A 和 H_B 的直积，若 H_A 的维数为 n_A，H_B 的维数为 n_B，则 H 的维数为 $n_A \times n_B$。

假设 $|e_i\rangle_{i=1,2,\cdots,n_A}$ 为 H_A 的一组正交、归一、完备基向量，$|f_r\rangle_{r=1,2,\cdots,n_B}$ 为 H_B 的一组正交、归一、完备基向量，则 H 的基向量可以表示为 $|e_i\rangle \otimes |f_r\rangle = |e_i f_r\rangle$，这样两体系统 AB 的任意纯量子态 $|\Psi\rangle$ 可以在 H 中展开为

$$|\Psi\rangle = \sum_{i=1}^{n_A}\sum_{r=1}^{n_B} c_{ir} \, |e_i f_r\rangle \tag{6-107}$$

其中，c_{ir} 为复数，且满足 $\sum_{i=1}^{n_A}\sum_{r=1}^{n_B} |c_{ir}|^2 = 1$。

如果 $|\Psi\rangle$ 可以写作两个子系统的态的直积，即存在纯态 $|\Psi_A\rangle \in H_A$ 和 $|\Psi_B\rangle \in H_B$，满足

$$|\Psi\rangle = |\Psi_A\rangle \otimes |\Psi_B\rangle \tag{6-108}$$

则称量子态 $|\Psi\rangle$ 是可分离的或非纠缠的；反之，则称 $|\Psi\rangle$ 为纠缠态或不可分离态。

对于混合态 ρ，如果它能够分解成可分离态的凸组合，即存在一系列可分离纯态 $|\Psi\rangle_k$ 以及数 $p_k\left(p_k>0, \sum_k p_k=1\right)$，满足

$$\rho=\sum_k p_k |\Psi\rangle_{k\,k}\langle\Psi| \tag{6-109}$$

则称混合态 ρ 是可分离的；反之，则称混合态 ρ 是纠缠的或不可分离的。

对于由 N 个子系统组成的复合量子系统，将 N 个子系统分别记为 A、B、C、…、N，如果复合量子系统的密度矩阵不能写成各个子系统的密度矩阵的直积的线性形式，即

$$\rho^{AB\cdots N} \neq \sum_i P_i \rho_i^A \otimes \rho_i^B \otimes \cdots \otimes \rho_i^N \tag{6-110}$$

则称该量子系统是纠缠的，其中 $P_i \geqslant 0$，且 $\sum_i P_i=1$。

这也就是说，如果由 N 个子系统组成的复合量子系统的量子态可以由 $H=H_A \otimes H_B \otimes \cdots \otimes H_N$ 的 Hilbert 空间的矢量 $|\Psi\rangle$ 描述，且不存在 $|\Psi_A\rangle \in H_A$，$|\Psi_B\rangle \in H_B$，…，$|\Psi_N\rangle \in H_N$，使得 $|\Psi\rangle=|\Psi_A\rangle \otimes |\Psi_B\rangle \otimes \cdots \otimes |\Psi_N\rangle$，则称复合量子系统的量子态 $|\Psi\rangle$ 为纠缠态。

例如，我们考虑一个两粒子的量子系统。两个粒子组成的系统不外乎两种情况：一种是两个粒子互不干扰和耦合，各自遵循自己的规律。这种情况下，整个系统的状态可以写成两个粒子的状态的乘积。而每个粒子的状态，一般来说，就自旋而言，是自旋上和自旋下按一定概率分布构成的叠加态。这种情况下，系统可看作由两个独立的单粒子组成，除了分别都具有叠加态的性质之外，没有产生什么有意思的新东西。另一种情况则非常有意思，那就是当两个粒子互相关联，整个系统的状态无法写成两个粒子状态的积。我们借用“纠缠”这个词来描述两个粒子之间的相互关联。也就是说，这种情形下，两个粒子的叠加态“互相纠缠”在一起，使得测量结果互相影响，即使这两个粒子分隔很远很远的距离，这种似乎能瞬间互相影响的“纠缠”照样存在。

为了加深对纠缠态的理解，我们利用图 6-1 所示的掷骰子的例子来进一步说明两个粒子的“纠缠”。纠缠着的粒子，就像从图 6-1 中那个机器发射出来的骰子。这里用骰子来比喻叠加态中的粒子。我们这个能发射成对骰子的机器很特别，这些成对的骰子分别朝两条路(这里所谓的“路”到底是什么？我们也不予考究)射出去，两骰子分开得越来越远；并且，每个骰子在其各自的路径上不停地随机滚动，它的数值不定，是 1～6 中的一个，每个数值出现的概率为六分之一。图 6-1 中用 Alice 和 Bob 来代表两个不同的观察者，如果Alice和 Bob 在相距很远的地方分别观察这两路骰子，会得到什么结果呢？首先，他们如果只看自己这一边的观测数据，每个人都得到一连串的由 1 到 6 之间数字组成的随机序列，每个数字出现的概率等于六分之一，这丝毫也不令人奇怪，这正是我们单独多次掷一个骰子时的经验结果。但是，当 Alice 和 Bob 将他们两人的观测结果拿到一起来比较的话，就会看出奇怪之处：在他们同时观测的那些时间点，两边的骰子所显示的结果总是互相关联的(这种情况下，“关联”意味着“相等”)，如果 Alice 看到的结果是 6，Bob 看到的也是 6；如果 Alice 看到的结果是 4，Bob 看到的也是 4。量子力学中的纠缠态，就和上面例子中的一对骰子的情况类似。换言之，量子纠缠态的意思就是，两个粒子的随机行为之间发生了某种关联。上面例子中的关联是“结果相同”，但实际上也可以是另外一种方式，比如两个结果相加等于 7：如果 Alice 看到的结果是 6，Bob 看到的就是 1；如果 Alice 看到的结果是 4，Bob 看到的就是 3。只要有某种关联，我们就说这两个粒子互相纠缠。

图 6-1　量子纠缠原理示意图

2. 贝尔不等式——量子纠缠的实验验证

EPR 佯谬的哲学意味很浓，其中涉及了很多假想性的实验，以当时的条件无法实现，所以在此后三十年关注者并不多，科学家也只作了一些纯理论方面的探索，缺少实证工作。直到 1964 年，爱尔兰物理学家约翰·贝尔提出可用来验证的贝尔不等式，为后人提供了进行实证研究的框架，尔后针对量子纠缠的相关实验工作才真正起步。

贝尔是欧洲核子研究中心(CERN)的一名物理学家，他除了从事加速器的设计和粒子物理学的研究外，对量子力学的本质问题也非常感兴趣。贝尔发现，任何与量子力学具有相同预测的理论将不可避免地具有非定域性特征。或者说，量子力学禁止定域隐变量的存在，这个结论称为贝尔定理。贝尔定理和贝尔不等式被誉为“科学的最深远的发现”之一，它为隐变量理论提供了实验验证的方法，也使人们第一次有可能通过实验来直接验证“量子非定域性”的存在。如果实验证明贝尔不等式成立，那么爱因斯坦的定域实在论是正确的，量子力学确实是不完备的。然而，贝尔毕竟只是一位理论物理学家，他还没有想过要将自己的理论成果(贝尔不等式)用实验的方法加以验证。但是，这个世界上总有杰出的科学家对这个实验验证感兴趣。

在贝尔不等式提出后不久，美国的克劳泽(John F. Clauser)成为最早一批对贝尔不等式进行理论分析和实证研究的学者。此后，法国的阿斯佩(Alain Aspect)等人则在克劳泽成果的基础上首次做了比较可靠的实验。而奥地利的泽林格(Anton Zeilinger)在 20 世纪 80 年代进入这个领域，在 90 年代首次进行了无因果漏洞的实验。这三位学者针对贝尔不等式和背后的 EPR 佯谬，从理论到实验做了一系列工作。克劳泽、阿斯佩和泽林格的实验测试均验证了贝尔不等式是不成立的，证实了量子纠缠的真实性。也就是说，爱因斯坦当年关于“鬼魅般的超距作用”的质疑是错误的，量子力学是完备的!

他们的研究成果相辅相成，共同拓展了人类探索量子力学的新视野，也让量子的纠缠性质从抽象的理论中走向现实：既然两个粒子在形成纠缠态后，无论相距多远，其中一个粒子的状态能瞬间决定另一个粒子的状态，如果把量子纠缠应用于通信领域，那岂不是会带来颠覆性的技术革新？于是，当量子纠缠尚处在理论与实验室研究阶段时，人们就迫不及待地将之与信息传播技术耦合，并撬动了一个新兴产业——量子信息技术的大门。

早在 2010 年，克劳泽、阿斯佩和泽林格三人就因围绕贝尔不等式和量子纠缠的实验研究，获得了有“小诺贝尔奖”之称的沃尔夫物理学奖。与集成电路、蓝光 LED 等其他利用量子技术的有形成果不同，量子科学本身具有高度的抽象性，这也是为什么普通公众对量子通信的认识容易处于一种看不见、摸不着的懵懂状态。

北京时间 2022 年 10 月 4 日 17 点 45 分，2022 年诺贝尔物理学奖在斯德哥尔摩正式揭晓，法国科学家阿斯佩、美国科学家克劳泽和奥地利科学家泽林格共享这一殊荣，如图 6-2 所示，该奖表彰他们在量子信息科学研究方面做出的贡献。他们进行了光子纠缠的实验，确立了贝尔不等式的不成立，从理论上证明了量子纠缠的可行性，并开创了量子信息科学，是量子通信领域的奠基人。他们的成就让量子通信的实施和量子计算机的搭建成为可能，这可能是在未来彻底颠覆人类现有科技体系的重大成就。

图 6-2　获得 2022 年诺贝尔物理学奖的三位科学家

思政小课堂

中国量子纠缠的前世今生

20 世纪 80 年代开始，科学家在多年探索的基础上，逐步将以量子纠缠为中心的量子力学理论引入信息科学领域，量子信息技术这项战略性前沿科技应运而生。量子纠缠是量子信息过程的核心资源，如何在实验上制备和检测量子纠缠是量子信息领域的基本任务。这种技术利用量子态进行编码、传输、处理和存储，从根本上突破了现有信息技术在物理和运算速度上的极限，在通信安全和加密等方面具有无可比拟的优势。中国在量子纠缠领域的研究和应用方面做了大量工作，且一直处于该领域学术研究的最前沿。

中国的量子信息，最早起步于量子光学的研究。早在 1984 年，中国早期的量子物理先驱郭光灿、邓质方、彭堃墀和吴令安等人，就在美国访学期间齐聚一堂，开创了中国量子光学的先河。归国后，这一批老一辈科学家将量子力学的最新研究成果如播种一般传播到国内。而在推动国内量子光学的研究中，郭光灿很快意识到量子信息这一新兴学科的广阔前景，遂以量子密码为入口展开研究。到 20 世纪 90 年代，郭光灿的研究很快取得了阶段性成果。1997 年他与他的学生段路明合作，首次在国际上提出量子避错编码的方法，成功克服了量子计算中的消相干问题，为日后量子计算技术的发展扫清了一大障碍。这一研究成果使两人在国际上名声大噪，完成了中国科学界在国际量子信息领域的首秀。2011 年，郭光灿团队成功研制了从合肥到芜湖 200 km 的城际量子密码通信网络，随后又先后成功完成八方量子通信复杂性实验、量子惠勒延迟选择实验等，实现了光子偏振态固态量子存储。

随着系统维度数和粒子数的增加，量子态层析技术这种传统的检测量子纠缠态的方法消耗的资源呈指数增长，在实验上不具备可扩展性。为了解决高维纠缠检测这一难题，中国科学院院士、中国科学技术大学教授郭光灿团队在高维量子通信研究中取得重要进展。该团队李传锋、柳必恒研究组与电子科技大学教授王子竹，以及奥地利科学院博士高小钦、Miguel Navascués 等合作，首次实现了高维量子纠缠态的最优检测。

2020 年，郭光灿研究组曾利用基于保真度的纠缠目击方法检测了 32 维的两体最大纠缠态，保真度达到了当时世界上最高水平。然而，对于常见的非最大高维纠缠态，基于保真度的纠缠目击方法并不普适。针对这一困难，研究组提出了一种最优的量子纠缠检测方法，该方法适用于所有的两体量子纠缠态。为了检验该方法的普适性，科研人员在实验上巧妙地制备出一系列不同类型的高维量子纠缠态，实现了对该量子纠缠态的局域测量等操作，从而完成最优的量子纠缠检测。实验结果表明，对于四维或三维的不能采用基于保真度的纠缠目击方法检测的量子纠缠态，使用新的方法只需采用三组测量基即可认证其量子纠缠。

该成果解决了两体高维纠缠态的检测问题，为实现各种高维量子信息过程和研究高维系统中的量子物理基本问题奠定了重要基础。相关研究成果发表在《物理评论快报》上，研究工作得到科技部、国家自然科学基金委员会、中国科学院、安徽省政府的支持。

与此同时，中国量子信息领域另一位领军人物潘建伟院士带领他的团队在量子领域也做出了突出成绩。1994 年，就在郭光灿与段路明蜚声世界的同一年，奥地利维也纳大学的物理学实验室里，日后的诺贝尔物理学奖得主泽林格，也在量子信息领域取得了重大突破：他的科研团队首次完成了量子隐形传态的原理性实验验证，被人们誉为量子信息实验领域的经典之作。而此刻，在他的团队里，就有一张年轻的中国人面孔，他就是中国科学院院士潘建伟。这一年，他只有 27 岁，是泽林格麾下的一名博士研究生(见图 6-3)。

图 6-3　潘建伟(中)和泽林格(右)

(图片来源：维也纳大学)

在攻读博士学位期间，潘建伟参与了泽林格关于量子隐形传态的原理性实验验证工作，并做出了突出成果。在获得博士学位后，潘建伟继续留在泽林格的科研团队中开展研究，成为泽林格的得力干将。泽林格在 2021 年接受法兰克福汇报采访时，曾这样回忆："潘建伟在奥地利一待就是八年，从博士一直到博士后，他在选择研究方向时进行了深入的策略性思考，始终是一位极为热心的科学家。"

2001 年，潘建伟回国，在中国科学院、国家自然科学基金委员会和科技部的大力支持下，开始筹建量子物理与量子信息实验室。与此同时，他在奥地利维也纳大学的多光子纠缠研究还在推进，于是他开始在中国与奥地利之间来回奔波。欧洲的研究拓展，中国的基础搭建，这两项工作虽远隔万里，却在潘建伟的不懈努力下，逐渐像两颗产生纠缠关系的粒子，开始同步起来。通过多年对国际先进技术与经验的学习与吸收，潘建伟在海德堡组建的中国团队的实力在量子信息技术领域已处于国际领先地位。2008 年，这个团队的青年才俊们带着瑞士的探测器技术、美国的量子器件技术与精密测量技术、德国的冷原子技术，以及一腔报国热忱，随潘建伟归国，以中国科学技术大学为中心，和郭光灿、段路明等开拓者一道，全身心投入国内的科研工作，在多粒子纠缠制备、量子隐形传态、量子计算，以及保密量子通信等多个细分领域，获得了一系列重大突破，斩获了震惊海内外的成果。

人物介绍

1. 狄拉克

保罗·狄拉克(Paul Adrien Maurice Dirac，1902 年 8 月 8 日—1984 年 10 月 20 日)，英国理论物理学家，量子力学的奠基者之一，对量子电动力学早期的发展做出重要贡献。狄拉克曾在布里斯托尔、剑桥和国外的几所大学学习过。他创立了一种用于计算电子特性、数学上等价的非对易代数。1928 年他预言存在正电子并对量子场论做出了重要贡献。1932 年他成为数学教授。1933 年，因为"发现了在原子理论里很有用的新形式"(即量子力学的基本方程——薛定谔方程和狄拉克方程)，狄拉克和薛定谔共同获得了诺贝尔物理学奖。

2. 埃尔密特

埃尔密特(Charles Hermite，1822 年 12 月 24 日—1902 年 1 月 14 日)，法国数学家。埃尔密特是纺织商人的儿子，在舒适的中产阶级家庭中长大。早年，他着迷于研究，以至于有时通过必修课考试都很困难。他花了整整一年在工艺学校学习，还是在朋友们的帮助下才在 1847 年获得任教资格。他的科学成果主要在椭圆函数、模函数、数论和不变量理论方面，这些成果在后来才被承认。埃尔密特仔细研究高斯的算术、阿贝尔和雅可比的椭圆函数、凯利与西尔威斯特的代数不变量理论的概念，并且将这些进一步发展。1870 年他成为巴黎大学文理学院的教授。1873 年他证明了 e 的超越性。他与很多著名的同时代人有通信联络，并决定在科学斗争中打破国家的障碍。他是斯蒂尔杰斯、达博、博雷尔、普安卡雷和其他一些人的教师和支持者。

习　题

6-1　求线性谐振子哈密顿量 $\hat{H}=\frac{1}{2\mu}\hat{p}^2+\frac{1}{2}\mu\omega^2x^2=-\frac{\hbar^2}{2\mu}\frac{\partial^2}{\partial x^2}+\frac{1}{2}\mu\omega^2x^2$ 在动量表象中的矩阵元。

6-2　求 $\hat{S}_x=\frac{\hbar}{2}\begin{pmatrix}0 & 1\\ 1 & 0\end{pmatrix}$ 及 $\hat{S}_y=\frac{\hbar}{2}\begin{pmatrix}0 & -\mathrm{i}\\ -\mathrm{i} & 0\end{pmatrix}$ 的本征值和所属的本征函数。

6-3　求连续性方程的矩阵表示。

6-4　在动量表象中，求线性谐振子的能量本征解。

6-5　处于三维空间的体系的基矢分别为 $|u_1\rangle$、$|u_2\rangle$ 和 $|u_3\rangle$。已知算符 $\hat{L}$ 与 $\hat{S}$ 分别满足

$$\hat{L}\,|\,u_1\rangle=|\,u_1\rangle,\quad \hat{L}\,|\,u_2\rangle=0,\quad \hat{L}\,|\,u_3\rangle=-|\,u_3\rangle$$

$$\hat{S}\,|\,u_1\rangle=|\,u_3\rangle,\quad \hat{S}\,|\,u_2\rangle=|\,u_2\rangle,\quad \hat{S}\,|\,u_3\rangle=|\,u_1\rangle$$

请给出算符 $\hat{L}$、$\hat{S}$、$\hat{L}^2$ 及 $\hat{S}^2$ 的矩阵表示。

第7章　微扰理论

量子体系的能量本征值问题，除了少数简单的体系（如谐振子、氢原子、类氢离子等）外，大多数实际问题遇到的体系的哈密顿量比较复杂，很难求出其精确解，有的体系甚至无法求解。例如：在由多电子组成的原子中，除了价电子与原子核的库仑相互作用外，电子与电子之间还存在相互作用。类似的多体问题一般难以求得其精确解。因此，在处理各种实际问题时，除了采用适当的模型来简化问题外，往往需要采用恰当的近似解法，例如微扰论、变分法、W. K. B. 方法（准经典近似法）、绝热近似法等。每种近似方法都有其优缺点和适用范围，其中最常用的两种近似方法就是微扰理论与变分法。本章将介绍怎样用这两种方法来求解较复杂的量子力学问题。

【知识目标】

1. 掌握非简并定态微扰理论；
2. 理解简并情况下的微扰理论；
3. 理解变分法的物理思想；
4. 理解含时微扰理论。

【能力目标】

能及时跟踪和了解量子通信领域的最新理论、技术及国际前沿动态。

【素质目标】

了解中国量子通信技术的发展，增强文化自信和民族自信。

7-1　非简并定态微扰理论

7.1　非简并定态微扰理论

束缚态的能量一般是分离值，束缚态问题的核心是求解体系的能量本征值和本征函数。所求得的能量本征值在有些问题中是简并的，而在有些问题中是非简并的。在同一问题中，也可能同时出现简并能级和非简并能级。例如：氢原子的基态能级是非简并的，但其激发态能级是简并的。本节将用微扰理论讨论非简并情况下的能量本征值问题，下一节再讨论简并情况下的能量本征值问题。

7.1.1　定态微扰的基本原理

假设一个量子体系的哈密顿量为 $\hat{H}$（不显含时间 t），那么体系的能量本征方程为

$$\hat{H}\Psi = E\Psi \tag{7-1}$$

式中,E 为能量本征值。我们的任务是求解这个体系的能量本征值 E 和能量本征函数 Ψ。但是,对于比较复杂的量子体系,求出方程(7-1)的精确解是很困难的,甚至无法求解。此时,我们可以利用微扰理论求出方程的近似解。

设方程(7-1)中的哈密顿量 $\hat{H}$ 可以分解成两部分,即

$$\hat{H}=\hat{H}_0+\hat{H}'=\hat{H}_0+\lambda\hat{W} \tag{7-2}$$

其中,$\hat{H}'=\lambda\hat{W}$是对体系的一种微扰,λ 是表示这一微扰强度的参数,是一个小量($|\lambda|\ll1$)。又假设 $\hat{H}_0$ 的本征值和本征函数较容易解出或者已经有现成的解(不管解是如何得到的),那么就可以在这个基础上,把 $\hat{H}'$的影响逐级考虑进去,从而求得方程(7-1)的尽可能接近精确解的近似能量本征值和本征函数,通常把这种近似求解方法称为微扰论。微扰论的具体形式多种多样,但其基本精神相同,即按照微扰进行逐级近似。

假设

$$\hat{H}_0\Psi_n^{(0)}=E_n^{(0)}\Psi_n^{(0)},\quad n=0,1,2,\cdots \tag{7-3}$$

其解 $E_n^{(0)}$ 和 $\Psi_n^{(0)}$ 已经求出,则可将其视为 $\hat{H}$ 的零级近似解。为了与近似解相区别,把对 $\hat{H}$ 不作任何取舍时所求得的解 E_n 和 Ψ_n 称为精确解或严格解。式(7-3)中的能级可能是简并的,也可能是非简并的。当待求能级 E_n 的零级近似 $E_n^{(0)}$ 是非简并能级时,不论其他能级是否存在简并,均可以利用 7.1 节导出的非简并微扰论进行求解,否则应该使用 7.2 节介绍的简并微扰论方法进行处理。

下面我们按照微扰逐级近似的精神来求解。将方程(7-1)中的能量本征值 E 和能量本征函数 Ψ 按 λ 的幂级数展开:

$$E=E^{(0)}+\lambda E^{(1)}+\lambda^2E^{(2)}+\cdots \tag{7-4}$$

$$\Psi=\Psi^{(0)}+\lambda\Psi^{(1)}+\lambda^2\Psi^{(2)}+\cdots \tag{7-5}$$

将式(7-4)和式(7-5)代入式(7-1),整理并比较方程两边 λ 的同次幂项,可得到各级微扰近似的方程为

$$\lambda^0:\hat{H}_0\Psi^{(0)}=E^{(0)}\Psi^{(0)} \tag{7-6a}$$

$$\lambda^1:\hat{H}_0\Psi^{(1)}+\hat{W}\Psi^{(0)}=E^{(0)}\Psi^{(1)}+E^{(1)}\Psi^{(0)} \tag{7-6b}$$

$$\lambda^2:\hat{H}_0\Psi^{(2)}+\hat{W}\Psi^{(1)}=E^{(0)}\Psi^{(2)}+E^{(1)}\Psi^{(1)}+E^{(2)}\Psi^{(0)} \tag{7-6c}$$

7.1.2 非简并定态一级微扰

从方程(7-6a)可以看到,$\hat{H}_0$ 的本征方程的解 $E^{(0)}$、$\Psi^{(0)}$ 实际上是方程(7-1)在 λ 的零级近似下的解。在已知能量本征值和本征函数 $E^{(0)}$、$\Psi^{(0)}$ 的基础上,再确定能量和波函数的一级修正值 $\lambda E^{(1)}$ 和 $\lambda\Psi^{(1)}$,以求得在一级近似下体系的能量本征值 E 和能量本征函数 Ψ。

这里考虑 $\hat{H}_0$ 的第 k 个能量本征值 $E_k^{(0)}$ 和相应的本征函数 $\Psi_k^{(0)}$ 的修正。假设不考虑微扰时,体系处于某非简并能级 $E_k^{(0)}$,即

$$E^{(0)}=E_k^{(0)} \tag{7-7}$$

$E_k^{(0)}$ 可以是任何一个非简并能级，但是要取定。相应的能量本征函数是完全确定的，即

$$\Psi^{(0)} = \Psi_k^{(0)} \tag{7-8}$$

将波函数的一级项 $\Psi^{(1)}$ 按 $\Psi_n^{(0)}(n=0,1,2,\cdots)$ 展开：

$$\Psi^{(1)} = \sum_n a_n^{(1)} \Psi_n^{(0)} \tag{7-9}$$

将式(7-7)～式(7-9)代入式(7-6b)，得

$$\sum_n a_n^{(1)} E_n^{(0)} \Psi_n^{(0)} + \hat{W} \Psi_k^{(0)} = E_k^{(0)} \sum_n a_n^{(1)} \Psi_n^{(0)} + E^{(1)} \Psi_k^{(0)}$$

上式两边左乘 $\Psi_m^{(0)*}$，再积分，并利用 $\hat{H}_0$ 本征函数的正交归一性，得

$$a_m^{(1)} E_m^{(0)} + W_{mk} = E_k^{(0)} a_m^{(1)} + E^{(1)} \delta_{mk} \tag{7-10}$$

其中

$$W_{mk} = (\Psi_m^{(0)}, W\Psi_k^{(0)}) \tag{7-11}$$

在式(7-10)中，当 $m=k$ 时可得

$$E^{(1)} = W_{kk} = (\Psi_k^{(0)}, W\Psi_k^{(0)}) \tag{7-12}$$

而 $\lambda E^{(1)}$ 即为能量的一级修正，它是微扰 $\hat{H}'$ 在零级波函数 $\Psi_k^{(0)}$ 下的平均值。

在式(7-10)中，当 $m \neq k$ 时可得

$$a_m^{(1)} = \frac{W_{mk}}{E_k^{(0)} - E_m^{(0)}} \quad (m \neq k) \tag{7-13}$$

将式(7-13)代入式(7-9)得

$$\Psi^{(1)} = \sum_n{}' \frac{W_{nk}}{E_k^{(0)} - E_n^{(0)}} \Psi_n^{(0)}$$

因此，波函数的一级修正值为

$$\lambda\Psi^{(1)} = \sum_n{}' \frac{H'_{nk}}{E_k^{(0)} - E_n^{(0)}} \Psi_n^{(0)}, \quad H'_{nk} = (\Psi_n^{(0)}, \hat{H}'\Psi_k^{(0)})$$

由此可见，能量本征值和能量本征函数的一级近似解为

$$E_k = E_k^{(0)} + \lambda W_{kk} = E_k^{(0)} + H'_{kk} \tag{7-14a}$$

$$\Psi_k = \Psi_k^{(0)} + \sum_n{}' \frac{H'_{nk}}{E_k^{(0)} - E_n^{(0)}} \Psi_n^{(0)} \tag{7-14b}$$

式(7-14b)中，求和号 $\sum_n{}'$ 表示在求和时把 $n = k$ 的这一项去掉。

7.1.3　非简并定态的二级修正

在求得一级修正值 $\lambda E^{(1)}$ 和 $\lambda\Psi^{(1)}$ 的基础上，再求出二级修正值 $\lambda^2 E^{(2)}$ 和 $\lambda^2 \Psi^{(2)}$，就可以得到在二级近似下的能量本征值 E 和能量本征函数 Ψ。类似于 $\Psi^{(1)}$，现在把 $\Psi^{(2)}$ 用 $\Psi_n^{(0)}$ 展开：

$$\Psi^{(2)} = \sum_n a_n^{(2)} \Psi_n^{(0)} \tag{7-15}$$

将 $\Psi^{(1)}$ 的展开式(式(7-9))和 $\Psi^{(2)}$ 的展开式(式(7-15))代入式(7-6c)(仍考虑第 k 个能级的修正)，可得

$$\sum_n a_n^{(2)} E_n^{(0)} \Psi_n^{(0)} + W \sum_n{}' a_n^{(1)} \Psi_n^{(0)} = E_k^{(0)} \sum_n a_n^{(2)} \Psi_n^{(0)} + W_{kk} \sum_n a_n^{(1)} \Psi_n^{(0)} + E^{(2)} \Psi_k^{(0)}$$

上式两边左乘 $\Psi_m^{(0)*}$ 并积分，得

$$a_m^{(2)}E_m^{(0)} + \sum_n{}' a_n^{(1)} W_{mn} = E_k^{(0)} a_m^{(2)} + W_{kk} a_m^{(1)} + E^{(2)} \delta_{mk} \tag{7-16}$$

当 $m=k$ 时，利用 $a_k^{(1)}=0$ 和式(7-13)得

$$E^{(2)} = \sum_n{}' a_n^{(1)} W_{kn} = \sum_n{}' \frac{|W_{nk}|^2}{E_k^{(0)} - E_n^{(0)}} \tag{7-17}$$

因此，在二级近似下，能量本征值为

$$E_k = E_k^{(0)} + \lambda E_k^{(1)} + \lambda^2 E_k^{(2)} = E_k^{(0)} + H'_{kk} + \sum_n{}' \frac{|H'_{nk}|^2}{E_k^{(0)} - E_n^{(0)}} \tag{7-18}$$

式(7-14b)和式(7-18)是非简并微扰论中最常用的公式。微扰论对波函数的修正通常计算到一级近似，对能量的修正则计算到二级近似。

7.2 简并条件下的定态微扰理论

7-2 简并条件下的定态微扰理论

上一节我们讨论了 $\hat{H}_0$ 的能量本征值在非简并情况下的近似求解。实际问题中，特别是处理体系的激发态时，常常碰到简并态或近似简并态。这时，7.1 节所述的微扰论是不适用的。此处碰到的困难是零级能量给定后，对应的零级波函数不唯一。这是简并态微扰论首先要解决的问题。体系能级的简并性与体系的对称性密切相关。当考虑微扰之后，如果体系的某种对称性受到破坏，那么能级可能分裂，简并将被部分解除或完全解除。因此，在简并态微扰论中，充分考虑体系的对称性是至关重要的。

假设某一量子体系的哈密顿量为

$$\hat{H} = \hat{H}_0 + \hat{H}' = \hat{H}_0 + \lambda \hat{W}$$

且 $\hat{H}_0$ 的能量本征值 $E_n^{(0)}$ 是 f 重简并的，则 $\hat{H}_0$ 的本征方程可以写为

$$\hat{H}_0 \Psi_{n\nu}^{(0)} = E_n^{(0)} \Psi_{n\nu}^{(0)}, \quad \nu = 1,2,3,\cdots,f$$

其中，$\Psi_{n\nu}^{(0)}$ 为对应于 $\hat{H}_0$ 的能量本征值 $E_n^{(0)}$ 的 f 维正交、归一的能量本征函数，即

$$(\Psi_{m\mu}^{(0)}, \Psi_{n\nu}^{(0)}) = \delta_{mn}\delta_{\mu\nu}$$

因此，$\{\Psi_{n\nu}, \nu=1,2,3,\cdots,f\}$ 构成以 $\{\Psi_n, n=1,2,3,\cdots\}$ 为基矢的 Hilbert 空间中的一个 f 维子空间的基矢。体系的哈密顿量的本征方程为

$$\hat{H}\Psi = (\hat{H}_0 + \lambda \hat{W})\Psi = E\Psi \tag{7-19}$$

现在把 Ψ 用 $\Psi_{n\nu}^{(0)}$ 展开：

$$\Psi = \sum_n \sum_\nu C_{n\nu} \Psi_{n\nu}^{(0)} \tag{7-20}$$

将式(7-20)代入式(7-19)得

$$\sum_n \sum_\nu C_{n\nu} \hat{H}_0 \Psi_{n\nu}^{(0)} + \lambda \sum_n \sum_\nu C_{n\nu} \hat{W} \Psi_{n\nu}^{(0)} = E \sum_n \sum_\nu C_{n\nu} \Psi_{n\nu}^{(0)}$$

求 $\Psi_{m\mu}^{*(0)}$ 与上式的标积，可得

$$C_{m\mu}E_m^{(0)} + \lambda\sum_n\sum_\nu C_{n\nu}\hat{W}_{m\mu,n\nu} = EC_{m\mu} \tag{7-21}$$

其中

$$\hat{W}_{m\mu,n\nu} = (\Psi_{m\mu}^{(0)}, \hat{W}\Psi_{n\nu}^{(0)})$$

把 E 和式(7-20)中的展开系数 $C_{n\nu}$ ($n=0,1,2,\cdots;\nu=1,2,\cdots,f$)按照参数 λ 的幂级数展开：

$$\begin{cases} E = E^{(0)} + \lambda E^{(1)} + \lambda^2 E^{(2)} + \cdots \\ C_{n\nu} = C_{n\nu}^{(0)} + \lambda C_{n\nu}^{(1)} + \lambda^2 C_{n\nu}^{(2)} + \cdots \end{cases} \tag{7-22}$$

将展开式代入式(7-21)，并比较 λ 的同次幂项(只考虑一级近似解)得

$$\lambda^0: (E^{(0)} - E_m^{(0)})C_{m\mu}^{(0)} = 0 \tag{7-23}$$

$$\lambda^1: (E^{(0)} - E_m^{(0)})C_{m\mu}^{(1)} + E^{(1)}C_{m\mu}^{(0)} - \sum_n\sum_\nu C_{n\nu}^{(0)}\hat{W}_{m\mu,n\nu} = 0 \tag{7-24}$$

假设我们所考虑的是第 k 个能级 $E_k^{(0)}$(k 取任意值，但要事先取定)所受的微扰，即

$$E^{(0)} = E_k^{(0)} \tag{7-25}$$

对应的本征函数是 $\Psi_{k\nu}^{(0)}$，$\nu=1,2,\cdots,f$。因此，式(7-23)变为

$$(E_k^{(0)} - E_m^{(0)})C_{m\mu}^{(0)} = 0 \tag{7-26}$$

由此得，当 $m\neq k$ 时，$C_{m\mu}^{(0)}=0$；当 $m=k$ 时，$C_{m\mu}^{(0)}$ 可以不为零。综合这两种情况，可以将 $C_{m\mu}^{(0)}$ 表示为

$$C_{m\mu}^{(0)} = a_\mu\delta_{k\mu} \tag{7-27}$$

将式(7-25)和式(7-27)代入式(7-24)，得

$$E_k^{(1)}a_\mu\delta_{mk} + (E_k^{(0)} - E_m^{(0)})C_{m\mu}^{(1)} - \sum_n a_\nu\delta_{kv}\hat{W}_{m\mu,n\nu} = 0 \tag{7-28}$$

当 $m=k$ 时，由式(7-28)得

$$E_k^{(1)}a_\mu - \sum_n a_\nu\hat{W}_{\mu,\nu} = 0 \quad (\hat{W}_{\mu,\nu} = \hat{W}_{k\mu,k\nu})$$

或者

$$\sum_{\nu=1}^{f}(\hat{W}_{\mu,\nu} - E_k^{(1)}\delta_{\mu\nu})a_\nu = 0 \tag{7-29}$$

如果写成矩阵的形式，则式(7-29)变为

$$\begin{pmatrix} W_{11} - E_k^{(1)} & W_{12} & \cdots & \cdots \\ W_{21} & W_{22} - E_k^{(1)} & W_{23} & \cdots \\ \cdots & \cdots & \cdots & \cdots \\ \cdots & \cdots & \cdots & W_{ff} - E_k^{(1)} \end{pmatrix}\begin{pmatrix} a_1 \\ a_2 \\ \vdots \\ a_f \end{pmatrix} = 0 \tag{7-30}$$

其久期方程(借用天体力学微扰论中的术语)为

$$\begin{vmatrix} W_{11} - E_k^{(1)} & W_{12} & \cdots & \cdots \\ W_{21} & W_{22} - E_k^{(1)} & W_{23} & \cdots \\ \cdots & \cdots & \cdots & \cdots \\ \cdots & \cdots & \cdots & W_{ff} - E_k^{(1)} \end{vmatrix} = 0 \tag{7-31}$$

解方程(7-31)，可以得到 f 个实根 $E_{k\nu}^{(1)}$($\nu=1,2,\cdots,f$)，而 f 个 $E_{k\nu}^{(1)}$($\nu=1,2,\cdots,f$)就是能

量 $E_k^{(0)}$ 的一级修正值。再把 $E_{k\nu}^{(1)}$ 代回到方程(7-30)就可以解出 $a_{\rho\nu}(\rho,\nu=1,2,\cdots,f)$。这样，能量的一级近似值为

$$E_{k\nu}=E_k^{(0)}+\lambda E_{k\nu}^{(1)},\quad \nu=1,2,\cdots,f \tag{7-32}$$

由此可见，如果 f 个实根 $E_{k\nu}^{(1)}$ 没有重根，则原来的 1 条能级 $E_k^{(0)}$ 分裂成 f 条能级 $E_k^{(0)}+\lambda E_{k1}^{(1)},E_k^{(0)}+\lambda E_{k2}^{(1)},\cdots,E_k^{(0)}+\lambda E_{kf}^{(1)}$，简并完全解除。

与 $E_{k\nu}$ 对应的零级波函数为

$$\Psi^{(0)}=\sum_n\sum_\nu C_{n\nu}^{(0)}\Psi_{n\nu}^{(0)}$$

由于对于第 k 个能级，有 $C_{n\nu}^{(0)}=a_\nu\delta_{kn},\Psi_k^{(0)}=\sum\limits_n\sum\limits_\nu a_\nu\delta_{kn}\Psi_{n\nu}^{(0)}=\sum\limits_\nu a_\nu\Psi_{k\nu}^{(0)}$，因此

$$\Psi_{k\nu}^{(0)}=\sum_\rho a_{\nu\rho}\Psi_{k\rho}^{(0)}\quad(\rho,\nu=1,2,\cdots,f)$$

可见，由原来的零级波函数 $\Psi_{k\rho}^{(0)}$ 线性叠加，给出 f 个新的零级波函数。如果 $E_{k\nu}^{(1)}$ 有重根，则简并不能完全解除，相应的波函数也不能够完全被确定。

7.3 变分法

微扰理论虽然是量子力学近似解法中最有效的方案之一，但是这个理论也有许多局限性：首先，要在哈密顿量 $\hat{H}$ 中分出 $\hat{H}_0$ 和微扰项 $\hat{H}'$，而且 $\hat{H}_0$ 的本征值和本征函数要预先给定；其次，如果要计及高级近似，计算工作量是非常大的；最后，在量子场论的微扰计算中往往出现发散困难。也就是说，虽然在计算最低级近似时微扰论的结果收敛，但是在计算二级或高级修正时，微扰矩阵元的积分发散。为了克服发散的困难，通常要用到重整化或维数规则化等方法。实际上，微扰级数的收敛性常常是很难证明的，往往只是计算一级或二级修正，然后将所得结果与实验结果比较来看它的符合程度。因此，我们有必要探讨各种不同于微扰论的其他近似方法来求解薛定谔方程。如果只希望求得能量，特别是只希望求得基态能量，变分法是一种比较有效的简便方法。本节我们将介绍变分法。

7.3.1 薛定谔方程与变分原理

理论上来说，体系的动力学方程总可以用变分原理(即最小作用量原理)对给定体系的拉格朗日量和哈密顿量中相应的变量变分后取极小值求得。在经典力学中，这些变量是广义坐标和广义动量，在量子力学或量子场论中，这些变量可以是波函数或各种场。例如：定态薛定谔方程就可以在归一化条件下通过哈密顿量平均值对波函数求极值得到。假设量子体系的哈密顿量为 $\hat{H}$，则体系的能量本征值可以通过在一定的边界条件下求解薛定谔方程 $\hat{H}\Psi=E\Psi$ 并要求满足归一化条件

$$\int\Psi^*\Psi\mathrm{d}\vec{r}=1 \tag{7-33}$$

求得。下面我们将证明这种方法与变分原理是等价的。

根据变分原理，设体系的哈密顿量平均值为

$$\langle \hat{H} \rangle = \int \Psi^* \hat{H} \Psi \mathrm{d}\vec{r} \tag{7-34}$$

那么体系的能量本征值和本征函数可以在归一化条件即式(7-33)下让能量平均值取极值而得出，即

$$\delta \int \Psi^* \hat{H} \Psi \mathrm{d}\vec{r} - \lambda \delta \int \Psi^* \Psi \mathrm{d}\vec{r} = 0 \tag{7-35}$$

由于 Ψ 是复数，所以此处可以将 Ψ 与 Ψ^* 视为独立变量，λ 是拉格朗日不定乘子。由式(7-35)及 $\hat{H}$ 的厄米性，可得

$$0 = \int \mathrm{d}\vec{r} [\delta\Psi^* H\Psi + \Psi^* H \delta\Psi - \lambda(\Psi\delta\Psi^* + \Psi^*\delta\Psi)]$$

$$0 = \int \mathrm{d}\vec{r} [\delta\Psi^* (H\Psi - \lambda\Psi) + \delta\Psi(H\Psi^* - \lambda\Psi^*)] \tag{7-36}$$

由于 $\delta\Psi$ 和 $\delta\Psi^*$ 是任意的变分函数，所以要求

$$\hat{H}\Psi = \lambda\Psi \tag{7-37a}$$

$$H\Psi^* = \lambda\Psi^* \tag{7-37b}$$

这实际上就是薛定谔方程，由式(7-37a)可知拉格朗日不定乘子 λ 实际上就是体系的能量本征值。

也可以反过来证明满足薛定谔方程的归一化的本征函数，一定使得能量取极值。下面我们予以证明。

将薛定谔方程 $\hat{H}\Psi_n = E_n\Psi_n$ 在归一化条件 $\int \Psi_n^* \Psi_n \mathrm{d}\vec{r} = 1$ 下，对波函数 Ψ_n 及 Ψ_n^* 作微小的变化，即令

$$\Psi_n \to \Psi_n + \delta\Psi_n, \quad \Psi_n^* \to \Psi_n^* + \delta\Psi_n^*$$

则归一化条件变为

$$\int (\Psi_n^* + \delta\Psi_n^*)(\Psi_n + \delta\Psi_n) \mathrm{d}\vec{r} = 1$$

即

$$\int \mathrm{d}\vec{r} (\Psi_n^* \delta\Psi_n + \Psi_n \delta\Psi_n^* + \delta\Psi_n^* \delta\Psi_n) = 0$$

忽略 $\delta\Psi_n$ 的二阶项可得

$$\int \mathrm{d}\vec{r} (\Psi_n^* \delta\Psi_n + \Psi_n \delta\Psi_n^*) = 0$$

同样的道理，Ψ_n 态能量本征值 E_n 的变化为

$$E_n \to E_n + \delta E_n = \int (\Psi_n^* + \delta\Psi_n^*) H (\Psi_n + \delta\Psi_n) \mathrm{d}\vec{r}$$

$$\begin{aligned} \delta E_n &= \int \mathrm{d}\vec{r} (\delta\Psi_n^* H \Psi_n + \Psi_n^* H \delta\Psi_n + \delta\Psi_n^* H \delta\Psi_n) \\ &= E_n \int \mathrm{d}\vec{r} (\Psi_n \delta\Psi_n^* + \Psi_n^* \delta\Psi_n) \\ &= 0 \end{aligned}$$

这就证明了满足薛定谔方程的本征函数使得能量本征值 E_n 取极小值。

综上所述，薛定谔方程与变分原理是等价的。

7.3.2 变分法计算

前面在用微扰论求解量子力学问题时，前提条件是体系的哈密顿量 $\hat{H}$ 可以分为 $\hat{H}_0$ 与 $\hat{H}'$ 两部分，其中 $\hat{H}_0$ 的本征值与本征函数是已知的，而 $\hat{H}'$ 很小。如果这些条件不满足，那么就不能用微扰论来求解问题。薛定谔方程的变分原理提供了在量子力学中求解体系基态能量问题的另一种简单易行的近似方法。

假设体系的哈密顿算符的本征值由小到大依次为 $E_0, E_1, E_2, \cdots, E_n, \cdots$，相应的本征函数依次为 $\Psi_0, \Psi_1, \Psi_2, \cdots, \Psi_n, \cdots$。$E_0$ 和 Ψ_0 是基态能量和基态波函数。简单起见，假定 $\hat{H}$ 的本征值 E_n 是分立的，本征函数 Ψ_n 组成正交、归一、完备系。假设 φ 是任意一个归一化的波函数，将 φ 按本征函数 Ψ_n 展开

$$\varphi = \sum_n C_n \Psi_n \tag{7-38}$$

$\hat{H}$ 在 φ 中的平均能量为

$$\langle \hat{H} \rangle = \langle \varphi \mid \hat{H} \mid \varphi \rangle = \sum_{nm} C_m^* C_n \int \Psi_m^* \hat{H} \Psi_n \mathrm{d}\vec{r} \tag{7-39}$$

将薛定谔方程 $\hat{H}\Psi_n = E_n \Psi_n$ 代入上式，可以得到在 φ 中的平均能量为

$$\langle \hat{H} \rangle = \sum_{nm} C_m^* C_n E_n \delta_{mn} = \sum_n \mid C_n \mid^2 E_n \tag{7-40}$$

因为 E_0 是体系的基态能量，所以 $E_0 < E_n (n = 1, 2, \cdots)$。如果将式(7-40)中的 E_n 都用 E_0 来代替，并应用 φ 的归一化条件 $\sum_n \mid C_n \mid^2 = 1$，那么显然会有

$$\langle \hat{H} \rangle \geqslant E_0 \sum_n |C_n|^2 = E_0 \tag{7-41}$$

如果函数 φ 不是归一化的，那么

$$\langle \hat{H} \rangle = \langle \varphi \mid \hat{H} \mid \varphi \rangle = \int \varphi^* \hat{H} \varphi \mathrm{d}\vec{r} \Big/ \int \varphi^* \varphi \mathrm{d}\vec{r} \tag{7-42}$$

此时

$$E_0 \leqslant \int \varphi^* \hat{H} \varphi \mathrm{d}\vec{r} \Big/ \int \varphi^* \varphi \mathrm{d}\vec{r} \tag{7-43}$$

式(7-41)和式(7-43)中的等号只有当 φ 是体系基态波函数 Ψ_0 时才成立。这就表明利用任意波函数 φ 求得的 $\hat{H}$ 的平均值总是不小于体系基态能量，即可以给出基态能量的上限。如果选择一系列波函数，分别用它们去计算 $\hat{H}$ 的平均值，那么平均值最小的波函数，就最接近真正的基态波函数 Ψ_0。相应地，最小的一个值也最接近于真正的基态能量 E_0。利用这种性质，提出了一种变分法来近似求得基态能量。其步骤是选择一个含有变分参量 λ 的尝试波函数 $\varphi(\lambda)$，用该波函数来计算 $\hat{H}$ 的平均值：

$$\langle \hat{H}(\lambda) \rangle = \int \varphi^* (\lambda) \hat{H} \varphi(\lambda) \mathrm{d}\vec{r} \Big/ \int \varphi^* (\lambda) \varphi(\lambda) \mathrm{d}\vec{r} \tag{7-44}$$

然后将 $\langle \hat{H}(\lambda) \rangle$ 对 λ 变分取极小值：

$$\frac{\delta\langle\hat{H}(\lambda)\rangle}{\delta\lambda}\bigg|_{\lambda=\lambda_0}=0 \tag{7-45}$$

将由式(7-45)求得的 λ_0 代回式(7-44)，得出 $\langle\hat{H}(\lambda_0)\rangle$，那么 $H(\lambda_0)$ 就是 E_0 的近似值。

7.4　含时微扰理论

7.1 节和 7.2 节在定态微扰理论中讨论了分立能级的能量和波函数的修正问题，所讨论体系的哈密顿算符是不含时间变量的，因而处理的是定态问题，所研究的是定态薛定谔方程的近似解。并且对于外界的微扰，我们也假定是不随时间变化的。因此，整个体系的能量是个守恒量。显然，这只是实际情况的一种近似。实际上，即使外界给予体系的是一个常量微扰，由于微扰总是从某一时刻开始，且微扰对体系的作用也总有一定的时间。也就是说，微扰是与时间有关的。例如：要讨论原子在外来作用下从一个量子态跃迁到另一个量子态，那么，外来作用无论多么微弱，作用时间无论多长或多短，即使原来没有受外来作用时原子处于定态，在某一时刻施加微扰后，它都变成一个与时间有关的问题。此时就不能用前面的定态微扰论来处理问题，而必须将定态微扰论推广到含时间的情况，用含时微扰论来处理问题。本节就来讨论体系哈密顿算符含有与时间有关的微扰的情况。

假设体系的哈密顿量算符 $\hat{H}(t)$ 可以分为 $\hat{H}_0$ 和 $\hat{H}'(t)$ 两部分：

$$\hat{H}(t)=\hat{H}_0+\hat{H}'(t)$$

其中：$\hat{H}_0$ 是与时间无关的部分，它的本征值和本征函数是已知的；$\hat{H}'(t)$ 是微扰部分，是时间的函数。因此，系统的哈密顿量 $\hat{H}(t)$ 是时间的函数，体系的波函数要由含时间的薛定谔方程准确求解，这通常来说是很困难的。下面我们将采用与时间有关的微扰理论，由 $\hat{H}_0$ 的定态波函数近似地计算出有微扰时的波函数，从而计算出无微扰体系在微扰作用下由一个量子态跃迁到另一个量子态的概率。

体系波函数 Ψ 所满足的薛定谔方程为

$$\mathrm{i}\hbar\frac{\partial\Psi}{\partial t}=\hat{H}(t)\Psi \tag{7-46}$$

$$\hat{H}(t)=\hat{H}_0+\hat{H}'(t)$$

设 $\hat{H}_0$ 的本征函数 φ_n 已知，即

$$\hat{H}_0\varphi_n=\varepsilon_n\varphi_n \tag{7-47}$$

则 $\hat{H}_0$ 的定态波函数是 $\Phi_n=\varphi_n(x)\mathrm{e}^{-\frac{\mathrm{i}}{\hbar}\varepsilon_n t}$

将体系的本征态 Ψ 按照 $\hat{H}_0$ 的定态波函数 Φ_n 展开：

$$\Psi=\sum_n a_n(t)\Phi_n \tag{7-48}$$

将式(7-48)代入体系的薛定谔方程(式(7-46))：

$$\mathrm{i}\hbar\sum_n\Phi_n\frac{\mathrm{d}a_n(t)}{\mathrm{d}t}+\mathrm{i}\hbar\sum_n a_n(t)\frac{\partial\Phi_n}{\partial t}=\sum_n a_n(t)\hat{H}_0\Phi_n+\sum_n a_n(t)\hat{H}'\Phi_n \tag{7-49}$$

由于 $\mathrm{i}\hbar\dfrac{\partial\Phi_n}{\partial t}=\hat{H}_0\Phi_n$，所以式(7-49)左边第二项与右边第一项可以消去而简化成

$$\mathrm{i}\hbar\sum_n\Phi_n\frac{\mathrm{d}a_n(t)}{\mathrm{d}t}=\sum_n a_n(t)\hat{H}'\Phi_n \tag{7-50}$$

用 Φ_n^* 左乘上式两边，然后对整个空间积分，得

$$\mathrm{i}\hbar\sum_n\frac{\mathrm{d}a_n(t)}{\mathrm{d}t}\int\Phi_n^*\Phi_n\mathrm{d}\vec{r}=\sum_n a_n(t)\int\Phi_n^*\hat{H}'\Phi_n\mathrm{d}\vec{r} \tag{7-51}$$

又因为 $\int\Phi_m^*\Phi_n\mathrm{d}\vec{r}=\delta_{mn}$，代入式(7-51)得

$$\mathrm{i}\hbar\frac{\mathrm{d}a_m(t)}{\mathrm{d}t}=\sum_n a_n(t)H'_{mn}(t)\mathrm{e}^{\mathrm{i}\omega_{mn}t} \tag{7-52}$$

式中：

$$H'_{mn}=\int\Phi_m^*H'(t)\Phi_n\mathrm{d}\vec{r} \tag{7-53}$$

是微扰矩阵元。

$$\omega_{mn}=\frac{1}{\hbar}(\varepsilon_m-\varepsilon_n) \tag{7-54}$$

是从能级 ε_n 跃迁到能级 ε_m 的玻尔频率。

式(7-52)其实就是在 H_0 表象中的薛定谔方程，无论 $\hat{H}'(t)$ 是否是微扰，该式都成立。只是如果 $\hat{H}'(t)$ 是微扰，那么可以通过逐步逼近的方法来求解。式中的 $a_m(t)$ 是体系在 t 时刻的波函数，如果体系在 $t=0$ 时的初始状态是 H_0 的第 k 个本征态，即

$$a_n(0)=\delta_{nk} \tag{7-55}$$

加入微扰 $\hat{H}'(t)$ 后，由式(7-52)可得

$$\mathrm{i}\hbar\frac{\mathrm{d}a_m(t)}{\mathrm{d}t}=\sum_n a_n(0)H'_{mn}(t)\mathrm{e}^{\mathrm{i}\omega_{mn}t}=\sum_n\delta_{nk}H'_{mn}\mathrm{e}^{\mathrm{i}\omega_{mn}t}=H'_{mk}\mathrm{e}^{\mathrm{i}\omega_{mk}t} \tag{7-56}$$

在一级近似下，其解为

$$a_m(t)=\frac{1}{\mathrm{i}\hbar}\int_0^t H'_{mk}\mathrm{e}^{\mathrm{i}\omega_{mk}t'}\mathrm{d}t' \tag{7-57}$$

$a_m(t)$表示体系在 t 时刻的波函数。因为在 $t=0$ 时，体系处在 Φ_k 态，所以 $|a_m(t)|^2$ 表示体系从 $t=0$ 时的 Φ_k 态跃迁到 $t=t$ 时的 Φ_m 态的概率。通常，$a_m(t)$称为跃迁概率振幅，$|a_m(t)|^2$ 称为跃迁概率，记为 $W_{k\to m}$，即

$$W_{k\to m}=|a_m(t)|^2=\frac{1}{\hbar^2}\left|\int_0^t H'_{mk}\mathrm{e}^{\mathrm{i}\omega_{mk}t'}\mathrm{d}t'\right|^2 \tag{7-58}$$

7.5 含时微扰论与定态微扰论的关系

既然定态微扰论和含时微扰论都是微扰近似，那么它们之间必然存在着某种联系，本节我们就来讨论这二者之间的关系。

假定外界微扰 $\hat{H}'(t)$随时间变化情况如图 7-1 所示。在 $t\to-\infty$时，$\hat{H}'(t)$近似为零，然后

缓慢增加，到 $t\to+\infty$ 时，$\hat{H}'(t)$ 趋于一个常数。由式(7-57)可得从 $t\to-\infty$ 至 t 时刻的跃迁概率振幅为

$$a_m(t)=\frac{1}{\mathrm{i}\hbar}\int_{-\infty}^{t}H'_{mk}(t')\mathrm{e}^{\mathrm{i}\omega_{mk}t'}\mathrm{d}t' \tag{7-59}$$

经分部积分后

$$\begin{aligned}a_m(t)&=\frac{-H'_{mk}(t')\mathrm{e}^{\mathrm{i}\omega_{mk}t'}}{\hbar\,\omega_{mk}}\Bigg|_{-\infty}^{t}+\int_{-\infty}^{t}\frac{\partial H'_{mk}(t')}{\partial t'}\frac{\mathrm{e}^{\mathrm{i}\omega_{mk}t'}}{\hbar\,\omega_{mk}}\mathrm{d}t'\\&=\frac{-H'_{mk}(t)\mathrm{e}^{\mathrm{i}\omega_{mk}t}}{\hbar\,\omega_{mk}}+\int_{-\infty}^{t}\frac{\partial H'_{mk}(t')}{\partial t'}\frac{\mathrm{e}^{\mathrm{i}\omega_{mk}t'}}{\hbar\,\omega_{mk}}\mathrm{d}t'\end{aligned} \tag{7-60}$$

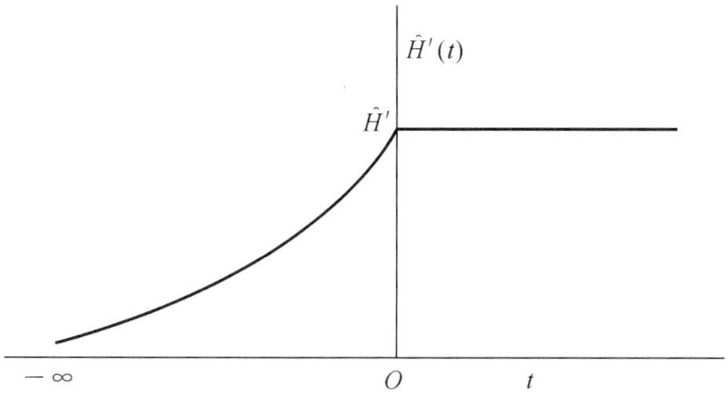

图 7-1　微扰 $\hat{H}'(t)$ 随时间变化的分布图

所以在准确到一级近似下，经过微扰后 t 时刻的波函数为

$$\begin{aligned}\Psi(t)&=\sum_m a_m(t)\Phi_m\\&=\varphi_k\mathrm{e}^{-\mathrm{i}\varepsilon_k t/\hbar}+\sum_{m\neq k}\frac{H'_{mk}(t)}{\varepsilon_k-\varepsilon_m}\mathrm{e}^{\mathrm{i}\omega_{mk}t}\varphi_m\mathrm{e}^{-\mathrm{i}\varepsilon_m t/\hbar}+\sum_{m\neq k}\left[\int_{-\infty}^{t}\frac{\partial H'_{mk}(t)}{\partial t'}\frac{\mathrm{e}^{\mathrm{i}\omega_{mk}t'}}{\hbar\,\omega_{mk}}\mathrm{d}t'\right]\varphi_m\mathrm{e}^{-\mathrm{i}\varepsilon_m t/\hbar}\\&=\left[\varphi_k+\sum_{m\neq k}\frac{H'_{mk}(t)}{\varepsilon_k-\varepsilon_m}\varphi_m\right]\mathrm{e}^{-\mathrm{i}\varepsilon_k t/\hbar}+\sum_{m\neq k}\left[\int_{-\infty}^{t}\frac{\partial H'_{mk}(t)}{\partial t'}\frac{\mathrm{e}^{\mathrm{i}\omega_{mk}t'}}{\hbar\,\omega_{mk}}\mathrm{d}t'\right]\varphi_m\mathrm{e}^{-\mathrm{i}\varepsilon_m t/\hbar}\end{aligned} \tag{7-61}$$

当 $t\to+\infty$ 时，$\hat{H}'(t)\to\hat{H}'$，式(7-61)右边第一项就是不含时间的定态微扰论在一级近似下的表达式，指数因子表示定态波函数随时间的变化，所以这一项是与跃迁无关的；右边第二项依赖于微扰的变化率 $\partial H_{mk}/\partial t'$，当外加的微扰随时间的变化足够缓慢时，$\partial H'_{mk}/\partial t'\to 0$，这一项就可以忽略，于是含时微扰论就过渡到不含时间的定态微扰论了。

下面我们将证明式(7-61)右边第二项给出的跃迁概率。

$$W_{k\to m}(t\to\infty)=\frac{1}{\hbar^2\omega_{mk}^2}\left|\int_{-\infty}^{+\infty}\frac{\partial H'_{mk}(t)}{\partial t'}\mathrm{e}^{\mathrm{i}\omega_{mk}t'}\mathrm{d}t'\right|^2 \tag{7-62}$$

上式与含时微扰论得到的结果近似相同。

假设在 $0\leqslant t'\leqslant t$ 时间间隔中加入常数微扰，则

$$\hat{H}'(t')=\hat{H}'[\theta(t')-\theta(t'-t)] \tag{7-63}$$

其中，$\theta(t')$ 是阶跃函数，即

$$\theta(t')=\begin{cases}0 & (t'<0)\\1 & (t'>0)\end{cases} \tag{7-64}$$

而 $\hat{H}'$ 是常数，有

$$\frac{\partial \hat{H}'(t')}{\partial t'} = \hat{H}'\delta(t') - \hat{H}'\delta(t'-t) \tag{7-65}$$

将式(7-65)代入式(7-62)，可得

$$\begin{aligned} W_{k\to m} &= \frac{1}{\hbar^2\omega_{mk}^2}\left|H'_{mk}\int_{-\infty}^{+\infty}[\delta(t')-\delta(t'-t)\mathrm{e}^{\mathrm{i}\omega_{mk}t'}\mathrm{d}t']\right|^2 \\ &= \frac{1}{\hbar^2\omega_{mk}^2}\left|H'_{mk}(1-\mathrm{e}^{\mathrm{i}\omega_{mk}t})\right|^2 \\ &= \frac{|H'_{mk}|^2}{\hbar^2\omega_{mk}^2}4\sin^2\frac{\omega_{mk}t}{2} \\ &= \frac{1}{\hbar^2}|H'_{mk}|^2\frac{\sin^2\frac{\omega_{mk}t}{2}}{(\omega_{mk}/2)^2} \end{aligned} \tag{7-66}$$

由此可见，定态微扰其实只是一种近似。

知识拓展

量子通信

进入 20 世纪，经典物理学在解释新的实验现象时遇到了前所未有的困难。17—19 世纪经典物理学的建立为我们带来了 20 世纪的经典信息革命。同样地，20 世纪量子物理学的建立将给我们带来 21 世纪的“量子信息”革命。信息处理技术的难度往往高于信息传输的难度，于是经典信息革命就以经典通信为前奏，以经典信息处理为高潮。同理，量子信息的革命也必然会以“量子通信”为前奏，以“量子计算”为高潮，从而使人类全面进入量子信息时代。如今，这个前奏已经悄然响起。

量子通信是目前唯一得到严格证明的无条件安全的通信手段。传统的信息安全依赖于计算的复杂度，一旦拥有足够强大的计算能力，所有依赖于计算复杂度的传统加密算法原则上都会被破解。量子通信的安全性基于量子力学基本原理，即单光子的不可分割性和量子态的不可复制性从原理上保证了信息的不可窃听和不可破解。只要量子力学是正确的，量子通信的安全性就严格得到保障，与计算能力无关，因此可从根本上、永久性地解决信息安全问题。

具体来说，量子通信的基本原理有两条：一是量子信息的传播媒介单光子不可分割，二是未知的光子状态是不可复制的。首先，我们的物质世界由很多基本元素颗粒组成。当太阳光照过来时，这束光是由一颗颗小颗粒组成，这种小颗粒就叫作光子。光子是光的最小组成单元，具有不可分割性。而光子在真空中传播时有一种特性——偏振，即它会沿着水平方向和垂直方向振动。将光子的这两种振动状态分别用 0 和 1 表示，假设用 0 表示水平振动，用 1 表示垂直振动。根据量子力学的原理，在尚未被观察时，光子的状态处于 0 和 1 的叠加态，并不知道是 0 还是 1。如果你尝试去观察它，就会对它有干扰，光子状态会被破坏，所以这种振动态是无法被精确复制的。

1. 量子密码分配协议

量子通信按照发展历史可以分为两个阶段:第一个阶段是利用量子通信方案来传输经典信息——以经典比特为单位的信息;第二个阶段是直接传输量子信息——以量子比特为单位的信息。经典比特即 0 或 1,而量子比特可以处于 0 和 1 的量子叠加态。物理学家们最先提出了用量子通信手段传输经典比特的模式,即用来传输和分配密码的量子通信协议,其中比较著名的是由查尔斯·贝内特和吉勒斯·布拉萨德在 1984 年提出的 BB84 协议。

该协议利用光子的偏振态来传输信息。假设量子力学三位主要创始人海森堡、薛定谔和狄拉克各自扮演信息的发送者、接收者和截获者的角色。因为光子的偏振有两个相互线性独立的自由度(即偏振态相互垂直),所以可以简单选取“横竖基”(即“+”)和“对角基”(即“×”)作为测量光子偏振的基矢。在“横竖基”中,偏振方向“↑”代表 0,偏振方向“→”代表 1;“对角基”中,偏振方向“↗”代表 0,偏振方向“↘”代表 1。

这样选择测量基矢的好处就是“+”和“×”不是线性独立的,相互不正交。于是若选择“+”来测量偏振态“↗”或“↘”时,会有 50%的概率为“→”,有 50% 的概率为“↑”。同理,当选择“×”来测量“→”或“↑”时,会有 50% 的概率为“↗”,有 50% 的概率为“↘”。

在传输一组二进制信息时,海森堡对每个比特随机选一个基矢,即“+”或者“×”,然后把每个比特(在各自被选的基矢下)对应的偏振光子发送给薛定谔。比如传输一个比特 0,选择的基矢为“+”,则对应的光子的偏振态为“↑”。光子可以通过不破坏偏振态(保偏)的光纤或者自由空间来传输,称为“量子信道”。薛定谔这边也对接收到的每个比特随机选择“+”或者“×”来测量。在测量出所有的 0 和 1 后,薛定谔和海森堡之间要通过经典信道(电话、短信、QQ 等)建立联系,互相分享各自用过的基矢,然后保留相同的基矢,舍弃不同的基矢。于是保留下来的基矢所对应的比特,就是他们之间通过量子通信传输的密码。

2. 量子不可克隆定理

如果用量子通信直接传输量子态,如量子比特,那么量子通信就有了它最重要的优势——信息本身的绝对安全性。这个绝对安全性来自量子“不可克隆定理”,即无法克隆任意的量子态。

经典信息技术(IT)主要由通信和计算两大部分组成,时间上也有着先实现大规模通信后实现大规模计算的“两步走”关系,最后形成了我们今天的互联网。而量子信息学正沿着这条道路在前进。量子通信技术已经日渐成熟,并正慢慢进入应用领域。而量子计算才刚刚开始,还要经过很多年的努力才能实现大规模应用。我们现在就像大约一百年前,电磁波通信刚刚实现,而电子计算机还没有出现的时候。如今小范围的量子密码分配已经走出实验室并得到应用,量子隐形传态技术也早已在实验室实现。但是在量子计算方面,还仅仅在实验室实现了一百多个量子比特的计算,真正的量子计算机还没有出现。

量子通信目前已经进入应用领域的是量子密码分配方案。它可以由已应用多年的激光器、光纤以及偏振分光棱镜等光学器件实现。目前国际上投入应用的量子密码分配网络如下:位于美国波士顿的 DAPRA 量子网络(DAPRA quantum network),由哈佛大学和波士顿大学联合几家公司在 2004 年建成;同年,瑞士的 ID Quantique 公司已经开始将量子密码分配网络投入商业化;第一个应用量子密码分配的计算机网络是位于奥地利维也纳的 SECOQC,由量子信息技术处于世界前列的奥地利科学院量子光学与量子信息研究所(IQOQI)和维也纳大学在2008年建成。中国在这方面的产业化也已经走入世界前列。中国科学技术大学的研究团队在合肥于2012年建立了中国第一个量子密码分配的安全网络。

思政小课堂

由"墨子号"量子通信卫星联想到中国航天工程名称——博大精深的中国传统文化

7-3 态的叠加应用——量子通信与"墨子号"

2016年8月16日1时40分,我国在酒泉卫星发射中心用长征二号丁运载火箭成功发射世界首颗量子科学实验卫星"墨子号"。随着"墨子号"量子科学实验卫星的成功发射,人类将首次完成卫星和地面之间远距离量子通信的实验研究,从而构建一个"天地一体化"的量子保密通信与科学实验体系。该实验体系为建立一个极其安全的覆盖全球的通信网络奠定基础,同时将开展对量子力学基本问题的空间尺度实验检验,加深人类对量子力学的理解。

取名"墨子号"是对这颗世界首发卫星的最好定义。量子卫星首席科学家、中国科学院院士、中国科学技术大学教授潘建伟曾说:"墨子是目前据文献记载的第一个通过科学实验验证光线沿直线传播的科学家。从某种意义上讲,他也是第一个提出牛顿第一定律的人。"卫星之名,不仅为了纪念我国科学家先贤,也体现了我们的文化自信。

发射量子科学实验卫星主要有三方面的目的:第一个目的是构建卫星和地面之间的量子通信;第二个目的是通过卫星实现远距离的纠缠光子分发,测试量子纠缠现象,并在远距离地点之间对量子力学预言的非定域性进行检验(量子纠缠是量子世界中的一个典型现象,即一对处于量子纠缠态的粒子,即使相隔极远,当其中一个状态改变时,另一个状态也会即刻发生相应改变,这是量子非定域性的一种表现);第三个目的是进行量子信息的远距离传送,学术术语叫作量子隐形传态。构建卫星和地面之间的量子通信的原因是,尽管我们现在用光纤上网,但量子通信的信号在光纤里传输100 km之后,99%的信号都损耗掉了,那么如果想做1000 km的量子通信,哪怕是把目前全世界所有顶尖技术都用上,每三百年也只能传送一个信号,这样量子通信就没价值了。但是量子卫星上天之后,通过量子卫星则可以传播上百千比特(kbit)的密钥,大大提高了量子保密通信的密钥分发数量。得益于量子保密通信的绝对安全性,量子通信将来不仅可应用于百姓日常通信,也可用于水、电、煤气等能源供给和民生网络基础设施的通信保障,还可应用于国防、金融、商业等领域,势必对产业界和科技界产生巨大变革。

潘建伟在接受《自然》期刊专访时表示,量子卫星的首要任务是在卫星和北京地面站、卫星和维也纳地面站之间建立量子密钥分发。卫星将量子密钥分发到两个站点,通过比对最终建立绝对安全的量子密钥。拥有相同量子密钥的两个站可以把使用量子密钥加密的信息以互联网、无线电话等经典通信方式进行传递而不用担心信息泄露,这种通过量子卫星发射的密钥可以做到一次一密。

随后,“墨子号”量子科学实验卫星不断突破,创造了一个又一个奇迹。2017年6月15日,中国科学家在著名期刊《科学》上报告,中国“墨子号”量子卫星在世界上首次实现千公里量级的量子纠缠,这意味着量子通信向实用迈出一大步。2017年8月12日,“墨子号”在国际上首次成功实现千公里级的星地双向量子通信,为构建覆盖全球的量子保密通信网络奠定了坚实的科学和技术基础。至此,“墨子号”量子科学实验卫星提前圆满地完成了预先设定的三大科学目标。2017年9月29日,世界首条量子保密通信干线“京沪干线”与“墨子号”量子科学实验卫星进行天地链路,我国科学家成功实现了洲际量子保密通信。这标志着我国在全球已构建出首个“天地一体化”的广域量子通信网络雏形,为未来实现覆盖全球的量子保密通信网络迈出了坚实的一步。2018年1月,“墨子号”量子科学实验卫星在中国和奥地利之间首次实现距离达7600 km的洲际量子密钥分发,并利用共享密钥实现加密数据传输和视频通信。该成果标志着“墨子号”已具备实现洲际量子保密通信的能力。中国科学技术大学潘建伟教授领衔的“墨子号”量子科学实验卫星科研团队也因此被授予2018年度克利夫兰奖,以表彰该团队通过实现千公里级星地双向量子纠缠分发而推动大尺度量子通信实验研究所做出的贡献。2020年6月15日,中国科学院宣布,“墨子号”量子科学实验卫星在国际上首次实现千公里级基于量子纠缠的量子密钥分发。该实验成果不仅将以往地面无中继量子密钥分发的空间距离提高了一个数量级,还通过物理原理确保了在卫星被他方控制的极端情况下依然能实现安全的量子密钥分发。国际学术期刊《自然》于北京时间6月15日23时在线发表了这一成果。

值得一提的是,2018年中国“墨子号”量子通信卫星完成洲际间量子通信实验的事例出现在了诺贝尔奖项宣布的官方PPT文件中(见图7-2),这是对中国在此领域取得成就的巨大肯定。

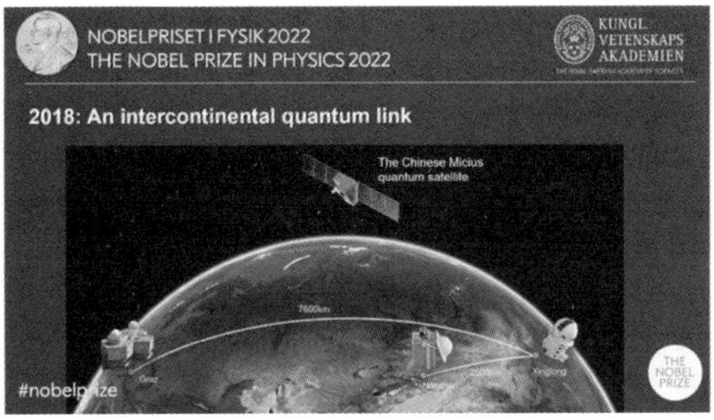

图7-2 出现在诺贝尔奖官方PPT中的中国“墨子号”

“墨子号”量子科学实验卫星的研制集合了中国科研系统的优势研究力量:量子卫星工程由中国科学院国家空间科学中心总负责;中国科学技术大学负责科学目标的提出和科学应用系统的研制;中国科学院微小卫星创新研究院研制卫星系统,中国科学院上海技术物理研究所联合中国科学技术大学研制有效载荷分系统;中国科学院国家空间科学中心牵头负责地面支撑系统研制、建设和运行;中国科学院对地观测与数字地球科学中心等单位参加。各单位的通力协作,最终创造了举世瞩目的成就。

提到“墨子号”量子通信卫星,大家还会联想到很多其他国之重器。以中国航天工程为例,从“神舟”飞船到“天宫”空间实验室，从“嫦娥”月球探测卫星、“玉兔”月球车到“天问”火星探测器，从“鹊桥”中继星到“北斗”卫星导航试验系统，再到“悟空”暗物质粒子探测卫星，中国航天工程美丽奇幻的名字令人神往，凝聚了深厚的传统文化，承载了中华民族千年飞天梦想。中国航空每一项实验系统蕴含的工匠精神，体现了中国人精益求精的精神品质。

人物介绍

费米

恩利克·费米(Enrico Fermi,1901 年 9 月 29 日—1954 年 11 月 28 日)，意大利物理学家，1901 年 9 月 29 日生于罗马，1954 年 11 月 28 日卒于芝加哥。1939 年去纽约的哥伦比亚大学之前，费米曾是佛罗伦萨大学和罗马大学的教授。1945 年他去了芝加哥大学，主要从事量子力学的研究。1934 年初，他发现在中子轰击下核的转化能够创造出很多新合成的放射性物质，他认为那是超铀元素。费米在他的论文 *Sulla quantizzazione del gas perfetto monoatomico*”(*Rendiconti Lincei*，1935;《物理杂志》，1936)中系统地阐述了以他的名字命名的统计学(费米统计学)。1938 年他被授予诺贝尔物理学奖。第二次世界大战期间，费米致力于原子能应用计划，1942 年 12 月 2 日，在他指导下，美国在芝加哥的核反应堆上第一次实现了核链式反应。为了纪念费米，美国设立了费米奖。

习　题

7-1　二维空间哈密顿算符在能量表象中的矩阵为 $\begin{pmatrix} E_1^{(0)}+a & b \\ b & E_2^{(0)}+a \end{pmatrix}$，其中 a、b 为实数，试用微扰公式求能量的一级、二级修正。

7-2　设已知在 $\hat{L}^2$ 和 $\hat{L}_z$ 的共同表象中，算符 $\hat{L}_x$ 和 $\hat{L}_y$ 的矩阵分别为

$$\boldsymbol{L}_x=\frac{\hbar\sqrt{2}}{2}\begin{pmatrix} 0 & 1 & 0 \\ 1 & 0 & 1 \\ 0 & 1 & 0 \end{pmatrix},\quad \boldsymbol{L}_y=\frac{\hbar\sqrt{2}}{2}\begin{pmatrix} 0 & -\mathrm{i} & 0 \\ \mathrm{i} & 0 & -\mathrm{i} \\ 0 & \mathrm{i} & 0 \end{pmatrix}$$

求：(1) 它们的本征值和归一化的本征函数；

(2) 将矩阵 $\boldsymbol{L}_x$ 和 $\boldsymbol{L}_y$ 对角化。

第8章 自旋与全同粒子

由前面章节的讨论可知，由量子理论计算得到的结果在相当精确的范围内与实验结果相符合。然而，前述理论还不能解决诸如塞曼效应等涉及自旋问题的微观现象。

本章从电子自旋的实验事实出发，将自旋引入量子力学理论中，讨论自旋角动量的性质以及塞曼效应。最后，根据全同性原理，讨论全同粒子体系的状态波函数。

【知识目标】

1. 掌握电子自旋的基本原理；
2. 理解碱金属光谱的精细结构与正常塞曼效应、反常塞曼效应；
3. 理解全同性原理。

【能力目标】

能运用原子物理学基本知识分析、理解电子自旋与全同粒子的基本规律。

【素质目标】

能够使用辩证唯物主义思想和方法论分析、解决问题。

8.1 电子自旋

8.1.1 电子自旋的实验根据

为了解释氢原子线状光谱等微观领域的实验现象，玻尔提出了原子结构量子理论。同时，量子论的确立又促进了实验工作，人们先后从实验中发现了光谱的精细结构和反常塞曼效应。

1. 碱金属光谱的双线结构

通过观察碱金属钠原子光谱，人们发现一条波长为589.3 nm的黄线，随着光谱仪分辨率的提高，随后发现它是由两条谱线构成的，它们的波长分别为589.6 nm和589.0 nm，这就是碱金属光谱的双线结构。

2. 反常塞曼效应

1897年，英国科学家普雷斯顿(T. Preston)发现：锌和镉原子在弱磁场中的光谱线有时并非分裂成3条，间隔也不尽相同。1912年，德国物理学家弗里德里希·帕邢(F. Paschen)和拜克(Back)发现在弱磁场中，原子光谱线会分裂成偶数条。弱磁场中的原子，由于磁场足够弱，因此其自旋-轨道耦合能量不能忽略，原子能级的精细结构因弱磁场的存在而进一步发生分裂，称为反常塞曼效应。

1925 年，两位不到 25 岁的荷兰学生乌仑贝克(Uhlenbeck)和古兹密特(Goudsmit)根据一系列的实验事实提出一个大胆的假设：电子不是点电荷，除了围绕原子核旋转、具有轨道角动量外，自己也在自转，即电子存在自旋运动。电子具有固有的自旋角动量 $L_s=\sqrt{s(s+1)}\hbar$，$s=\frac{1}{2}$，它在 z 向的分量只有两个：$L_{s,z}=\pm\frac{\hbar}{2}$。换言之，自旋量子数在 z 方向的分量只能取$\pm\frac{1}{2}$：$L_{s,z}=m_s\hbar$，$m_s=\pm\frac{1}{2}$。

电子自旋是表征电子固有属性的物理量，自旋具有角动量的量纲。自旋的存在，标志着电子又有一个新的自由度。在理论上，利用电子自旋假设可以正确解释碱金属原子光谱的双线结构和反常塞曼效应；在实验上，斯特恩-盖拉赫实验(Stern-Gerlach experiment)直接证实了电子自旋的存在。斯特恩(O. Stern)和盖拉赫(W. Gerlach)搭建的实验装置如图 8-1 所示。电炉 H 发射处于 s 态的氢原子束通过狭缝 BB 形成细束，并经过不对称的刃-槽形磁极(S、N)产生的不均匀磁场，最终打到相片底板 PP 上，形成两条分立的亮线。

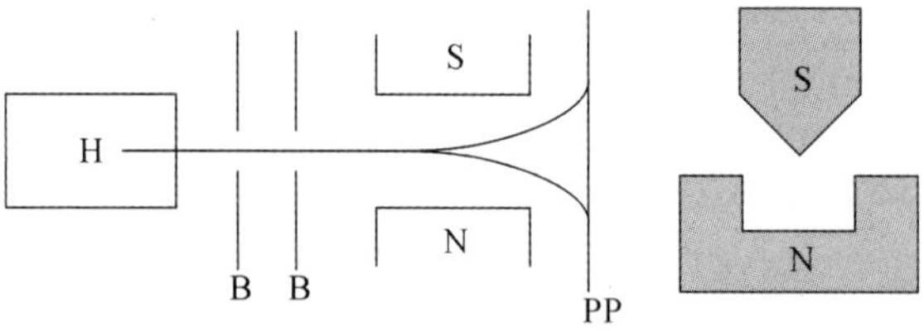

图 8-1　斯特恩-盖拉赫实验装置示意图

氢原子的结构由一个电子在一个质子的库仑场作用下运动而组成，但是在磁场中却分裂为关于中心线对称分布、朝两个方向偏转的两束亮线，揭示电子的角动量沿着 z 方向的分量是量子化的，只能取两个值。这个角动量与电子的轨道角动量无关，标志着电子具有一个新的内禀自由度，也就是上文所称的自旋。与自旋对应的磁矩称为内禀磁矩(intrinsic magnetic moment)，当电子自旋量子数 $m_s=1/2$ 时，它沿 z 方向的磁矩为 $-e\hbar/(2m)$；而当 $m_s=-1/2$ 时，它沿 z 方向的磁矩为 $e\hbar/(2m)$。

后来的许多实验事实还表明，不仅电子具有自旋，各种微观粒子均具有自旋。不同的粒子所具有的自旋角动量可能不同，按照自旋角动量的取值情况，可以将微观粒子分为两种类型，即自旋角动量为 $\hbar$ 的半奇数倍的费米(Fermi)子和自旋角动量为 $\hbar$ 的整数倍的玻色(Bose)子，它们遵守相应的统计规律。电子的自旋角动量为$\frac{\hbar}{2}$，它是一个费米子，服从费米统计规律。

以玻尔磁子为单位的轨道运动磁矩的 z 分量，在数值上与以 $\hbar$ 为单位的轨道角动量的 z 分量相等。而根据我们刚才所陈述的关于电子自旋的结论，轨道运动磁矩的 z 分量在数值上就等于电子自旋磁矩的 z 分量的 2 倍，下列比率

$$g=\frac{\text{观测到的以玻尔磁子为单位的磁矩的 } z \text{ 分量}}{\text{以 } \hbar \text{ 为单位的角动量的 } z \text{ 分量}}$$

称为回磁比。对于电子的轨道运动，回磁比为 1；而对于电子的自旋，回磁比为 2。

8.1.2　自旋算符

自旋是表征微观粒子固有属性的力学量，根据矩阵力学知识可得(参见第5章)，存在一个线性厄米算符与之相对应，并且该算符具有角动量特征。为了与轨道角动量相区别，通常用一个矢量算符 $\hat{s}$ 来标识它，称之为自旋算符。

在直角坐标系中，自旋算符可表示为

$$\hat{s} = \hat{s}_x i + \hat{s}_y j + \hat{s}_z k \tag{8-1}$$

由角动量算符的性质可知，自旋算符的三个分量满足以下对易关系：

$$[\hat{s}_x, \hat{s}_y] = \mathrm{i}\hbar\hat{s}_z; \quad [\hat{s}_y, \hat{s}_z] = \mathrm{i}\hbar\hat{s}_x; \quad [\hat{s}_z, \hat{s}_x] = \mathrm{i}\hbar\hat{s}_y \tag{8-2}$$

根据实验测量，自旋算符 $\hat{s}$ 在任何方向的投影的取值只能是 $\pm\frac{\hbar}{2}$，则

$$\hat{s}_x^2 = \hat{s}_y^2 = \hat{s}_z^2 = \frac{\hbar^2}{4}$$

自旋平方算符为

$$\hat{s}^2 = \hat{s}_x^2 + \hat{s}_y^2 + \hat{s}_z^2 = \frac{3\hbar^2}{4} \tag{8-3}$$

它与自旋的三个分量算符皆对易，即

$$[\hat{s}^2, \hat{s}_\mu] = 0 \quad (\mu = x, y, z) \tag{8-4}$$

根据共同本征态定理(见5.5节)，算符 $\hat{s}^2$ 与 $\hat{s}_z$ 同时具有确定值，即本征值。利用本征方程可以求解本征值，求解过程如下。

算符 $\hat{s}^2$ 与 $\hat{s}_z$ 的本征方程为

$$\hat{s}^2 \mid s\rangle = s(s+1)\hbar^2 \mid s\rangle \tag{8-5}$$

$$\hat{s}_z \mid m_s\rangle = m_s\hbar \mid m_s\rangle \tag{8-6}$$

显然，$\hat{s}_z$ 与 $\hat{s}^2$ 有共同的完备本征函数系 $\{|sm_s\rangle\}$，即

$$\hat{s}^2 \mid sm_s\rangle = s(s+1)\hbar^2 \mid sm_s\rangle \tag{8-7}$$

$$\hat{s}_z \mid sm_s\rangle = m_s\hbar \mid sm_s\rangle \tag{8-8}$$

式中：s 是自旋量子数；m_s 是自旋磁量子数，m_s 的取值范围为 $-s, -s+1, \cdots, s-1, s$，可能取值共有 $2s+1$ 个，即简并度为 $2s+1$。

对电子而言，$s=\frac{1}{2}$，$\hat{s}^2$ 的本征值为 $\frac{3}{4}\hbar^2$。$\hat{s}_z$ 的本征值只能取两个值，即 $-\frac{\hbar}{2}$ 与 $\frac{\hbar}{2}$，也称之为自旋向下和自旋向上。

8.2　电子的总角动量

上节主要讨论了单个角动量的问题，本节将研究多个角动量之间耦合的问题，该方法也称为角动量加法。

8.2.1 自旋-轨道耦合(*LS* 耦合)

当外加磁场很强时,自旋-轨道耦合相对较小,可以忽略不计;但当所加磁场很弱,或者没有外场作用时,自旋-轨道耦合对能级与光谱的影响(精细结构)就不可忽略。碱金属光谱的双线结构以及反常塞曼效应就是自旋-轨道耦合的有力实验证明。

如果体系是由 $N(>1)$个不同粒子构成的,第 i 个粒子的自旋和轨道角动量分别为 s_i 和 l_i,则体系的总自旋 S 和总轨道角动量 L 分别为

$$S=\sum_{i=1}^{N}s_i \tag{8-9}$$

$$L=\sum_{i=1}^{N}l_i \tag{8-10}$$

由此可以定义体系的总角动量为

$$J=S+L \tag{8-11}$$

即

$$J_\alpha=S_\alpha+L_\alpha,\quad \alpha=x,y,z \tag{8-12}$$

通常将上述表示称为角动量的 LS 耦合,如图 8-2 所示。

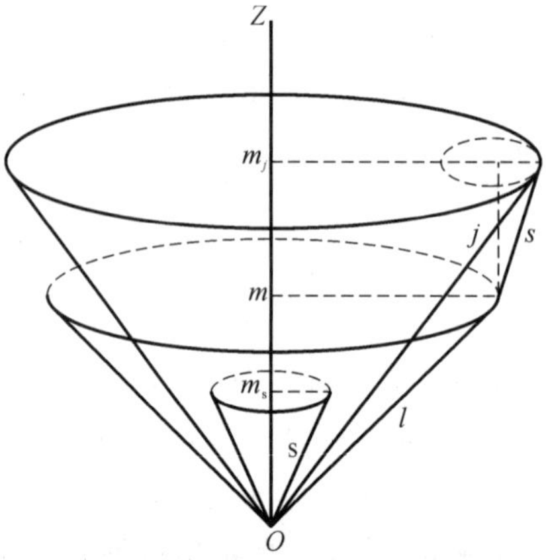

图 8-2 自旋和轨道角动量的耦合

8.2.2 角动量耦合(*jj* 耦合)

体系的总角动量还可以通过不同粒子间的角动量耦合表示。若定义第 i 个粒子的总角动量为

$$j_i=s_i+l_i \tag{8-13}$$

则体系的总角动量可写成

$$J=\sum_{i=1}^{N}j_i \tag{8-14}$$

这种耦合方式称为角动量的 jj 耦合。

由于中心力场中电子的轨道角动量与自旋属于不同自由度，对应的算符相互对易，即

$$[\hat{L}_\alpha, \hat{S}_\beta] = 0, \quad \alpha, \beta = x, y, z \tag{8-15}$$

因此

$$[\hat{J}_x, \hat{J}_y] = \mathrm{i}\hbar \hat{J}_z; \quad [\hat{J}_y, \hat{J}_z] = \mathrm{i}\hbar \hat{J}_x; \quad [\hat{J}_z, \hat{J}_x] = \mathrm{i}\hbar \hat{J}_y \tag{8-16}$$

令

$$\hat{J}^2 = \hat{J}_x^2 + \hat{J}_y^2 + \hat{J}_z^2$$

则

$$[\hat{J}^2, \hat{J}_\alpha] = 0 \quad (\alpha = x, y, z) \tag{8-17}$$

对于只有一个粒子的体系，不存在耦合方式的选择问题，它只有一种耦合方式，即 LS 耦合。在不作任何近似的情况下，两种不同的耦合方式应该给出同样的物理结果。

8.3　碱金属光谱的精细结构与塞曼效应

原子是由原子核与核外电子构成，这些核外电子从内向外按一定壳层分布，每个壳层只能容纳一定数目的电子，因此原子内部结构非常复杂。为了更好地描述原子内部结构，我们将填满了电子的壳层称为满壳层，满壳层中的电子是相对稳定的；将原子核与满壳层电子构成的体系称为原子实，原子实外的电子称为价电子；于是多电子原子就可以视为由原子实和价电子构成的，即所谓的价电子模型。价电子的运动规律与物体的宏观现象紧密相关。

精密的光谱实验可以反映原子内部的复杂结构及其运动规律，例如氢原子光谱和碱金属原子光谱都有很靠近的双线结构，称为原子光谱的精细结构。随着量子理论的发展，在价电子运动中引入电子自旋后，碱金属原子光谱的精细结构和塞曼效应得到了正确的解释。

8.3.1　碱金属光谱的双线结构

碱金属原子（如$_3$Li、$_{11}$Na、$_{19}$K、$_{37}$Ru、$_{55}$Cs 等）具有相同的特征，即原子实外只有一个价电子。从价电子模型的角度看，碱金属原子的结构与氢原子十分相似，因此具有类似氢原子的光谱结构。它们的差别仅在于：氢原子中的电子只受到原子核的库仑作用，而碱金属原子中的价电子要受到原子实形成的库仑场的作用。由电磁理论可知，原子实对价电子的束缚最小，故碱金属原子的低激发态就是由于价电子的激发。

由第 4 章可知，体系的哈密顿量为

$$\hat{H}_0 = -\frac{\hbar^2}{2\mu}\nabla^2 + V(r)$$

式中，势能算符

$$V(r) = -\frac{e^2}{r} - \frac{\tau e^2}{r} \tag{8-18}$$

式中，第一项和第二项分别是价电子在原子实产生的库仑场与偶极子场中的势能，τ 是一个与具体原子性质相关的常数，μ 是原子中价电子的约化质量。由于位势与坐标的方向无关，所以

价电子处于中心力场中。当 $r\to\infty$ 时,式(8-18)退化为类似氢原子的库仑势,在 r 变得越来越小时,式(8-18)中第二项的作用变强。

由于价电子的自旋,价电子的固有磁矩为

$$\mu_s = -\frac{e}{\mu c}s \tag{8-19}$$

而原子的轨道磁矩可以产生强的内磁场,由电磁理论可知,内磁场为

$$B_l = \frac{1}{2\mu c e}\frac{1}{r}\frac{\mathrm{d}V(r)}{\mathrm{d}r}l \tag{8-20}$$

处于内磁场中的固有磁矩将产生一个附加能量,即

$$\hat{H}_1 = -\hat{\mu}_s\cdot\hat{B}_l = \eta(r)\hat{s}\cdot\hat{l} \tag{8-21}$$

式中

$$\eta(r) = \frac{1}{2\mu^2c^2}\frac{1}{r}\frac{\mathrm{d}}{\mathrm{d}r}V(r) \tag{8-22}$$

则考虑到电子自旋,体系的哈密顿量变为

$$\hat{H} = \hat{H}_0 + \eta(r)\hat{s}\cdot\hat{l} \tag{8-23}$$

其中,第二项为 LS 耦合项,称为托马斯(Toumas)项。

利用

$$\hat{s}\cdot\hat{l} = \frac{1}{2}(\hat{j}^2 - \hat{l}^2 - \hat{s}^2) \tag{8-24}$$

式(8-23)可以改写成

$$\hat{H} = \hat{H}_0 + \frac{1}{2}\eta(r)(\hat{j}^2 - \hat{l}^2 - \hat{s}^2) \tag{8-25}$$

根据前两节可知,$\{H,j^2,j_z,l^2,s^2\}$ 两两对易,具有共同完备本征函数 $\{R_{nl}(r)\chi_{jlm_j}(\theta,\varphi,s_z)\}$。

设 $\hat{H}_0$ 的解中的径向波函数 $R_{nl}(r)$ 是已知的,因为它比自旋-轨道相互作用大得多,故可以认为

$$R_{nl}(r) \approx \mathrm{R}_{nl}(r) \tag{8-26}$$

于是 $\hat{H}$ 的本征值能写成

$$\begin{aligned} E_{nlj} &\approx \sum_{s_z}\int \mathrm{d}\tau \mathrm{R}_{nl}^*(r)\chi_{jlm_j}^*(\theta,\varphi,s_z)\hat{H}\mathrm{R}_{nl}(r)\chi_{jlm_j}(\theta,\varphi,s_z) \\ &= E_{nl}^{(0)} + \frac{\hbar^2}{2}\langle\eta\rangle_{nl}\left[j(j+1) - l(l+1) - \frac{3}{4}\right] \end{aligned} \tag{8-27}$$

式中

$$\langle\eta\rangle_{nl} = \int r^2\mathrm{R}_{nl}^*(r)\eta(r)\mathrm{R}_{nl}(r)\mathrm{d}r \tag{8-28}$$

式(8-27)即碱金属原子光谱的精细结构公式。

电子的自旋量子数 $s=\frac{1}{2}$,若轨道角动量量子数 $l=0$,则由三角形关系可知,总角动量量子数 $j=\frac{1}{2}$。因此式(8-27)中最后一项为零,于是有

$$E_{n0\frac{1}{2}} = E_{n0}^{(0)} \tag{8-29}$$

这说明当 $l=0$ 时，能级没有分裂。

当 $l\neq 0$ 时，$j=l\pm\dfrac{1}{2}$，进而可得到

$$E_{nlj} = E_{nl}^{(0)} + \begin{cases} \dfrac{\hbar^2}{2} l\langle\eta\rangle_{nl}, & j = l+\dfrac{1}{2} \\ -\dfrac{\hbar^2}{2}(l+1)\langle\eta\rangle_{nl}, & j = l-\dfrac{1}{2} \end{cases} \tag{8-30}$$

此时能级分裂为两条，并且这两条能级的间距为

$$\Delta E_{nl} = E_{nl,l+\frac{1}{2}} - E_{nl,l-\frac{1}{2}} = \frac{\hbar^2}{2}(2l+1)\langle\eta\rangle_{nl} \tag{8-31}$$

例如钠原子光谱，钠原子的最低激发能级应该是价电子从 3s 到 3p 的激发所致。自旋-轨道相互作用的存在，使得 3p 能级分裂为两条能级 $3p_{\frac{1}{2}}$ 与 $3p_{\frac{3}{2}}$，当价电子从这两个激发态跃迁回基态时就会发射出两条光谱线，它们的波长分别为 $\lambda=589.0$ nm 和 $\lambda=589.6$ nm，均处于可见光的波段之内。此即碱金属原子光谱的双线结构解释。

8.3.2 塞曼效应

1896 年，荷兰物理学家塞曼(P. Zeeman)使用半径为 10 英尺的凹形罗兰光栅观察磁场中的钠火焰的光谱，他发现钠的 D 谱线似乎出现了加宽的现象。这种加宽现象实际是谱线发生了分裂，后人称该现象为"塞曼效应"(Zeeman effect)。随后不久，塞曼的老师、荷兰物理学家、数学家洛伦兹(H. A. Lorentz)应用经典电磁理论解释了谱线分裂成 3 条的原因。进一步的研究发现，很多原子的光谱在磁场中的分裂情况非常复杂，称为反常塞曼效应(anomalous Zeeman effect)。洛伦兹认为，由于电子存在轨道磁矩，并且磁矩方向在空间的取向是量子化的，因此在磁场作用下能级发生分裂，谱线分裂成间隔相等的 3 条谱线。在外磁场中，总自旋为零的原子表现出正常塞曼效应，总自旋不为零的原子表现出反常塞曼效应。塞曼和洛伦兹因为这一发现共同获得了 1902 年的诺贝尔物理学奖。塞曼效应是继 1845 年法拉第效应和 1875 年克尔电光效应之后发现的第三个磁场对光有影响的实例。塞曼效应证实了原子磁矩的空间量子化，为研究原子结构提供了重要途径，被认为是 19 世纪末 20 世纪初物理学最重要的发现之一。利用塞曼效应可以测量电子的荷质比。在天体物理中，塞曼效应可以用来测量天体的磁场。塞曼效应也在核磁共振频谱学、电子自旋共振频谱学、磁振造影以及穆斯堡尔谱学方面有重要应用。

1. 正常塞曼效应

原子的磁矩 μ 等于价电子自旋磁矩 μ_s 与轨道磁矩 μ_l 之和，即

$$\mu = \mu_s + \mu_l = -\frac{e}{\mu c}s - \frac{e}{2\mu c}l = -\frac{e}{2\mu c}(j+s) \tag{8-32}$$

则在外磁场 B 中产生的附加磁作用能为

$$\hat{H}_2 = -B\cdot\hat{\mu} \tag{8-33}$$

若外磁场的方向选为 z 轴方向，即

$$B = \boldsymbol{B} \cdot \boldsymbol{k} \tag{8-34}$$

则附加能量为

$$\hat{H}_2 = -B\hat{\mu}_z = \frac{eB}{2\mu c}(\hat{s}_z + \hat{j}_z) = \omega(\hat{s}_z + \hat{j}_z) \tag{8-35}$$

式中

$$\omega = \frac{eB}{2\mu c} \tag{8-36}$$

则价电子的哈密顿算符可以写成

$$\hat{H} = \frac{\hat{p}^2}{2\mu} + V(r) + \eta(r)\hat{s} \cdot \hat{l} + \omega(\hat{s}_z + \hat{j}_z) \tag{8-37}$$

在强外磁场中，由于 B 很大，因此磁作用势能远大于自旋-轨道相互作用，则可以将自旋-轨道作用 $\eta(r)\hat{s} \cdot \hat{l}$ 忽略，哈密顿算符可以化简为

$$\hat{H} = \frac{\hat{p}^2}{2\mu} + V(r) + \omega(\hat{s}_z + \hat{j}_z) = \hat{H}_0 + \omega(2\hat{s}_z + \hat{l}_z) \tag{8-38}$$

利用分离变量法求解，可得能量的本征态为

$$\Phi_{nlm_l m_s}(r,\theta,\varphi,m_s) = \Psi_{nlm_l}(r,\theta,\varphi)\chi m_s \tag{8-39}$$

其中，$\Psi_{nlm_l}(r,\theta,\varphi)$是 $\hat{H}_0$ 的本征函数，即

$$\hat{H}_0\Psi_{nlm_l}(r,\theta,\varphi) = E_{nl}^{(0)}\Psi_{nlm_l}(r,\theta,\varphi) \tag{8-40}$$

式(8-38)的能量本征值为

$$E_{nlm_l} = E_{nl}^{(0)} + (m_l \pm 1)\hbar\omega \tag{8-41}$$

由式(8-41)可得，原先的能级 $E_{nl}^{(0)}$ 就分裂成一组间距为 $\hbar\omega$ 的能级。由于光谱线还要受到选择定则的限制，即

$$\Delta l = \pm 1, \quad \Delta m_l = 0, \pm 1, \quad \Delta m_s = 0 \tag{8-42}$$

因此，每一条光谱线在磁场中都将分裂成三条等间距的谱线。此即正常塞曼效应。

2. 反常塞曼效应

在弱磁场中，自旋-轨道作用 $\eta(r)\hat{s} \cdot \hat{l}$ 不可忽略。为了使用方便，哈密顿算符由式(8-37)改写为

$$\hat{H} = \frac{\hat{p}^2}{2\mu} + V(r) + \eta(r)\hat{s} \cdot \hat{l} + \omega\hat{j}_z + \omega\hat{s}_z \tag{8-43}$$

严格求解上式非常困难，因此将最后一项近似忽略计算。

由于$\{H_0, j^2, j_z, l^2, s^2\}$两两对易，利用共同本征态定理可求得能量本征值为

$$E_{nljm_l} \approx E_{nlj} + m_l\hbar\omega \tag{8-44}$$

其中，E_{nlj} 与 ω 分别由式(8-30)和式(8-36)定义。

当无外加磁场时，能级E_{nlj}是 $2j+1$ 度简并的；加上外磁场后，能级与磁量子数 m_l 有关，分裂成 $2l+1$ 条能级，即简并完全消除。此即反常塞曼效应。

若考虑式(8-43)中的最后一项，在外加磁场比较弱时，$\omega\hat{s}_z$ 可以视为一个微扰项，可利用第7章微扰理论求解，此时能级的分裂情况更加复杂，但仍然符合反常塞曼效应的基本结论。

8.4 全同粒子

8.4.1 全同粒子与全同性原理

1. 全同粒子

所有固有(内禀)性质(如静止质量、电荷、自旋、内禀磁矩等)完全相同的微观粒子，称为全同粒子。例如，激光器通过受激辐射激发出的受激光子与入射光子在频率、相位、偏振、传播方向等参量上完全相同，属于全同粒子，因此激光是相干光。而对于质子与电子，其带电状态不同，它们不是全同粒子。由两个或两个以上的全同粒子组成的体系，称为全同粒子体系，例如金属中的电子构成的电子体系以及原子核中的质子组成的质子体系等。

2. 全同性原理

对于全同粒子，经典力学和量子力学对其描述完全不同。在经典力学中，尽管两个全同粒子的固有性质完全相同，但是它认为两个全同粒子都有自己确定的位置和轨道，即任一时刻它们都有确定的坐标和速度，可判定哪个是第一粒子，哪个是第二个粒子，因此仍可区分这两个粒子。而在量子力学中，通常微观粒子的运动状态用波函数来描述，且满足波函数统计解释。当两个粒子运动时，由于两个粒子的固有性质完全相同，描述两个微观全同粒子的波函数可以在空间中发生一定交叠，在交叠区域无法区分两个粒子；当且仅当波函数完全不交叠时，才可区分这两个粒子。因此，全同粒子的不可区分性是微观粒子具有的特性，这一特性催生了全同性原理的假设。下面以氦原子为例说明。

氦原子中有两个电子，假设一个处于基态，而另一个处于第一激发态，能量分别为

$$E_1=-\frac{Z^2e_s^2}{2a},\quad E_2=-\frac{Z^2e_s^2}{8a}\tag{8-45}$$

体系的能量为 $E=E_1+E_2$。若把两个电子的位置和自旋交换，能量 E 保持不变。

综上，在全同粒子组成的体系中，任意交换两个全同粒子，体系的物理状态保持不变，该结论称为全同性原理。

8.4.2 全同粒子体系的波函数

假设体系具有两个全同粒子，则该体系的哈密顿算符为

$$\begin{aligned}\hat{H}&=-\frac{\hbar^2}{2\mu}\nabla_1^2+U(q_1)-\frac{\hbar^2}{2\mu}\nabla_2^2+U(q_2)+W(q_1,q_2)\\&=\hat{H}_0(q_1)+\hat{H}_0(q_2)+W(q_1,q_2)\end{aligned}\tag{8-46}$$

式中，$\hat{H}_0(q_1)=-\frac{\hbar^2}{2\mu}\nabla_1^2+U(q_1)$ 和 $\hat{H}_0(q_2)=-\frac{\hbar^2}{2\mu}\nabla_2^2+U(q_2)$，分别表示两个全同粒子的哈密

顿算符，$W(q_1, q_2)$表示两个粒子之间的相互作用。

哈密顿算符 $\hat{H}$ 满足本征方程：

$$\hat{H}\Phi(q_1, q_2) = E\Phi(q_1, q_2) \tag{8-47}$$

求解本征方程可以计算得到波函数的精确解，但是计算过程相对比较复杂。为了计算简便，按照由简到难的计算思路，我们先不考虑两个粒子间的相互作用，计算近似解。在此基础上，再考虑两粒子间的相互作用，得到波函数的精确解。这也是物理学中重要的分析方法。

如不考虑两个粒子间的相互作用，则 $W(q_1, q_2)$可忽略不计，哈密顿算符由式(8-46)化简为

$$\hat{H} = \hat{H}_0(q_1) + \hat{H}_0(q_2) \tag{8-48}$$

式中，$\hat{H}_0(q_1)$和 $\hat{H}_0(q_2)$不显含时间。建立能量本征方程为

$$\hat{H}(q)\Phi(q_1, q_2) = [\hat{H}_0(q_1) + \hat{H}_0(q_2)]\Phi(q_1, q_2) = E\Phi(q_1, q_2) \tag{8-49}$$

设第一个粒子处于第 i 态，第二个粒子处于第 j 态，利用分离变量法，令

$$\Phi(q_1, q_2) = \phi_i(q_1)\phi_j(q_2) \tag{8-50}$$

能量本征值为

$$E = \varepsilon_i + \varepsilon_j \tag{8-51}$$

将式(8-50)和式(8-51)代入式(8-49)，得

$$\hat{H}\Phi = [\hat{H}_0(q_1) + \hat{H}_0(q_2)]\phi_i(q_1)\phi_j(q_2) = (\varepsilon_i + \varepsilon_j)\phi_i(q_1)\phi_j(q_2) = (\varepsilon_i + \varepsilon_j)\Phi \tag{8-52}$$

根据全同性原理，若交换两个粒子，其能量本征值不变，称该简并为交换简并，该全同粒子体系的波函数具有确定对称性，因此体系的波函数具有如下情况：

(1) 当 $i=j$ 时，$\Phi(q_1, q_2)=\phi_i(q_1)\phi_j(q_2)$是对称波函数；

(2) 当 $i\neq j$ 时，$\Phi(q_1, q_2)=\phi_i(q_1)\phi_j(q_2)$，$\Phi(q_2, q_1)=\phi_j(q_1)\phi_i(q_2)$，它们既不对称也不反对称，因而不满足全同性原理的要求。

为此，构造如下波函数：

$$\Phi_S = \frac{1}{\sqrt{2}}[\phi_i(q_1)\phi_j(q_2) + \phi_j(q_1)\phi_i(q_2)]$$

$$\Phi_A = \frac{1}{\sqrt{2}}[\phi_i(q_1)\phi_j(q_2) - \phi_j(q_1)\phi_i(q_2)]$$

显然，Φ_S 是对称波函数，即 $\Phi_S(q_1, q_2)=\Phi_S(q_2, q_1)$；$\Phi_A$ 是反对称波函数，即 $\Phi_A(q_1, q_2)=-\Phi_A(q_2, q_1)$。$\Phi_S$ 和 Φ_A 都是 $\hat{H}$ 的本征函数，对应的本征值 $E=\varepsilon_i+\varepsilon_j$。

考虑两个粒子的相互作用 $W(q_1, q_2)$，哈密顿算符符合式(8-46)，哈密顿算符 $\hat{H}$ 满足本征方程(8-47)。

由于 $\Phi(q_1, q_2)$和 $\Phi(q_2, q_1)$都是能量 E 的本征函数，且符合交换简并，体系的波函数仍可以对称化为

$$\Phi_S = \frac{1}{\sqrt{2}}[\Phi(q_1, q_2) + \Phi(q_2, q_1)]$$

$$\Phi_A = \frac{1}{\sqrt{2}}[\Phi(q_1, q_2) - \Phi(q_2, q_1)]$$

此外，对于由 N 个全同粒子构成的粒子体系，可参考两个全同粒子体系构建波函数。

人物介绍

1. 塞曼

彼得・塞曼(Pieter Zeeman，1865 年 5 月 25 日—1943 年 10 月 9 日)，荷兰物理学家。1885 年进入莱顿大学在亨德里克・洛伦兹和海克・昂内斯的指导下学习物理学，并当过洛伦兹的助教。受洛伦兹的影响，塞曼对他的电磁理论十分熟悉，并且实验技术精湛。1892 年塞曼因为仔细测量了克尔电光效应而获得金质奖章，1893 年取得博士学位，之后进入荷兰阿姆斯特丹大学。

1896 年，塞曼发现了原子光谱在磁场中的分裂现象，也就是物理学上著名的塞曼效应，这一发现使塞曼在物理学界顿时名声鹊起。塞曼效应后来被证明是探索原子结构的有用工具，对泡利原理、电子自旋的发现，以及对发光机制的深入研究等问题都具有深远影响。它与量子力学完全符合，成为量子力学重要的实验基础。随后洛伦兹在理论上对这种现象进行了解释。塞曼和他的老师洛伦兹也因此获得了 1902 年的诺贝尔物理学奖。

2. 帕邢

弗里德里希・帕邢(Friedrich Paschen，1865 年 1 月 22 日—1947 年 2 月 25 日)，德国物理学家。1865 年，帕邢出生于德国什米林，1884 年考入斯特拉斯堡大学，1886 年到柏林大学学习，1888 年获得博士学位，1901 年任蒂宾根大学教授和蒂宾根大学物理研究所所长，1919 年任波恩大学物理系主任，1924—1933 年任帝国物理技术研究院院长，1925—1927 年任德国物理学会会长。1947 年 2 月 25 日在德国波茨坦去世，终年 82 岁。

帕邢在物理学方面的主要贡献是对光谱学进行了一系列实验研究。在柏林大学时他在著名物理学家孔特指导下开展火花放电方面的研究，发现了“帕邢定律”：火花放电的电压只取决于气压和两极之间距离的积。

从 1890 年起，帕邢采用测量热辐射的方法系统地对光谱的红外区进行了大量研究。1894 年他通过对太阳光谱的研究，把红外线的波长从 5 μm 拓宽到 9.3 μm。1908 年，帕邢应用光栅摄谱仪对元素的红外区发射光谱进行了研究，发现氢原子光谱的近红外区存在附加谱线，它恰好是氢光谱 H_α 和 H_β 频率之差得出的一个新谱线，从而证明了里兹(Walther Ritz，1878—1909)提出的“从任何两条谱线频率之和或差往往可以找到另一条谱线”的预言，并进一步发现了氢原子光谱的“帕邢系”。此外，帕邢还研究过光谱线在强磁场下的分裂效应、氦谱线的精细结构、氖的复杂光谱等，并在这些方面都取得了一定的成功。

习　题

8-1　在某自旋态 $|\lambda\rangle$ 中，测量 $S_z=\frac{\hbar}{2}$ 的概率为 $\frac{1}{3}$，测量 $S_x=\frac{\hbar}{2}$ 的概率为 $\frac{1}{6}$，求 $\lambda\rangle$ 及 $\langle\lambda|S_y|\lambda\rangle$。

8-2 求自旋算符在$(\cos\alpha,\cos\beta,\cos\gamma)$方向上的投影。

8-3 固有磁矩为μ_p的质子，$t=0$时处于$s_x=\frac{\hbar}{2}$的状态，同时进入均匀磁场$B=B_0 k$中。求$t>0$时测量$\hat{s}_x$得$-\frac{\hbar}{2}$的概率。

8-4 一个具有两个电子的原子，处于单态($S=0$)。证明：自旋-轨道耦合作用$\xi(r)S\cdot L$对能量无贡献。

8-5 体系由两个自旋为$\frac{1}{2}$的自旋粒子组成。粒子1处于$S_{1z}=\frac{1}{2}$的本征态，粒子2处于$S_{1x}=\frac{1}{2}$的本征态，求体系总自旋S^2的可能测量值及相应的概率。

第 9 章　量子跃迁理论

第 2 章详细介绍了玻尔的原子结构量子理论，详细分析了定态假设、跃迁假设和角动量量子化假设，解释了原子稳定性、线状光谱，解开了巴耳末公式之谜。在实际问题中，在外界作用下微观粒子体系还存在定态之间的量子跃迁问题。本章将详细分析计算量子跃迁概率，并进一步阐述光的吸收与辐射的半经典理论，以及由此诞生的激光技术。

【知识目标】

1. 掌握量子跃迁的理论机理；
2. 理解并掌握光的吸收与辐射的半经典理论。

【能力目标】

能够将量子跃迁的基本原理运用到激光、激光雷达等复杂工程问题中。

【素质目标】

了解我国激光技术及其应用领域的最新进展，提升爱国情怀和增强文化自信。

9.1　量子态随时间的演化

在第 4 章中，我们介绍波动力学有两个着眼点：状态及状态随时间的演化规律。

(1) 状态。微观粒子的状态可以通过状态波函数 $\Psi(\vec{r},t)$ 来表征，通过求解状态波函数，就可以得到该粒子在 t 时刻 r 位置处对应的状态。

(2) 状态随时间的演化规律。根据量子力学的一个基本假定——体系状态 $\Psi(\vec{r},t)$ 随时间的演化遵守含时薛定谔方程(Schrödinger equation)，有

$$\mathrm{i}\hbar\frac{\partial}{\partial t}\Psi(\vec{r},t) = \hat{H}\Psi(\vec{r},t) \tag{9-1}$$

由于它是含时间一次导数的方程，当体系的初始状态 $\Psi(0)$ 给定之后，则原则上可以由式(9-1)求解出任何时刻 t 的状态 $\Psi(\vec{r},t)$。$\Psi(\vec{r},t)$ 随时间的演化是决定论性的。

在第 5 章中，矩阵力学重点关注力学量与力学量的测量值。根据量子力学的另一个基本假定——力学量的测量值就是与力学量相应的厄米算符的本征值，通过求解算符的本征方程可以求得本征值。其中，表征能量的哈密顿算符 $\hat{H}$ 的本征值尤为重要，可求解不含时薛定谔方程(即能量本征方程)：

$$\hat{H}\Psi = E\Psi \tag{9-2}$$

得出能量本征值 E 和相应的本征态。要特别注意，一般来说，能级有简并，仅根据能量本征值

E 并不能把相应的本征态完全确定下来,往往需要找出一组守恒量完全集 F(其中包括 H),并要求 φ 是它们的共同本征态,从而把简并态完全确定下来。

对不显含时间 t 问题进行讨论。能量算符为 $\hat{H}_0$,能量为守恒量。$\hat{H}_0$ 的正交归一化的本征函数记为 $\Psi_n(x,t)$,相应的能级记为 E_n,$\Psi_n(x)$表示为某种守恒量完全集(包括 $\hat{H}_0$ 在内)的共同本征函数,n 代表量子数。

如果没有外界作用,体系将继续处于 Ψ_k 态,波函数随时间的演化表现为一个位相因子:

$$\Psi_k(x,t) = \Psi_k(x)\mathrm{e}^{-\mathrm{i}E_k t/\hbar} \tag{9-3}$$

即体系将保持在原来的能量本征态,这就是定态。

9.2 含时微扰与量子跃迁

9.2.1 含时微扰问题求解

若 $t>0$ 时体系受到外界作用,作用势为 $H'(x,t)$,则体系的总哈密顿算符变成

$$\hat{H} = \hat{H}_0 + \hat{H}' \tag{9-4}$$

设$[\hat{H}_0,\hat{H}']\neq 0$,则 $t>0$ 时,$\hat{H}_0$ 不再是守恒量。与此相应,波函数满足薛定谔方程:

$$\mathrm{i}\hbar\frac{\partial}{\partial t}\Psi(x,t) = \hat{H}\Psi = (\hat{H}_0 + \hat{H}')\Psi(x,t) \tag{9-5}$$

按照态叠加原理,$\Psi(x,t)$可以表示成 $\hat{H}_0$ 的本征函数 $\Psi_n(x)$的线性叠加,即

$$\Psi(x,t) = \sum_n C_n(t)\Psi_n(x)\mathrm{e}^{-\mathrm{i}E_n t/\hbar} \tag{9-6}$$

初始条件下,$\Psi(x,0)=\Psi(x)$,则

$$C_n(0) = \delta_{nk} \tag{9-7}$$

通过求解各系数 $C_n(t)$,就可得到波函数 $\Psi(x,t)$。

9.2.2 量子跃迁

假设在 t 时刻去除外界作用 $\hat{H}'$,此时测量体系的能量为 E_0。按照波函数的普遍概率解释,测得能量 $E=E_f$ 的概率为$|C_f(t)|^2$,也就是到 t 时刻,体系由原先的 Ψ_k 态跃迁到 Ψ_f 态的概率。$|C_f(t)|^2$ 关于时间的变化率称为由 Ψ_k 态变到 Ψ_f 态的跃迁速率,记为

$$w_{k\to f}(t) = \frac{\mathrm{d}}{\mathrm{d}t}|C_f(t)|^2 = \frac{\mathrm{d}}{\mathrm{d}t}[C_f^*(t)C_f(t)] \tag{9-8}$$

其中,Ψ_k 态称为初态,Ψ_f 态称为终态。

为了求出 $C_f(t)$,将式(9-6)代入式(9-5),得到

$$\mathrm{i}\hbar\sum_n \frac{\mathrm{d}C_n}{\mathrm{d}t}\Psi_n\mathrm{e}^{-\mathrm{i}E_n t/\hbar} = \sum_n \hat{H}'\Psi_n C_n\mathrm{e}^{-\mathrm{i}E_n t/\hbar} \tag{9-9}$$

用 Ψ_f^* 左乘上式,对全空间积分并注意利用正交归一化条件,则有

$$\int \Psi_f^*(x)\Psi_n(x)\mathrm{d}x = \delta_{fn} \tag{9-10}$$

可得

$$\mathrm{i}\hbar\frac{\mathrm{d}C_f}{\mathrm{d}t}\mathrm{e}^{-\mathrm{i}E_f t/\hbar} = \sum_n \hat{H}'_{fn}C_n\mathrm{e}^{-\mathrm{i}E_n t/\hbar} \tag{9-11}$$

其中

$$H'_{fn} = \int \Psi_f^* \hat{H}'\Psi_n \mathrm{d}x = \langle \Psi_f \mid \hat{H}' \mid \Psi_n \rangle \tag{9-12}$$

且 H'_{fn} 是 $\hat{H}_0$ 表象中 $\hat{H}'$ 的矩阵元,它与时间 t 有关。

式(9-11)是严格的,但一般不易严格解出,需要采用近似方法求解,本节只介绍微扰论解法。

当 $\hat{H}$ 较弱并且作用时间较短时,t 时刻体系已由初态 Ψ_k 跃迁到各个可能终态的总概率远小于1,即

$$\sum_n{}' C_n^*(t)C_n(t) \ll 1 \quad (n \neq k) \tag{9-13}$$

在这个条件下可以略去式(9-11)右端所有 $n\neq k$ 的 C_n,并取 $C_k(t)\approx 1$,从而将式(9-11)近似为

$$\mathrm{i}\hbar\frac{\mathrm{d}}{\mathrm{d}t}C_f = \hat{H}'_{fk}(t)\mathrm{e}^{\mathrm{i}\omega_{fk}t} \tag{9-14}$$

对上式积分,即得满足初始条件式(9-7)的解为

$$C_f(t) = \frac{1}{\mathrm{i}\hbar}\int_0^t \hat{H}'_{fk}(t)\mathrm{e}^{\mathrm{i}\omega_{fk}t}\mathrm{d}t \tag{9-15}$$

其中,$\omega_{fk}=\dfrac{E_f - E_k}{\hbar}$。这个结果相当于将 $\hat{H}$ 视为微扰的一级近似。

因此,含时微扰 $\hat{H}'(t)$ 的一级近似作用导致量子体系定态能级的跃迁,称为量子跃迁。

量子跃迁概率为

$$W_{k\to f} = |C_f(t)|^2 = \left|\frac{1}{\mathrm{i}\hbar}\int_0^t \hat{H}'_{fk}(t)\mathrm{e}^{\mathrm{i}\omega_{fk}t}\mathrm{d}t\right|^2 \tag{9-16}$$

量子跃迁速率(量子跃迁概率密度)为

$$w_{k\to f} = \frac{\mathrm{d}}{\mathrm{d}t}W_{k\to f} = \frac{\mathrm{d}}{\mathrm{d}t}|C_f(t)|^2 = \frac{\mathrm{d}}{\mathrm{d}t}\left|\frac{1}{\mathrm{i}\hbar}\int_0^t \hat{H}'_{fk}(t)\mathrm{e}^{\mathrm{i}\omega_{fk}t}\mathrm{d}t\right|^2 \tag{9-17}$$

考虑 $\hat{H}'(t)$ 作用过程中时间 t 是常数,与积分无关,由式(9-15)和式(9-16)计算得

$$\begin{aligned}
C_f(t) &= \frac{1}{\mathrm{i}\hbar}\int_0^t \hat{H}'_{fk}\mathrm{e}^{\mathrm{i}\omega_{fk}t}\mathrm{d}t = \frac{\hat{H}'_{fk}}{\mathrm{i}\hbar}\int_0^t \mathrm{e}^{\mathrm{i}\omega_{fk}t}\mathrm{d}t \\
&= \frac{\hat{H}'_{fk}}{\hbar\,\omega_{fk}}\mathrm{e}^{\mathrm{i}\omega_{fk}t}\Big|_0^t = -\frac{\hat{H}'_{fk}}{\hbar\,\omega_{fk}}(\mathrm{e}^{\mathrm{i}\omega_{fk}t}-1) \\
W_{k\to f} &= |C_f(t)|^2 = \frac{|\hat{H}'_{fk}|^2}{\hbar^2\omega_{fk}^2}(\mathrm{e}^{\mathrm{i}\omega_{fk}t}-1)^2 \\
&= \frac{|\hat{H}'_{fk}|^2}{\hbar^2\omega_{fk}^2}[2-2\cos(\omega_{fk}t)] = \frac{4|\hat{H}'_{fk}|^2}{\hbar^2\omega_{fk}^2}\sin^2\left(\frac{\omega_{fk}t}{2}\right)
\end{aligned} \tag{9-18}$$

式(9-18)是量子跃迁的基本公式。

9.3 光的吸收与辐射的半经典理论

人类对原子结构的认识，主要源于对光与物质的相互作用的研究。在光的照射下，原子、分子或离子辐射光和吸收光的过程与原子的能级跃迁紧密联系。原子可能通过吸收光的能量而从低能级跃迁到较高能级，或从较高能级跃迁到较低能级并以光辐射的形式释放能量，其中包括三种不同的基本过程，即自发辐射(spontaneous emission)、受激辐射(stimulated emission)及受激吸收(stimulated absorption)。对于一个包含大量原子的系统，这三种过程总是同时存在并紧密联系的。在不同情况下，各个过程所占比例不同，普通光源中自发辐射起主要作用，激光器工作过程中受激辐射起主要作用。

为了严格解决原子的吸收与发射问题，需要利用量子电动力学，即需要把电磁场量子化。但对于光的吸收和辐射过程，可以在非相对论量子力学框架中采用半经典方法来处理。本节将采用半量子半经典的办法处理此问题，即用量子力学处理原子体系，用经典电磁场理论处理电磁波，把光辐射场当作一个与时间有关的外界微扰，用微扰论来近似计算原子的跃迁速率。

9.3.1 光的吸收与辐射

根据第 2 章爱因斯坦光量子理论关于光的本质的研究，光被其他物质吸收与辐射的过程，就是光子的产生与湮没的过程。将光的吸收与辐射所涉及的电磁场问题作为量子力学体系，电磁波是量子化的，光对原子的作用导致原子的状态发生变化，考虑光与其他物质(例如一个原子)的相互作用，以及由此而引起的双方的量子跃迁，并且原子的能级跃迁过程符合能量守恒定律。当原子从 Ψ_k 态跃迁到 Ψ_f 态时，将同时吸收($E_k<E_f$)或辐射($E_k>E_f$)一个光子($\hbar\omega=|E_f-E_k|$)。

对于由大量同类原子组成的系统，原子能级数目很多，要全部讨论这些能级间的跃迁问题非常复杂。为突出主要矛盾，只考虑与产生激光有关的原子的两个能级 E_2 和 E_1(满足辐射跃迁选择定则)。这里为简化问题而只讨论两个能级之间的跃迁，但并不影响能级之间跃迁规律的普遍性。

以原子对光的吸收为例讨论跃迁速率。

由于电磁场中电场对原子中电子的作用强度远大于磁场，因此我们只考虑电场的作用。为简单起见，假设入射光为平面单色光，其电场强度为

$$\vec{E}=\vec{E}_0\cos(\omega t-\vec{k}\cdot\vec{r}) \tag{9-19}$$

式中：ω 为角频率；$\vec{k}$ 为波矢，其方向沿光传播方向。

对于可见光，在原子内 $\vec{k}\cdot\vec{r}\sim\frac{2\pi a}{\lambda}\ll 1$，因此可以近似认为电场均匀，则

$$\vec{E}=\vec{E}_0\cos(\omega t) \tag{9-20}$$

原子从低能级跃迁到高能级，即 $E_k<E_f$。将式(9-18)代入式(9-17)，得到单位时间内原子由 Ψ_k 态到 Ψ_f 态的跃迁速率为

$$w_{k\to f}=\frac{2\pi}{\hbar}\mid W_{k\to f}\mid^2\delta(E_f-E_k-\hbar\omega)=\frac{2\pi}{\hbar^2}\mid W_{k\to f}\mid^2\delta(\omega_{fk}-\omega)$$
$$=\frac{\pi e^2}{2\hbar^2}\mid\vec{r}_{fk}\cdot\vec{E}_0\mid^2\delta(\omega_{fk}-\omega)=\frac{\pi e^2E_0^2}{2\hbar^2}\mid\vec{r}_{fk}\mid^2\cos^2\theta\,\delta(\omega_{fk}-\omega)$$

式中，θ 是 $\vec{r}$ 与 $\vec{E}_0$ 间的夹角。如果入射光为非偏振光，光偏振方向完全无规则，则把 $\cos^2\theta$ 换成它对各方向的平均值：

$$\overline{\cos^2\theta}=\frac{1}{4\pi}\int\cos^2\theta\mathrm{d}\Omega=\frac{1}{4\pi}\int_0^{2\pi}\mathrm{d}\varphi\int_0^{\pi}\cos^2\theta\sin\theta\mathrm{d}\theta=\frac{1}{3}$$

那么

$$w_{k\to f}=\frac{\pi e^2E_0^2}{6\hbar^2}\mid\vec{r}_{fk}\mid^2\delta(\omega_{fk}-\omega)\tag{9-21}$$

以上仅对入射光是理想单色光的情况进行了讨论。自然界中不存在严格的单色光，实际条件下，光的频率都是在一定范围内连续分布的。对于这种由自然光引起的跃迁，要对式(9-21)中各种频率的成分的贡献进行求和。令 $I(\omega)$表示角频率为 ω 的光的能量密度，则

$$I(\omega)=\overline{\frac{1}{2}\varepsilon_0E^2+\frac{B^2}{2\mu_0}}$$

式中，横线表示在一个周期内对时间求平均。

由于

$$\overline{\frac{1}{2}\varepsilon_0E^2}=\overline{\frac{B^2}{2\mu_0}}$$

则

$$I(\omega)=\overline{\varepsilon_0E^2}$$

利用式(9-20)，得

$$I(\omega)=\frac{1}{2}\varepsilon_0E_0^2\tag{9-22}$$

把上式代入式(9-21)，并对 ω 积分，得

$$w_{k\to f}=\frac{\pi e^2}{3\hbar^2\varepsilon_0}\mid\vec{r}_{fk}\mid^2\int I(\omega)\delta(\omega_{fk}-\omega)\mathrm{d}\omega=\frac{4\pi^2e_s^2}{3\hbar^2}\mid\vec{r}_{fk}\mid^2I(\omega_{fk})\tag{9-23}$$

可以得到，量子跃迁速率与入射光中角频率为 ω_{fk} 的光的强度 $I(\omega_{fk})$成正比。如果入射光中没有这种频率成分，则不能引起 E_k 和 E_f 能级之间的跃迁。式(9-23)是在略去光波中磁场的作用下得出的，这样的跃迁称为偶极跃迁，这种近似称为偶极近似。

9.3.2　爱因斯坦辐射理论

1917年，爱因斯坦曾经提出一个很巧妙的半唯象辐射理论来说明原子自发辐射现象。他借助物体与辐射场达到平衡时的热力学关系，指出自发辐射现象必然存在，并建立起自发辐射与受激吸收和受激辐射之间的关系。下面将结合能级图详细分析自发辐射、受激辐射和受激吸收的基本原理，并建立三者之间的定量关系。

1. 自发辐射

在通常情况下，处在高能级 E_2 的原子是不稳定的。在没有外界影响时，它们会自发地从

高能级 E_2 向低能级 E_1 跃迁，同时放出能量为 $h\nu$（即 $\hbar\omega$）的光子，即

$$h\nu = E_2 - E_1$$

这种与外界影响无关的、自发进行的辐射称为自发辐射，如图 9-1 所示。

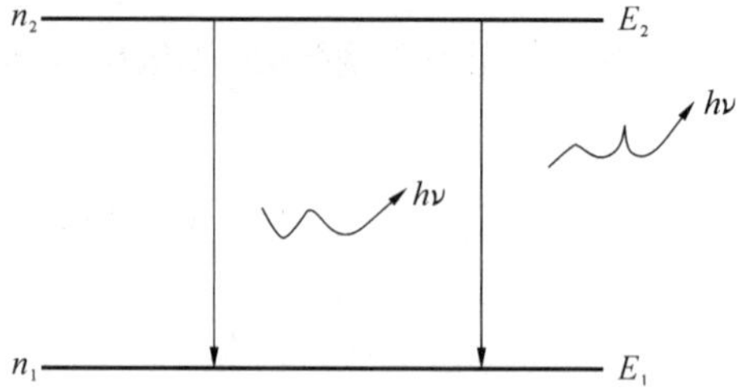

图 9-1　自发辐射

自发辐射的特点：虽然各列光波频率相同，均为 ν，但各列光波之间没有固定的相位关系，偏振方向、传播方向都不同。也就是说，大量原子自发辐射的过程是杂乱无章的随机过程，因此自发辐射的光是非相干光。

下面根据统计平均计算从 E_2 经自发辐射跃迁到 E_1 的跃迁速率。用 n_2 表示某时刻处在高能级 E_2 上的粒子数密度（即单位体积中的粒子数），用 $-\mathrm{d}n_2$ 表示在 $\mathrm{d}t$ 时间间隔内由高能级 E_2 自发跃迁到低能级 E_1 的原子数，则有

$$-\mathrm{d}n_2 = A_{21} n_2 \mathrm{d}t \tag{9-24}$$

式中：左边“－”号表示 E_2 能级的粒子数密度在减小；比例系数 A_{21} 称为爱因斯坦自发辐射系数（简称自发辐射系数）。对式(9-24)变换，得

$$A_{21} = -\frac{1}{n_2}\frac{\mathrm{d}n_2}{\mathrm{d}t} \tag{9-25}$$

由此可得 A_{21} 的物理意义，即单位时间内发生自发辐射的粒子数密度占处于 E_2 能级的总粒子数密度的百分比。也可以说，A_{21} 是每一个处于 E_2 能级的粒子在单位时间内发生自发跃迁的概率。对式(9-25)两边积分，得

$$n_2(t) = n_{20}\mathrm{e}^{-A_{21}t} \tag{9-26}$$

式中，n_{20} 为 $t=0$ 时处于能级 E_2 的粒子数密度。式(9-26)表明，在自发辐射的作用下，激发态的粒子数密度将随时间呈指数衰减。用全部粒子完成自发辐射跃迁所需时间之和对粒子数平均，可以得到自发辐射平均寿命，它也等于粒子数密度由初始值降到 $1/\mathrm{e}$ 所用的时间，用 τ 表示，即

$$\tau = \frac{1}{n_{20}}\int_0^{+\infty} t n_2(t)\mathrm{d}t = \frac{1}{A_{21}} \tag{9-27}$$

式(9-27)表明能级平均寿命等于自发辐射系数的倒数。

2. 受激辐射

如果原子系统的两个能级 E_2 和 E_1 满足辐射跃迁选择定则，当受到外来能量 $h\nu = E_2 - E_1$ 的光照射时，处在高能级 E_2 的原子有可能受到外来光的激励作用而跃迁到较低的能级 E_1 上，同时发射出一个与外来光子完全相同的光子。这种原子的发光过程称为受激辐射，如图 9-2 所示。

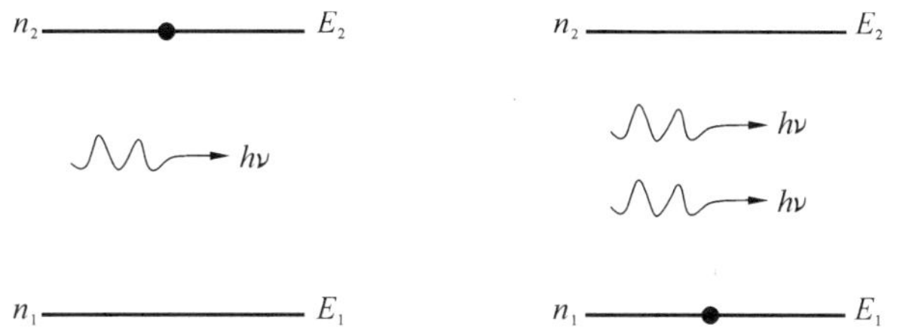

图 9-2　受激辐射

受激辐射的特点：① 只有外来光子的能量 $h\nu=E_2-E_1$ 时，才能引起受激辐射；② 受激辐射所发出的光子与外来光子的特性完全相同，即频率相同、相位相同、偏振方向相同、传播方向相同，称为全同光子，因此受激辐射的光是相干光，这也是受激辐射与自发辐射极为重要的区别。

设外来光的光场单色能量密度为 ρ_ν，处于能级 E_2 上的粒子数密度为 n_2，在从 t 到 $t+\mathrm{d}t$ 的时间间隔内，有 $-\mathrm{d}n_2$ 个粒子由于受激辐射作用而从能级 E_2 跃迁到 E_1，则有

$$-\mathrm{d}n_2 = B_{21}\rho_\nu n_2\mathrm{d}t \tag{9-28}$$

式中："－"号表示 E_2 能级的粒子数密度 n_2 在减小；B_{21} 是一个比例常数，称为爱因斯坦受激辐射系数(简称受激辐射系数)。令 $W_{21}=B_{21}\rho_\nu$，则

$$W_{21} = B_{21}\rho_\nu = -\frac{1}{n_2}\frac{\mathrm{d}n_2}{\mathrm{d}t} \tag{9-29}$$

由此可见，W_{21} 表示单位时间内，在外来单色能量密度为 ρ_ν 的光照射下，由于 E_2 和 E_1 能级间发生受激跃迁，E_2 能级上减小的粒子数密度占 E_2 能级上总粒子数密度 n_2 的百分比，即 E_2 能级上每一个粒子单位时间内发生受激辐射的概率。因此，也将 W_{21} 称作受激辐射跃迁概率，它取决于受激辐射系数 B_{21} 与外来光单色能量密度 ρ_ν 的积，当 B_{21} 一定时，外来光的单色能量密度 ρ_ν 愈大，发生受激辐射概率愈大。

3. 受激吸收

光的受激吸收与受激辐射是相反的过程。处于低能级 E_1 上的原子受到外来光子(能量 $h\nu=E_2-E_1$)的激励作用，完全吸收该光子的能量而跃迁到高能级 E_2 的过程称为受激吸收，如图 9-3 所示。

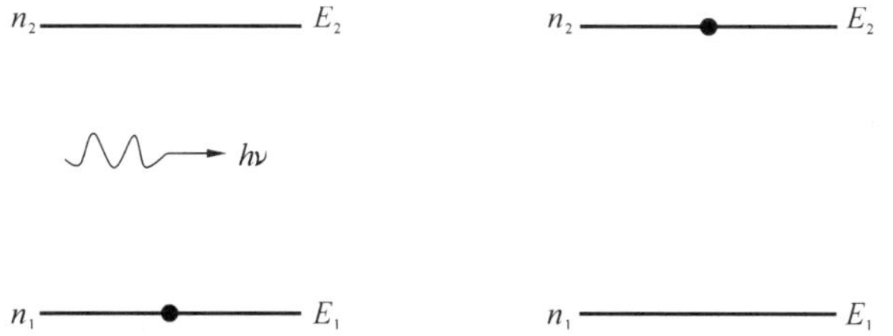

图 9-3　受激吸收

设低能级 E_1 的粒子数密度为 n_1，外来光单色能量密度为 ρ_ν，则从 t 到 $t+\mathrm{d}t$ 的时间间隔内，由于吸收使高能级 E_2 上的粒子数密度增加 $\mathrm{d}n_2$，于是有

$$\mathrm{d}n_2 = B_{12}\rho_\nu n_1\mathrm{d}t \tag{9-30}$$

式中，比例系数 B_{12} 称为爱因斯坦受激吸收系数(简称受激吸收系数)。令 $W_{12}=B_{12}\rho_\nu$，则

$$W_{12}=B_{12}\rho_\nu=\frac{1}{n_1}\frac{\mathrm{d}n_2}{\mathrm{d}t} \tag{9-31}$$

由此可见，W_{12}表示在单色能量密度 ρ_ν 的光照射下，单位时间内，由 E_1 能级跃迁到 E_2 能级的粒子数密度(即 E_2 能级上由于吸收而增加的粒子数密度)占 E_1 能级上总粒子数密度的百分比，即 E_1 能级上的每一个粒子单位时间内因受激吸收而跃迁到 E_2 能级的概率。所以也将 W_{12}称作受激吸收概率，它取决于吸收系数 B_{12}与外来光单色能量密度 ρ_ν 的积。

4. 自发辐射、受激辐射和受激吸收之间的关系

光和大量原子系统的相互作用中，自发辐射、受激辐射和受激吸收三种过程是同时发生的，它们之间密切关联。在单色能量密度为 ρ_ν 的光照射下，$\mathrm{d}t$ 时间内在光和原子相互作用达到动平衡的条件下，由高能级 E_2 通过自发辐射和受激辐射而跃迁到低能级 E_1 的原子数，应等于由低能级 E_1 因吸收光子而跃迁到高能级 E_2 的原子数，即

$$A_{21}n_2\mathrm{d}t+B_{21}\rho_\nu n_2\mathrm{d}t=B_{12}\rho_\nu n_1\mathrm{d}t \tag{9-32}$$

由于自发辐射系数 A_{21}、受激辐射系数 B_{21}、受激吸收系数 B_{12}只是原子能级之间的特征参量，与外来辐射场的单色能量密度 ρ_ν 无关，因此可以设想把要研究的原子系统充入热力学温度为 T 的空腔内，使光和物质相互作用达到热平衡，进而求得这些爱因斯坦系数间的关系。虽然研究的过程是基于物质原子与空腔场相互作用达到动平衡这一特例，但得到的结果是普遍适用的。

设高能级 E_2(简并度为 g_2)的粒子数密度为 n_2，低能级 E_1(简并度为 g_1)的粒子数密度为 n_1，则根据玻尔兹曼分布律，满足

$$\frac{n_2/g_2}{n_1/g_1}=\mathrm{e}^{-\frac{E_2-E_1}{kT}}=\mathrm{e}^{-\frac{h\nu}{kT}} \tag{9-33}$$

将式(9-33)代入式(9-32)，得到热平衡空腔的单色辐射能量密度：

$$\rho_\nu=\frac{A_{21}}{B_{21}}\frac{1}{\frac{B_{12}g_1}{B_{21}g_2}\mathrm{e}^{\frac{h\nu}{kT}}-1} \tag{9-34}$$

将上式与普朗克理论所得黑体单色辐射能量密度公式

$$\rho_\nu=\frac{8\pi h\nu^3}{c^3}\frac{1}{\mathrm{e}^{\frac{h\nu}{kT}}-1} \tag{9-35}$$

比较，可得

$$A_{21}/B_{21}=8\pi h\nu^3/c^3 \tag{9-36}$$

$$g_1B_{12}=g_2B_{21} \tag{9-37}$$

式(9-36)与式(9-37)就是爱因斯坦系数之间的基本关系，是爱因斯坦半唯象辐射理论的基本内容。由于三个系数都是原子能级的特征参量，它们与具体过程无关，因此上述两关系式虽然是借助空腔热平衡这一特殊过程得出的，但它们仍是普遍适用的。

9.3.3 辐射跃迁选择定则

原子辐射或吸收光子，并不是在任意两个能级之间都能发生跃迁，能级之间必须满足下述选择定则才能发生原子辐射或吸收光子的跃迁：

(1) 跃迁必须改变奇偶态，即原子发射或吸收光子，只能出现在一个偶态能级到另一个奇态能级，或一个奇态能级到另一个偶态能级之间；

(2) $\Delta J=0,\pm 1(J=0\to J'=0$ 除外)；

(3) $\Delta L=0,\pm 1(L=0\to L'=0$ 除外)；

(4) $\Delta S=0$，即跃迁时 S 不能发生改变。

知识拓展

9-1　激光技术

激　　光

1. 激光的发展与应用

激光产生的理论基础——受激辐射原理正是基于量子力学中爱因斯坦提出的辐射理论，因此可以说，激光是应用量子力学基本原理的重要发明之一。今天，它已是现代科技中不可缺少的光源。

激光由于具有相干性好、单色性好、方向性好以及亮度高等特点，在生产和科学实验以及军事等各领域都得到了极为广泛的应用。

激光(laser)的英文全称是 light amplification by stimulated emission of radiation，激光器是基于受激辐射的光放大器件，也是光波段的相干辐射源，与原子能、半导体、计算机一起并称为 20 世纪的四大发明。

激光作为光波段的相干辐射光源和信息载波，创造了高新科学技术纪录中的许多之“最”，具体包括：

(1) 激光能产生最大的能量密度，激光输出脉冲功率达 1.3×10^{16} W，其上亿摄氏度的高温能焊接、加工和切割最难熔的材料；

(2) 激光能产生最高的压强，光压强能达到 3×10^{11} 倍的大气压，可以实现激光聚变点火；

(3) 激光能产生最短的脉冲，中心波长为 780 nm，脉宽为 4 fs，用超短激光脉冲研究光合作用，能看到皮秒($1\ \mathrm{ps}=10^{-12}\ \mathrm{s}$)或飞秒($1\ \mathrm{fs}=10^{-15}\ \mathrm{s}$)内发生的变化；

(4) 激光能做最精密的刻画，能制造最小的光机电一体化设备，加工的最小机械零件从几微米到几十微米，制作的纳米器件和量子光学器件最终可达 50 nm，测量精度就更高了(可达到 $0.005\ \mu\mathrm{m}$)；

(5) 激光能传输最大的信息量，已接近 3 T(tera)，即通信传输容量达到太位每秒，运算速度达到太位每秒，三维立体存储密度达到太位每立方厘米；

(6) 激光能构建最保密的通信系统，光量子通信是目前理论证明的最安全的通信系统，已有几个国家建立了量子通信系统；

(7) 激光能产生最低的温度，激光冷却可将原子冷却到 20 nK，接近绝对零度，量子冷却，跃迁回到基态，为量子光学和量子力学的实验研究提供了条件。

回顾激光技术的发展过程，我们可以追溯到 1917 年。爱因斯坦于 1917 年提出了光辐射理论，指出光的发射和吸收过程有自发辐射、受激吸收和受激辐射三种方式，奠定了激光的理论基础。当处于激发态的发光原子在外来辐射场的作用下向低能态或基态跃迁而辐射光子的现象称为受激辐射。此时，外来辐射的能量必须恰好是原子两能级的能量差。受激辐射发出的光子和外来光子的频率、相位、传播方向以及偏振状态全都相同。受激辐射是产生激光的必要条件。因此，毫不夸张地说，没有量子力学，就没有激光技术的诞生。

1954 年，美国物理学家查尔斯·哈德·汤斯和他的学生阿瑟·肖洛制成了第一台微波量子放大器，获得了高度相干的微波束，用微波实现了激光器的前身——微波受激发射放大器。1954—1958 年，哥伦比亚大学教授汤斯和斯坦福大学教授肖洛分别将微波量子放大器原理推广应用到光频范围，引入了激光的概念。随后，1960 年 5 月 15 日，美国加利福尼亚州休斯飞机公司的科学家西奥多·梅曼制成了第一台红宝石激光器，宣布获得了波长为694.3 nm的激光，这是人类有史以来获得的第一束激光，标志着激光的诞生，使得人类进入光子时代。梅曼因此也成为世界上第一个将激光引入实用领域的科学家。在随后的近 60 年的时间里，激光技术蓬勃发展，成为光电子学中的典型代表。

2. 激光的特点

与普通光源相比，激光具有单色性好、相干性好、方向性好、亮度高、能量集中的优点。

(1) 单色性好。

根据受激辐射理论，当发生跃迁的上、下能级确定时，其辐射的能量也是确定的。我们在 2.3 节"黑体辐射实验与普朗克能量量子化假说"中，系统学习了普朗克的量子理论，提出了能量是不连续的并与其频率成正比的结论。因此，辐射光的频率也是相同的，具有单色性。即使考虑能带宽度，其频率范围也非常小。我们可以通过对比来说明。例如，一束普通的红光光源，其频率范围在 $3.9\times10^{14}\sim4.7\times10^{14}$ Hz，频率间隔约为 0.8×10^{14} Hz；而中心波长为632.8 nm的 He-Ne 激光光束，其频率间隔约为 2.0×10^{-4} Hz。这就表明激光的颜色非常单纯。

(2) 相干性好。

相干性是指光波场中光振动之间的相关程度。相干性越好，则光场中各点光振动在频率、振动方向上的一致性越好，相位的关联性也越好。辐射的光子是全同光子，具有非常好的相干性。而且，单色性与相干性紧密相关，单色性好，则相干性必然好。激光具有好的时间相干性和空间相干性，相干长度可达几十万千米，激光束中不同部位的光在很长时间内保持确定的相位关系，而时间相干性和空间相干性对于全息技术是非常重要的。

(3) 方向性好。

方向性好说明光束的发散角非常小。例如，手电筒的光射到几米处，就扩展成很大的光斑；而一束激光射到 38 万千米远的月球上，光斑的直径只有 2 km。因此，激光可以应用于定向仪中。

(4) 亮度高。

光亮度是指单位面积、单位时间在垂直于光源表面的单位立体角内发射的能量。亮度高也说明功率密度高，因此激光可以应用于武器、加工制造中。普通激光器的输出亮度，比太阳表面的亮度大 10 亿倍。

3. 激光器的结构

一般的激光器都必须具备三个基本部分：工作物质、谐振腔和激励能源。下面以红宝石激光器为例介绍激光器的基本结构,如图 9-4 所示。

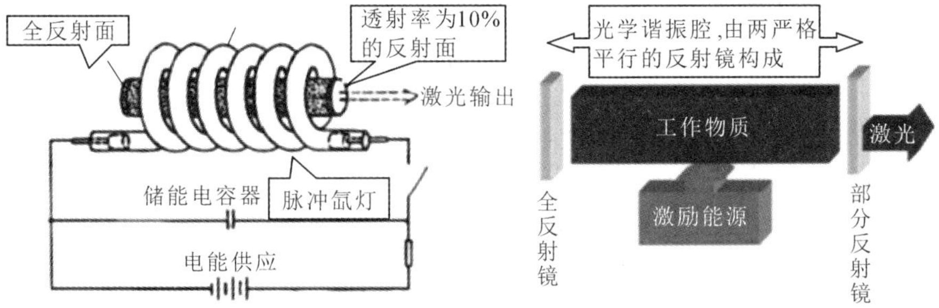

图 9-4 红宝石激光器示意图

(1) 工作物质。

红宝石激光器的工作物质是一根淡红色的红宝石晶体棒。晶体的基质是 Al_2O_3,掺入质量百分比约为 0.05%的 Cr^{3+},晶体中形成激光的是铬离子 Cr^{3+},晶体对红光的折射率 $n \approx 1.76$。

晶体棒的轴线与晶体的光轴方向一般成 60°、72°或 90°角,棒的两个端面严格平行,与棒轴垂直,并且抛光。

(2) 谐振腔。

在工作物质的两端,各放上一块反射镜,两块反射镜面要严格平行,并与晶体棒的轴线垂直。这两块反射镜就构成谐振腔。

从镜面反射的光强度与入射到镜面的光强度的比值,称为反射率。

(3) 激励能源。

红宝石激光器工作物质中的铬离子,是被脉冲氙灯的光照射后才发光的。因此,脉冲氙灯及其电源与聚光器就构成红宝石激光器的激励能源。

不同学科和技术背景的发明家发明了各种不同类型的激光器和激光控制技术,如半导体激光器、固体激光器、气体激光器、可调谐钛宝石激光器、光纤激光器、自由电子激光器等,各科学和技术领域纷纷应用激光并形成了一系列新的交叉学科和应用技术领域,主要包括光纤通信技术、激光全息技术、激光存储技术、激光加工技术、激光雷达技术、激光制导技术、激光可控核聚变技术等,极大地推动了现代光电子技术的发展。

我国的激光技术一直处于世界前列,激光雷达技术、激光加工技术蓬勃发展。

思政小课堂

9-2 激光雷达的最大作用距离

从“神舟系列”载人飞船与空间站的自主交会对接再次认识激光雷达

2021 年 6 月 17 日 15 时 54 分,由我国自主研制的神舟十二号载人飞船与空间站天和核心舱实现空间自主交会对接。空间自主交会对接顺利完成之后,神舟十二号载人飞船、天和核心舱与此前已对接的天舟二号货运飞船一起构成三舱（船）组合体，随后三名航天员从神舟十二号载人飞船进入天和核心舱，开始为期 3 个月的飞行任务，并成为中国载人航天进入空间站阶段后的首批太空访客。这是中华大地上又一次问天壮举，也是中国载人航天工程“第三步走”的关键一环，标志着我国航天技术迈向“空间站时代”。

2023 年 5 月 30 日 9 时 31 分，搭载神舟十六号载人飞船的长征二号 F 遥十六运载火箭在酒泉卫星发射中心点火发射，约 10 分钟后，神舟十六号载人飞船与火箭成功分离，进入预定轨道，景海鹏、朱杨柱、桂海潮三名航天员顺利进入太空。飞船入轨后，将按照预定程序与空间站组合体进行自主快速交会对接。16 时 29 分，神舟十六号载人飞船与空间站组合体完成自主快速交会对接，空间站应用与发展阶段首次载人发射任务取得圆满成功。神舟十六号航天员乘组将与神舟十五号航天员乘组进行在轨轮换。在空间站工作生活期间，神舟十六号航天员乘组将进行出舱活动，开展空间科学实（试）验，完成舱内外设备安装、调试、维护维修等各项任务。

值得一提的是，三位航天员中，36 岁的桂海潮是北京航空航天大学的青年教授、博士生导师，主要负责空间科学实验载荷的在轨操作，是我国航天员队伍的“新成员”。

空间飞行器交会对接是航天领域公认的技术难关，难度大、风险高。在航天历史上，中国是世界上继美国和俄罗斯之后，第三个完整掌握空间交会对接技术的国家，标志着我国进入“航天强国之列”。

载人飞船与空间站的交会对接是一个非常复杂的过程。重达 8 t 的神舟十二号载人飞船与 35 t 的天和核心舱-天舟二号组合体是以 7.9 km/s 的速度飞行的，要使它们完美对接在一起，就像在太空中穿针引线一样。在高速运动情况下毫厘不差地对接，一双犀利而精准的“对接天眼”必不可少，激光雷达作为“对接天眼”的核心器件之一，实现了全范围内高精度测量跟踪。

激光雷达是以激光束为信息载体的雷达，由于激光雷达把辐射源的频率提高到光频段，它不仅可以精确测速、精确跟踪，还能探测到微小目标，如细小的导线。目前激光雷达已应用于激光测距、激光测速、激光跟踪、激光导航、障碍回避、激光成像、气象监测、水下探测以及航天器空间交会对接等多个场景中。

（1）激光雷达的优点。

① 抗干扰能力强、隐蔽性较好。由于工作在光波段，因此激光不受无线电波干扰，能在日益激烈的电子战环境中工作；光波能穿透大气层目标周围的等离子“黑障区”，故激光雷达在测量这类目标时信号不中断；激光雷达在低仰角工作时对多路径效应不敏感，能跟踪超低空飞行目标，如掠海飞行的反舰巡航导弹，具有很好的抗地面杂波干扰性能；激光束很窄（发散角为 0.01～1 mrad），只有在被照射的那一点和那一瞬间（约 10^{-9} s）才能被接收，所以截获它的概率很低。

② 测量精度高。

a. 距离分辨力高。一般脉冲激光测距机的纵向距离分辨力很容易达到 1 m，在特殊情况下，可以做到优于 2 cm。例如，人卫激光测距系统对高度为 20000 km 的导航卫星（装有激光后向反射器）进行测距，其测距精度高达 2 cm。

b. 角分辨力高。例如，天线（望远镜）孔径为 10 cm 的 CO_2 激光雷达的角分辨力为 0.1 mrad，这与人眼相当，可以分辨 3 km 处大小为 0.3 m 的目标。

c. 速度分辨力高。以工作在 10.6 μm 的 CO_2 激光雷达为例，其多普勒频移为 2 kHz/(cm · s^{-1})，很容易分辨速度为 1 m/s 的目标。激光雷达距离和速度分辨力高，意味着可采用距离-多普勒成像技术得到运动目标的图像信息。

③ 体积小、质量轻。在与微波雷达功能相同的条件下，激光发射望远镜（发射天线）直径一般为厘米级，而微波需大口径，一般为米级，大的达到 20 m 以上。

(2) 激光雷达的缺点。

① 受气候影响大，不能全天候工作。大气对激光的散射和吸收比微波严重，尤其是在有云、雾、雨时，激光雷达作用距离短。

② 不利于大面积搜索，易丢失目标。激光雷达在执行如目标搜寻等更为复杂的任务时，由于激光束太窄而限制了扫描的范围，大面积搜索时容易丢失目标。在这方面，激光雷达不如微波雷达，若与传统的雷达相结合，可优势互补。

(3) 激光雷达的发展历史。

1964 年美国研制出波长为 632.8 nm 的气体激光雷达 OPDAR，装在美国大西洋试验靶场，测距精度为 0.6 m，测速精度为 0.15 m/s，角精度为 +0.5 mrad，对装有角反射器的飞行体作用距离为 18 km。

20 世纪 70 年代，人们开始重点研制用于武器试验靶场测量的激光雷达，国外研制了多种型号，例如，美国采用 Nd:YAG 固体激光器的精密自动跟踪系统（PATS）；瑞士研制了激光自动跟踪测距装置（ATARK）；美国研制的 CO_2 气体激光相干单脉冲“火池”激光雷达，跟踪测量了飞机、导弹和卫星，最远作用距离达 1000 km。

20 世纪 80 年代，在进一步完善靶场激光雷达的同时，重点研制各种作战飞机、主战坦克和舰艇等武器平台的火控激光雷达。在此期间研制成的具有代表性的产品有采用 Nd:YAG 激光器、四象限探测器的防空激光跟踪器（瑞典），作用距离为 20 km，角精度为 0.3 mrad。

20 世纪 90 年代以来，随着军事形势的变化，以及常规式武器命中率和杀伤力的不断提高，激光雷达在电子对抗中的作用显得越来越重要，因而人们着重对激光雷达的实用化进行了研究。在解决关键元器件、完善各类火控激光雷达的同时，积极进行如前视/下视成像目标识别、火控和制导、水下目标探测、障碍物回避、局部风场测量等方面的激光雷达实用化研究。

(4) 激光雷达的类型。

激光雷达按激光工作方式可分为脉冲激光雷达、连续波激光雷达，按探测方式可分为直接探测雷达和外差探测雷达，按军事应用范围可分为以下类型。

① 战场测量激光雷达（武器试验测量），用于导弹发射初始阶段弹道和低空目标飞行轨迹测量、目标飞行姿态测量、导弹再入段轨迹测量等。

② 火控激光雷达，应用场景包括防空武器火控、地面作战武器火控、空地攻击武器火控、航炮火控和高能激光武器精密对准等。

③ 跟踪识别激光雷达，应用场景包括导弹制导、空中侦察、敌我目标识别、机载远程预警

和水下目标探测等。

④ 激光引导雷达，应用场景包括航天器交会对接、障碍物回避等。

⑤ 大气测量激光雷达，应用场景包括测量大气的能见度、云层的高度、风速以及大气中各种化学生物物质(如毒剂)的成分和含量。

(5) 激光雷达的结构。

激光雷达组成框图如图 9-5 所示。

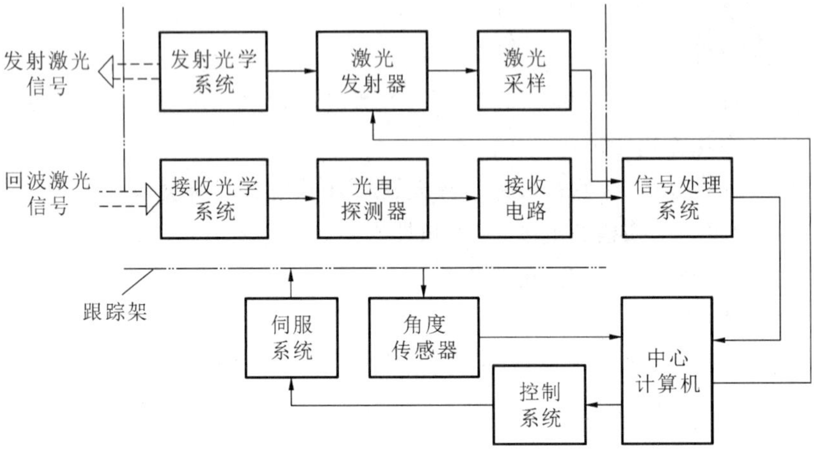

图 9-5　激光雷达组成框图

① 激光发射器。激光是激光雷达的信息载体，通过它探测目标的特征信息，包括目标位置、轨迹、速度、性质、外形等信息。激光发射器是激光发射源，根据雷达的不同用途采用不同的激光发射器。

②光学系统。激光雷达的光学系统又称光学天线，其作用与无线电雷达天线相同。

发射光学系统又叫发射望远镜，其作用是将来自激光发射器的激光束发散角压缩，使远处的激光能量密度增大。

接收光学系统又称接收望远镜，其作用是接收来自目标反射的激光信号，并将其汇聚到光电探测器的光敏面上。

③ 光电探测器。光电探测器的作用是将光信号转换成电信号。

④ 信息处理系统。信息处理系统的主要功能是对光电探测器探测到的信号进行处理，并提取包括目标的距离、角脱靶量、速度和图像等在内的目标信息参数。

⑤ 跟踪瞄准系统，包括放置激光收发系统的跟踪架、伺服系统和其他辅助的捕获跟踪设备。

⑥ 角度传感器。角度传感器由角码盘和解码、读出电路组成。角码盘与跟踪架的转轴刚性连接，分别与方位轴和俯仰轴相连的两个角度传感器给出跟踪架方位和俯仰的精确角数据。

人物介绍

1. 梅曼

西奥多·梅曼(Theodore H. Maiman,1927 年 7 月 11 日—2007 年 5 月 5 日),出生于美国加利福尼亚州洛杉矶的一个普通家庭,父亲希望他成为一名医生,但他认为激光的研究将对医学产生更大的影响。

1955 年,梅曼获得斯坦福大学博士学位,师从 1955 年诺贝尔物理学奖得主威利斯·兰姆(Willis E. Lamb),毕业后进入休斯飞机公司(Hughes Aircraft Company)工作。在全世界著名实验室都在争取第一个发明激光器的情况下,梅曼依然坚持进行激光器研究。

1960 年 5 月 15 日,梅曼成功研制了世界上第一台波长为 694.3 nm 的红宝石激光器,如图 9-6 所示。他将直径为 1 cm、长度为 2 cm 的红宝石两端先镀上银膜,在其一端开个小孔让激光输出,将红宝石晶体放在螺旋氙闪光灯中,然后将它们放进高反射的圆筒内,最终得到了相干脉冲激光光束,这一成果后来震惊了全世界。这是人类有史以来获得的第一束激光,梅曼也因此成为世界上第一个将激光引入实用领域的科学家。

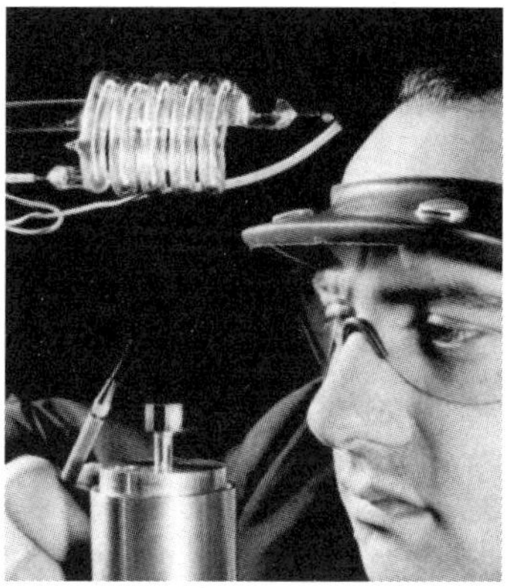

图 9-6　梅曼与第一台红宝石激光器

在红宝石激光器的研制过程中,梅曼遇到过各种各样的困难,如将激射从微波提高到光波,波长要缩短至 1/10000 等。此外,梅曼的研究条件也相当艰苦,其他实验室都是团队作战,经费从 50 万到 100 万美元不等,而梅曼几乎是单枪匹马,仅有 5 万美元经费加上 9 个月的时间,梅曼靠着自己的精打细算和加倍努力克服了科研条件上的困难。不仅如此,梅曼还承受着强大的舆论压力。在激光器还未研制成功前,公司内的流言蜚语不断向他涌来。休斯人质疑:公司投资研究激光值得吗?谁知道他能不能做出激光来?大科学家肖洛说过红宝石不能产生激光,他的技术路线是错误的。这些质疑声音不但没有吓倒梅曼,反而使他信念更加坚定。梅曼身上深厚的理论基础、敢于质疑权威的勇气和为科学献身的精神,让我们看到了一个科学家应该具备的优秀品质。

终其一生,梅曼曾两度获得诺贝尔奖提名,并获得过富兰克林学会、美国物理学会和美国光学学会、以色列沃尔夫基金会、日本国际科学技术财团所颁发的多个奖项，于 1984 年入选“美国国家发明家名人堂”(National Inventors Hall of Fame)，是美国国家科学院和美国国家工程院的院士。在《自然》期刊一百周年纪念的一本书中，诺贝尔物理学奖得主汤斯将梅曼的论文称为该杂志 100 年来发表的所有精彩论文中“最重要的一篇”。

2. 王之江

王之江(1930 年 11 月 21 日—)，中国物理学家，中国科学院院士，中国科学院上海光学精密机械研究所研究员、博士生导师，主要从事光学设计、激光科学技术研究。

王之江于 1952 年从大连大学工学院物理系提前毕业，来到长春参与创办中国科学院仪器馆(现中国科学院长春光学精密机械与物理研究所)。王之江在国内率先研制电子显微镜、高温金相显微镜、多臂投影仪、大型光谱仪、万能工具显微镜、晶体谱仪、高精度经纬仪、光电测距仪等 8 种具有代表性的精密仪器和一系列新品种光学玻璃，开创了我国自行研制光学精密仪器和熔炼光学玻璃的历史。他在 20 世纪 60 年代出版了《光学设计理论基础》一书，形成了全新的完整的理论体系，奠定了中国光学设计理论的基石。在光学设计方面，他不仅发展了像差理论和像质评价理论，还完成了大批光学系统设计。

1960 年，世界上出现了第一台激光器后不久，王之江就在《科学通讯》撰文，阐述激光问世的科学意义及其发展前景，这也是我国有关激光的第一篇论文。紧接着，仅用 10 个月的时间，结构上更为创新的中国第一台激光器，就在王之江的领导下诞生了，如图 9-7 所示。虽比国外同类型激光器的问世迟了近一年，但这台激光器在许多方面有其自身的特色，特别是在激发方式上，比国外激光器具有更高的激发效率，这表明我国激光技术在当时已达到世界先进水平。彼时年方而立的他，俨然成为中国激光事业的开拓者，被公认为“中国激光之父”。

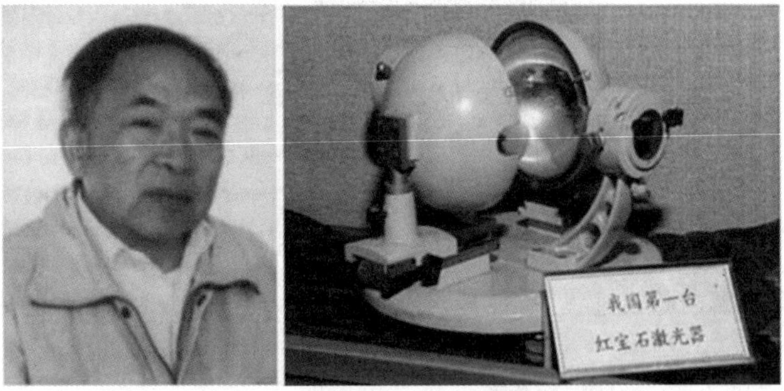

图 9-7　王之江与中国第一台红宝石激光器

1964 年，王之江参加中国科学院上海光学精密机械研究所的创建工作。上海光学精密机械研究所成立后，兵分两路，一路由邓锡铭牵头研究激光核聚变，另一路由王之江率领研究激光武器。他于 1978 年至 1984 年担任中国科学院上海光学精密机械研究所副所长，1984 年至 1992 年担任中国科学院上海光学精密机械研究所所长，1988 年当选为美国光学学会特别会员，1991 年当选为中国科学院学部委员(现称中国科学院院士)，1997 年获得何梁何利基金科学与技术进步奖。

王之江领导中国激光、光电子学研究，相继在多个领域取得了突破性成果：他关于某些激光重大应用对亮度要求的判断，使工作避免了盲目性，对中国激光科学技术起到了积极作用；他倡议和具体领导了中国“七五”国家科技攻关中激光浓缩铀项目；他对中国光信息处理和光计算起到了倡导作用；他领导完成的高能量高亮度钕玻璃激光系统，至今仍是这类器件的最高水平，其中解决的一系列理论及工艺问题，对我国激光科学技术起到了开拓作用；20 世纪 80 年代，他又领导建成我国第一台拉曼自由电子激光器，并领导国家重大项目激光同位素分离的研究任务，建成大型激光-光学链系统……王之江的学生们说：“他研究成果中的任何一项，都足以荣耀于世。”

习　题

9-1　计算氢原子第一激发态的自发辐射系数。

9-2　计算氢原子光谱 Lyman 线系的头两条谱线 Ly-α 和 Ly-β 的强度比。

第10章 散射理论

一个粒子与某原子系统相遇或者碰撞，偏转一定角度后射出，该过程称为散射(scattering)。在物理学中，散射实验是研究物质微观结构的重要手段，对近代物理学的发展起到了举足轻重的作用。

1909年，汉斯·盖革(Hans Geiger)和恩斯特·马斯登(Ernest Marsden)在卢瑟福的指导下在英国曼彻斯特大学做了著名的α粒子大角度散射实验。实验用准直的α射线轰击金箔，发现绝大多数的α粒子都直接穿过薄金箔，偏转很小，但有少数α粒子发生了角度比汤姆孙模型所预言的大得多的偏转，甚至观察到极少数的α粒子发生接近180°的大角度散射，与汤姆孙的奶酪模型有较大出入。1911年，卢瑟福提出原子的有核模型(又称原子的核式结构模型)，全部正电荷和质量集中在中心形成原子核，电子围绕原子核运动，由此导出α粒子散射公式，解释了α粒子的大角度散射。此实验开创了原子结构研究的先河，为建立现代原子核理论打下了基础。

1923年，美国物理学家康普顿在研究X射线通过实物物质发生散射的实验时发现了新的现象，即散射光中除了有和原波长λ_0相同的谱线外，还产生了$\lambda>\lambda_0$的谱线；波长的改变量$\Delta\lambda=\lambda-\lambda_0$随散射角$\varphi$(散射方向和入射方向之间的夹角)的增大而增加；对于不同元素的散射物质，在同一散射角下，波长的改变量$\Delta\lambda$相同，波长为λ的散射光强度随散射物原子序数的增加而减小。这种现象称为康普顿效应(Compton effect)。用经典电磁理论来解释康普顿效应时遇到了困难。康普顿借助爱因斯坦的光量子理论，从光子与电子碰撞的角度对此实验现象进行了圆满地解释，成功验证了光的波粒二象性。康普顿的学生，从中国赴美留学的吴有训对康普顿效应的进一步研究和检验做出了杰出的贡献，他除了针对杜安的否定做了许多有说服力的实验外，还证实了康普顿效应的普遍性。

因此，在微观物理学中，人们通过各种类型的散射实验来研究粒子之间的相互作用及其内部结构。本章将研究与散射相关的问题，并将上述结论总结形成散射理论。不同于作为求解束缚态问题的能量本征值和本征函数的近似方法——微扰理论，散射理论是求解非束缚态问题的近似方法。散射理论要解决的不是能量本征值和本征函数问题，它主要研究散射过程中被散射粒子的角分布、角关联等问题。

【知识目标】

1. 掌握散射的经典力学和量子力学描述；
2. 理解玻恩近似；
3. 理解并掌握全同粒子散射。

【能力目标】

能够理解和掌握散射的经典力学描述与量子力学描述的区别，并运用到微观粒子散射问题中。

【素质目标】

能够掌握全同粒子散射问题的逻辑推理方法，并将分析方法运用到实际复杂工程问题中。

10.1　散射现象

粒子的散射过程是一个具有确定动量的粒子射向靶粒子，与靶粒子碰撞的过程。入射粒子与靶粒子的相互作用发生在很小的空间区域和很短的时间内，入射粒子在散射前后都处于自由粒子状态。换句话说，散射过程是一个自由状态的粒子被另一个粒子的势场散射后变成另一种自由状态的过程。

如果在两个粒子的散射过程中没有能量交换，则称这种散射为弹性散射（elastic scattering），反之则称为非弹性散射（inelastic scattering）。本章主要讨论弹性散射。

10.1.1　散射的经典力学描述——散射截面

在实际的散射实验中，假设一束速度为 v 的粒子入射（见图 10-1），与其他粒子碰撞并发生偏转，沿着一定方向(θ,φ)散射，若单位时间内通过单位横截面的粒子数为 N_0，单位时间内发生散射的粒子数为 N，在单位立体角 $\mathrm{d}\Omega$ 内散射的粒子数为 $\mathrm{d}N$。显然，$\mathrm{d}N$ 与 N_0 成正比，即

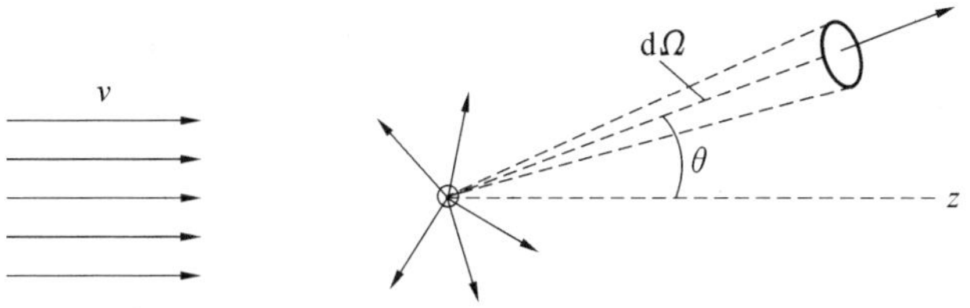

图 10-1　粒子散射示意图

$$\mathrm{d}N = N_0\sigma(\theta,\varphi)\mathrm{d}\Omega \tag{10-1}$$

则

$$N = \int \mathrm{d}N = \int N_0\sigma(\theta,\varphi)\mathrm{d}\Omega = N_0\sigma_{总} \tag{10-2}$$

其中，$\sigma(\theta,\varphi)$与 $\sigma_{总}$ 具有面积的量纲，称 $\sigma(\theta,\varphi)$为散射截面（scattering cross section），它与立体角所处的方向有关，而称 $\sigma_{总}$ 为总散射截面（total scattering cross section），满足

$$\sigma_{总} = \int \sigma(\theta,\varphi)\mathrm{d}\Omega = \int_0^{\pi}\sigma(\theta,\varphi)\sin\theta\mathrm{d}\theta\int_0^{2\pi}\mathrm{d}\varphi \tag{10-3}$$

在散射实验中，将实验测得的 N_0 和 $\mathrm{d}N/\mathrm{d}\Omega$ 代入式（10-1），则可以计算得到散射截面$\sigma(\theta,\varphi)$的实验值，再利用式（10-3）计算得到总散射截面 $\sigma_{总}$ 的实验值。将散射理论建立的计算$\sigma(\theta,\varphi)$的理论方法与实验方法进行比较，深入研究散射作用势 $V(r)$的性质。

需要强调的是，无论是散射的经典力学的描述还是量子力学的描述，散射截面都是一个统计概念。为了得到较好的统计性，往往要求入射粒子束流强度较大，使单位时间内记录下的散

射粒子数较大，但又要求入射粒子束流不可太强，以保证入射粒子束中各粒子之间的相互作用可不必考虑。

10.1.2 散射的量子力学描述——散射波函数

假设发生弹性散射，即两个粒子的内部没有改变，则可以将散射的两体问题近似为单体问题来处理。

根据量子力学的微观粒子波粒二象性，入射的粒子可以近似用一个平面波来表示，假设粒子沿 z 轴方向入射，则波函数为

$$\Psi_i = \mathrm{e}^{ikz} \tag{10-4}$$

根据态叠加原理，散射过程的总状态波函数可以表示成入射波函数 Ψ_i 与散射波函数 Ψ_s 的线性叠加，即

$$\Psi = \Psi_i + \Psi_s = \mathrm{e}^{ikz} + \Psi_s \tag{10-5}$$

弹性散射遵守能量守恒定律，波函数 Ψ 满足定态薛定谔方程，即

$$\left[-\frac{\hbar^2}{2\mu}\nabla^2 + V(r)\right]\Psi = E\Psi \tag{10-6}$$

式中，$E=\dfrac{p^2}{2\mu}=\dfrac{\hbar^2k^2}{2\mu}$。通常，散射作用势 $V(r)$ 作用在有限空间内，当 $r\to\infty$ 时，$V(r)\to 0$，此时薛定谔方程(10-6)退化为自由粒子方程，即

$$\nabla^2\Psi + k^2\Psi \approx 0 \quad (r\to\infty) \tag{10-7}$$

入射波 Ψ_i 是式(10-7)的一个严格解。$r\to\infty$ 处，散射波 Ψ_s 是式(10-7)的一个近似解，并由散射中心($r=0$)向外传递球面波，即

$$\Psi_s \sim f(\theta,\varphi)\frac{\mathrm{e}^{ikr}}{r} \quad (r\to\infty) \tag{10-8}$$

式中，$f(\theta,\varphi)$ 称为散射振幅(scattering amplitude)，它与方向(θ,φ)有关。根据式(10-8)，当 $r\to\infty$ 时，散射粒子又回归到自由运动的状态。

10.2 玻恩近似

由上节可得到，粒子被势场 $V(r)$ 散射的问题，归结为求解薛定谔方程

$$(\nabla^2 + k^2)\Psi(\boldsymbol{r}) = \frac{2\mu}{\hbar^2}V(\boldsymbol{r})\Psi(\boldsymbol{r}) \tag{10-9}$$

在边界条件

$$\Psi(\boldsymbol{r}) \xrightarrow{r\to\infty} \mathrm{e}^{i\boldsymbol{k}\cdot\boldsymbol{r}} + f(\theta,\varphi)\frac{\mathrm{e}^{ikr}}{r} \tag{10-10}$$

下的解。由所求得的解 $\Psi(\boldsymbol{r})$，最后求出散射振幅 $f(\theta,\varphi)$ 和散射截面 $\sigma(\theta,\varphi)$。

定义 Green 函数 $G(\boldsymbol{r},\boldsymbol{r}')$，满足

$$(\nabla^2 + k^2)G(\boldsymbol{r},\boldsymbol{r}') = \delta^3(\boldsymbol{r}-\boldsymbol{r}') \tag{10-11}$$

可以证明

$$\Psi(\boldsymbol{r}) = \frac{2\mu}{\hbar^2}\int G(\boldsymbol{r},\boldsymbol{r}')V(\boldsymbol{r}')\Psi(\boldsymbol{r}')\mathrm{d}^3\boldsymbol{r}' \tag{10-12}$$

满足薛定谔方程(10-9)。因此,式(10-9)的解可以表示为

$$\Psi(\boldsymbol{r}) = \Psi^{(0)}(\boldsymbol{r}) + \frac{2\mu}{\hbar^2}\int G(\boldsymbol{r},\boldsymbol{r}')V(\boldsymbol{r}')\Psi(\boldsymbol{r}')\mathrm{d}^3 r' \tag{10-13}$$

其中,$\Psi^{(0)}(\boldsymbol{r})$是奇次方程$(\boldsymbol{\nabla}^2+k^2)\Psi(\boldsymbol{r})=0$ 的解,即 $V(r)=0$ 处的解,可用入射波函数代替。因此,式(10-13)可以表示为

$$\Psi(\boldsymbol{r}) = \mathrm{e}^{\mathrm{i}\boldsymbol{k}\cdot\boldsymbol{r}} + \frac{2\mu}{\hbar^2}\int G(\boldsymbol{r},\boldsymbol{r}')V(\boldsymbol{r}')\Psi(\boldsymbol{r}')\mathrm{d}^3\boldsymbol{r}' \tag{10-14}$$

式(10-14)称为 Lippmann-Schwinger 方程。

首先,通过解方程(10-11),求得 Green 函数 $G(\boldsymbol{r},\boldsymbol{r}')$。

根据方程(10-11)的空间平移不变性,$G(\boldsymbol{r},\boldsymbol{r}')$可以表示为

$$G(\boldsymbol{r},\boldsymbol{r}') = G(\boldsymbol{r}-\boldsymbol{r}') \tag{10-15}$$

其傅里叶变换为

$$G(\boldsymbol{r}-\boldsymbol{r}') = \int g(\boldsymbol{q})\mathrm{e}^{\mathrm{i}\boldsymbol{q}\cdot(\boldsymbol{r}-\boldsymbol{r}')}\mathrm{d}^3\boldsymbol{q} \tag{10-16}$$

把式(10-16)代入方程(10-11)中,得

$$(\boldsymbol{\nabla}^2 + k^2)\int g(\boldsymbol{q})\mathrm{e}^{\mathrm{i}\boldsymbol{q}\cdot(\boldsymbol{r}-\boldsymbol{r}')}\mathrm{d}^3\boldsymbol{q} = \delta^3(\boldsymbol{r}-\boldsymbol{r}') \tag{10-17}$$

因为

$$\boldsymbol{\nabla}^2\mathrm{e}^{\mathrm{i}\boldsymbol{q}\cdot(\boldsymbol{r}-\boldsymbol{r}')} = -q^2\mathrm{e}^{\mathrm{i}\boldsymbol{q}\cdot(\boldsymbol{r}-\boldsymbol{r}')} \tag{10-18}$$

$$\delta^3(\boldsymbol{r}-\boldsymbol{r}') = \frac{1}{(2\pi)^3}\int \mathrm{e}^{\mathrm{i}\boldsymbol{q}\cdot(\boldsymbol{r}-\boldsymbol{r}')}\mathrm{d}^3\boldsymbol{q} \tag{10-19}$$

方程(10-17)变为

$$(-q^2 + k^2)g(\boldsymbol{q}) = \frac{1}{(2\pi)^3} \tag{10-20}$$

则

$$g(\boldsymbol{q}) = -\frac{1}{(2\pi)^3}\frac{1}{q^2-k^2} \tag{10-21}$$

把 $g(\boldsymbol{q})$代入方程(10-16),得

$$G(\boldsymbol{r}-\boldsymbol{r}') = -\frac{1}{(2\pi)^3}\int \frac{1}{q^2-k^2}\mathrm{e}^{\mathrm{i}q|\boldsymbol{r}-\boldsymbol{r}'|}\mathrm{d}^3\boldsymbol{q} \tag{10-22}$$

因在 q 空间中,被积函数的体积元 $\mathrm{d}^3\boldsymbol{q}=q^2\mathrm{d}q\sin\theta\mathrm{d}\theta\mathrm{d}\varphi$,则上式变为

$$\begin{aligned} G(\boldsymbol{r}-\boldsymbol{r}') &= -\frac{1}{(2\pi)^3}\int_0^{+\infty}\int_0^{\pi}\int_0^{2\pi}\frac{\mathrm{e}^{\mathrm{i}q|\boldsymbol{r}-\boldsymbol{r}'|\cos\theta}}{q^2-k^2}q^2\mathrm{d}q\sin\theta\mathrm{d}\theta\mathrm{d}\varphi \\ &= \frac{1}{(2\pi)^3}\int_0^{+\infty}q^2\mathrm{d}q\int_0^{\pi}\frac{\mathrm{e}^{\mathrm{i}q|\boldsymbol{r}-\boldsymbol{r}'|\cos\theta}}{q^2-k^2}\mathrm{d}(\cos\theta)\int_0^{2\pi}\mathrm{d}\varphi \\ &= \frac{1}{4\pi^2\mathrm{i}|\boldsymbol{r}-\boldsymbol{r}'|}\int_{-\infty}^{+\infty}\frac{q\mathrm{e}^{\mathrm{i}q|\boldsymbol{r}-\boldsymbol{r}'|}}{q^2-k^2}\mathrm{d}q \end{aligned} \tag{10-23}$$

式(10-23)具有两个极点,即 $q=\pm k$,利用留数定理求解该积分式,求得 Green 函数为

$$G(\boldsymbol{r}-\boldsymbol{r}') = -\frac{e^{ik|\boldsymbol{r}-\boldsymbol{r}'|}}{4\pi|\boldsymbol{r}-\boldsymbol{r}'|} \tag{10-24}$$

将式(10-24)代入式(10-14),得

$$\Psi(\boldsymbol{r}) = e^{i\boldsymbol{k}\cdot\boldsymbol{r}} - \frac{\mu}{2\pi\hbar^2}\int \frac{e^{ik|\boldsymbol{r}-\boldsymbol{r}'|}}{|\boldsymbol{r}-\boldsymbol{r}'|}V(\boldsymbol{r}')\Psi(\boldsymbol{r}')d^3\boldsymbol{r}' \tag{10-25}$$

式(10-25)就是满足渐近条件的式(10-10)的解。由于积分内含有待求解的未知函数 $\Psi(\boldsymbol{r}')$,因此需要采用适当的近似方法进一步求解 $\Psi(\boldsymbol{r}')$,即玻恩近似(Born approximation)。

与束缚态的微扰理论相似,玻恩近似把入射粒子与靶粒子的散射作用势 $V(r)$看作微扰,然后逐级近似求解。

如把入射粒子与靶粒子的相互作用 $V(r)$看成微扰,哈密顿算符可表示为

$$\hat{H} = \hat{H}_0 + \hat{H}' = \hat{H}_0 + V(r) \tag{10-26}$$

其中,$\hat{H}_0 = -\frac{\hbar^2}{2\mu}\nabla^2$ 为散射作用前入射粒子的动能,相应的波函数为

$$\Psi^{(0)}(\boldsymbol{r}) = e^{i\boldsymbol{k}\cdot\boldsymbol{r}} \tag{10-27}$$

此外,$\hat{H}'=V(\boldsymbol{r})=\lambda\hat{H}^{(1)}$ 为微扰项,其中 λ 是一个表征微扰程度的很小的实参数。

因此,被积函数中的 $\Psi(\boldsymbol{r}')$可以看作 λ 的函数,即

$$\Psi(\boldsymbol{r}') = \Psi^{(0)}(\boldsymbol{r}') + \lambda\Psi^{(1)}(\boldsymbol{r}') + \lambda^2\Psi^{(2)}(\boldsymbol{r}') + \cdots \tag{10-28}$$

根据玻恩近似,利用 $\Psi(\boldsymbol{r}')$的零级近似 $\Psi^{(0)}(\boldsymbol{r}')$来代替 $\Psi(\boldsymbol{r}')$,即

$$\Psi(\boldsymbol{r}') \approx \Psi^{(0)}(\boldsymbol{r}') = e^{i\boldsymbol{k}\cdot\boldsymbol{r}'} \tag{10-29}$$

则式(10-25)化简为

$$\Psi(\boldsymbol{r}) = e^{i\boldsymbol{k}\cdot\boldsymbol{r}} - \frac{\mu}{2\pi\hbar^2}\int \frac{e^{ik|\boldsymbol{r}-\boldsymbol{r}'|}}{|\boldsymbol{r}-\boldsymbol{r}'|}V(\boldsymbol{r}')e^{i\boldsymbol{k}\cdot\boldsymbol{r}'}d^3\boldsymbol{r}' \tag{10-30}$$

此即散射问题的玻恩一级近似解。

根据它在 $r\to\infty$的渐近行为,因为 $V(\boldsymbol{r}')$只在空间一个小区域(力程范围内)不为 0,故$|\boldsymbol{r}-\boldsymbol{r}'|$的值可以用 $r\to\infty$时的值代替:

$$|\boldsymbol{r}-\boldsymbol{r}'| = (r^2 - 2\boldsymbol{r}\cdot\boldsymbol{r}' + r'^2)^{\frac{1}{2}} \approx r\left(1-\frac{\boldsymbol{r}\cdot\boldsymbol{r}'}{\boldsymbol{r}^2}\right) \tag{10-31}$$

因此,取$\frac{1}{|\boldsymbol{r}-\boldsymbol{r}'|}\approx\frac{1}{r}$,$e^{ik|\boldsymbol{r}-\boldsymbol{r}'|}=e^{ikr\left(1-\frac{\boldsymbol{r}\cdot\boldsymbol{r}'}{r^2}\right)}=e^{ikr-i\boldsymbol{k}_s\cdot\boldsymbol{r}}$,其中,散射波的波矢量 $\boldsymbol{k}_s=k\frac{\boldsymbol{r}}{r}$,对于弹性散射,$|\boldsymbol{k}|=|\boldsymbol{k}_s|=k$。代入式(10-30),得

$$\Psi(\boldsymbol{r}) \xrightarrow{r\to\infty} e^{i\boldsymbol{k}\cdot\boldsymbol{r}} - \frac{\mu e^{i\boldsymbol{k}\cdot\boldsymbol{r}}}{2\pi\hbar^2 r}\int e^{[-i(\boldsymbol{k}_s-\boldsymbol{k})\cdot\boldsymbol{r}']}V(\boldsymbol{r}')d^3\boldsymbol{r}' \tag{10-32}$$

式(10-32)与式(10-10)比较,得

$$f(\theta,\varphi) = -\frac{\mu}{2\pi\hbar^2}\int e^{-i\boldsymbol{q}\cdot\boldsymbol{r}'}V(\boldsymbol{r}')d^3\boldsymbol{r}' \tag{10-33}$$

式中,$\boldsymbol{q}=\boldsymbol{k}_s-\boldsymbol{k}$。

由图 10-2 得,散射角 θ 是 $\boldsymbol{k}_s$ 与 $\boldsymbol{k}$ 间的夹角,且 $q=2k\sin\frac{\theta}{2}$。k 与 θ 愈大,则动量转移 $\hbar q$ 愈大。若 V 是中心力场(或关于入射方向具有轴对称性),则散射振幅 f 与 φ 角无关。计算式(10-33)的积分时,可选择 q 方向为 z'轴方向,采用球坐标系可得出

$$f(\theta) = -\frac{2\mu}{\hbar^2 q}\int_0^{+\infty} r' V(r') \sin(\boldsymbol{q} \cdot \boldsymbol{r}') \mathrm{d}r' \tag{10-34}$$

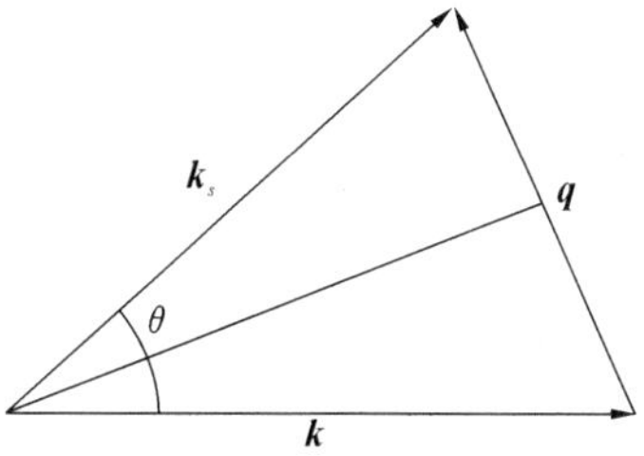

图 10-2　弹性散射示意图

f 还与入射粒子能量有关系，在式(10-33)和式(10-34)中未明显标记出来。

散射截面为

$$\sigma(\theta) = |f(\theta)|^2 = \frac{4\mu^2}{\hbar^4 q^2}\left|\int_0^{+\infty} r' V(r') \sin(\boldsymbol{q} \cdot \boldsymbol{r}') \mathrm{d}r'\right|^2 \tag{10-35}$$

式(10-34)和式(10-35)是在玻恩近似下的散射振幅和散射截面公式。可以看出，q 愈大，则$\sigma(\theta)$愈小，即入射粒子受到势场 $V(r)$的影响愈小，对于高能入射粒子(k 很大)，大部分粒子以较小散射角散射。

10.3　分波法

本节将介绍在中心力场作用下，粒子散射截面的另一种近似处理方法——分波法(partial wave method)。对于低能散射问题，分波法是一个极为方便的近似处理方法。

对于势场为中心力场 $V(\boldsymbol{r})$的情况，由于在中心力场中，$\hat{L}^2$ 和 $\hat{L}_z$ 守恒，而且散射波对散射轴(z 轴)是旋转对称的，散射粒子的角分布与 φ 角无关，如图 10-3 所示。

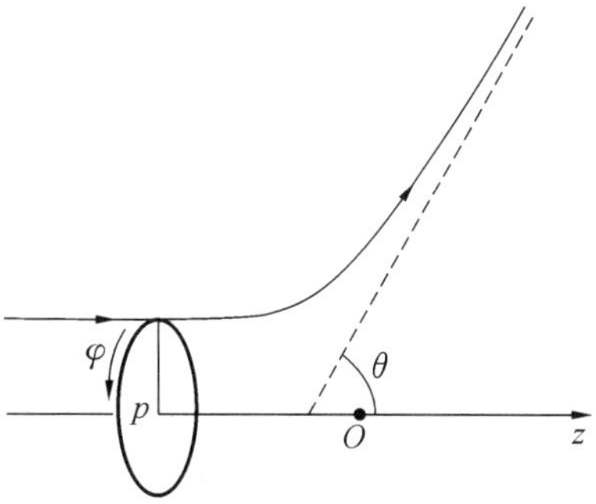

图 10-3　中心力场下散射示意图

对于弹性散射，求解满足渐近条件

$$\Psi(\boldsymbol{r},\theta) \xrightarrow{r \to \infty} \mathrm{e}^{\mathrm{i}kr\cos\theta} + f(\theta)\frac{\mathrm{e}^{\mathrm{i}kr}}{r} \tag{10-36}$$

的定态薛定谔方程

$$\left[-\frac{\hbar^2}{2\mu}\frac{1}{r^2}\frac{\partial}{\partial r}\left(r^2\frac{\partial}{\partial r}\right)-\frac{\hat{L}^2}{2\mu r^2}\right]\Psi(\boldsymbol{r},\theta)+V(\boldsymbol{r})\Psi(\boldsymbol{r},\theta)=E\Psi(\boldsymbol{r},\theta) \tag{10-37}$$

薛定谔方程的解可以表示为

$$\Psi(\boldsymbol{r},\theta)=\sum_{l=0}^{+\infty}R_l(r)\mathrm{P}_l(\cos\theta) \tag{10-38}$$

其中,$\Psi(\boldsymbol{r},\theta)$的展开式中的每一项代表具有确定 l 值的分波(partial wave)。换言之,散射波幅 $\Psi(\boldsymbol{r},\theta)$可表示为各分波散射波幅 $R_l(r)$的叠加。对于弹性散射,各分波的幅度不会改变,只有相位改变,符合粒子数守恒。

式(10-38)中的 $R_l(r)$满足径向方程

$$\frac{1}{r^2}\frac{\mathrm{d}}{\mathrm{d}r}\left(r^2\frac{\mathrm{d}R_l}{\mathrm{d}r}\right)+\left[k^2-U(\boldsymbol{r})-\frac{l(l+1)}{r^2}\right]R_l(r)=0 \tag{10-39}$$

其中

$$k^2=\frac{2\mu E}{\hbar^2},\quad U(\boldsymbol{r})=\frac{2\mu}{\hbar^2}V(\boldsymbol{r}) \tag{10-40}$$

根据渐近条件式(10-36),在 $r\to\infty$时,有

$$\lim_{r\to\infty}U(\boldsymbol{r})=0,\quad \lim_{r\to\infty}\frac{l(l+1)}{r^2}=0 \tag{10-41}$$

因此,在 $r\to\infty$时径向方程(10-39)化为如下渐近方程:

$$\frac{1}{r^2}\frac{\mathrm{d}}{\mathrm{d}r}\left(r^2\frac{\mathrm{d}R_l}{\mathrm{d}r}\right)+k^2R_l(r)=0 \tag{10-42}$$

设

$$\xi_l(r)=rR_l(r) \tag{10-43}$$

则方程(10-42)化简为

$$\frac{\mathrm{d}^2\xi_l(r)}{\mathrm{d}r^2}+k^2\xi_l(r)=0 \tag{10-44}$$

求解方程(10-44),其解为

$$\xi_l(r)=A_l'\sin(kr+\delta_l') \tag{10-45}$$

将式(10-45)代入式(10-43),得

$$\begin{aligned}R_l(r)&=\frac{\xi_l(r)}{r}=\frac{A_l'\sin(kr+\delta_l')}{r}\\&=\frac{kA_l'}{kr}\sin\left(kr-\frac{1}{2}l\pi+\delta_l'+\frac{1}{2}l\pi\right)\\&=\frac{A_l}{kr}\sin\left(kr-\frac{1}{2}l\pi+\delta_l\right)\end{aligned} \tag{10-46}$$

其中

$$A_l=kA_l',\quad \delta_l=\delta_l'+\frac{1}{2}l\pi \tag{10-47}$$

因此,得到散射波函数 $\Psi(\boldsymbol{r},\theta)$的渐近解为

$$\Psi(\boldsymbol{r},\theta)\xrightarrow{r\to\infty}\sum_{l=0}^{+\infty}\frac{A_l}{kr}\sin\left(kr-\frac{1}{2}l\pi+\delta_l\right)\mathrm{P}_l(\cos\theta) \tag{10-48}$$

$$e^{i\boldsymbol{k}\cdot\boldsymbol{r}} = e^{ikr\cos\theta} = \sum_{l=0}^{+\infty}(2l+1)i^l j_l(kr)P_l(\cos\theta) \tag{10-49}$$

其中，l 阶球贝塞尔函数 $j_l(kr)$ 在 $r\to\infty$ 时的渐近行为为

$$j_l(kr) \xrightarrow{r\to\infty} \frac{1}{kr}\sin\left(kr-\frac{1}{2}l\pi\right) \tag{10-50}$$

因此，在 $r\to\infty$ 时，式(10-36)变为

$$\Psi(\boldsymbol{r},\theta) = \sum_{l=0}^{+\infty}(2l+1)i^l \frac{1}{kr}\sin\left(kr-\frac{1}{2}l\pi\right)P_l(\cos\theta)+f(\theta)\frac{e^{ikr}}{r} \tag{10-51}$$

式(10-48)与式(10-51)都是散射波函数在 $r\to\infty$ 时的渐近解，应相等，因此有

$$\begin{aligned}&\sum_{l=0}^{+\infty}(2l+1)i^l \frac{1}{kr}\sin\left(kr-\frac{1}{2}l\pi\right)P_l(\cos\theta)+f(\theta)\frac{e^{ikr}}{r}\\ &= \sum_{l=0}^{+\infty}\frac{A_l}{kr}\sin\left(kr-\frac{1}{2}l\pi+\delta_l\right)P_l(\cos\theta)\end{aligned} \tag{10-52}$$

利用

$$\begin{aligned}\sin\left(kr-\frac{1}{2}l\pi\right) &= \frac{1}{2i}\left(e^{ikr-\frac{i}{2}l\pi}-e^{-ikr+\frac{i}{2}l\pi}\right)\\ \sin\left(kr-\frac{1}{2}l\pi+\delta_l\right) &= \frac{1}{2i}\left(e^{ikr-\frac{i}{2}l\pi+i\delta_l}-e^{-ikr+\frac{i}{2}l\pi-i\delta_l}\right)\end{aligned} \tag{10-53}$$

式(10-52)可改写为

$$\begin{aligned}&e^{ikr}\left\{2kif(\theta)+\sum_{l=0}^{+\infty}(2l+1)i^l e^{-\frac{i}{2}l\pi}P_l(\cos\theta)-\sum_{l=0}^{+\infty}A_l e^{i\left(\delta_l-\frac{1}{2}l\pi\right)}P_l(\cos\theta)\right\}\\ &+e^{-ikr}\left\{\sum_{l=0}^{+\infty}(2l+1)i^l e^{\frac{i}{2}l\pi}P_l(\cos\theta)-\sum_{l=0}^{+\infty}A_l e^{-i\left(\delta_l-\frac{1}{2}l\pi\right)}P_l(\cos\theta)\right\}=0\end{aligned}$$

由此可得

$$2kif(\theta)+\sum_{l=0}^{+\infty}(2l+1)i^l e^{-\frac{i}{2}l\pi}P_l(\cos\theta) = \sum_{l=0}^{+\infty}A_l e^{i\left(\delta_l-\frac{1}{2}l\pi\right)}P_l(\cos\theta) \tag{10-54}$$

$$\sum_{l=0}^{+\infty}(2l+1)i^l e^{\frac{i}{2}l\pi}P_l(\cos\theta) = \sum_{l=0}^{+\infty}A_l e^{-i\left(\delta_l-\frac{1}{2}l\pi\right)}P_l(\cos\theta) \tag{10-55}$$

由式(10-55)得

$$A_l = (2l+1)i^l e^{i\delta_l} = (2l+1)e^{i\left(\delta_l+\frac{1}{2}l\pi\right)}$$

将上式代入式(10-54)得

$$\begin{aligned}f(\theta) &= \frac{1}{2ki}\sum_{l=0}^{+\infty}(2l+1)i^l e^{-\frac{i}{2}l\pi}P_l(\cos\theta)\left(e^{2i\delta_l}-1\right)\\ &= \frac{1}{2ki}\sum_{l=0}^{+\infty}(2l+1)P_l(\cos\theta)\left(e^{2i\delta_l}-1\right)\\ &= \frac{1}{k}\sum_{l=0}^{+\infty}(2l+1)e^{i\delta_l}\sin\delta_l P_l(\cos\theta)\\ &= \sum_l f_l(\theta)\end{aligned} \tag{10-56}$$

式(10-56)中的 δ_l 代表散射波的相位 $kr-\frac{1}{2}l\pi+\delta_l$ 与入射波的相位 $kr-\frac{1}{2}l\pi$ 之差，说明

l 分波的相位改变了 δ_l，散射振幅 $f(\theta)$ 取决于相移 δ_l。

通过散射振幅 $f(\theta)$，可以计算得到散射截面：

$$\begin{aligned}\sigma(\theta) &= |f(\theta)|^2 = \frac{1}{k^2}\left|\sum_{l=0}^{+\infty}(2l+1)\mathrm{e}^{\mathrm{i}\delta_l}\sin\delta_l \mathrm{P}_l(\cos\theta)\right|^2 \\ &= \frac{4\pi}{k^2}\left|\sum_{l=0}^{+\infty}\sqrt{2l+1}\mathrm{e}^{\mathrm{i}\delta_l}\sin\delta_l \mathrm{Y}_l^0(\theta)\right|^2\end{aligned} \tag{10-57}$$

利用球谐函数的正交归一性，可求出总散射截面：

$$\begin{aligned}\sigma_{总} &= \int |f(\theta)|^2 \mathrm{d}\Omega = \int |f(\theta)|^2 \sin\theta\mathrm{d}\theta\mathrm{d}\varphi \\ &= \frac{1}{k^2}\sum_{l,l'}(2l+1)(2l'+1)\mathrm{e}^{\mathrm{i}\delta_l}\mathrm{e}^{-\mathrm{i}\delta_l'}\sin\delta_l\sin\delta_{l'} \\ &\quad \cdot \int_0^{2\pi}\int_0^{\pi}\mathrm{P}_l(\cos\theta)\mathrm{P}_{l'}(\cos\theta)\sin\theta\mathrm{d}\theta\mathrm{d}\varphi \\ &= \frac{2\pi}{k^2}\sum_{l,l'}(2l+1)(2l'+1)\mathrm{e}^{\mathrm{i}\delta_l}\mathrm{e}^{-\mathrm{i}\delta_l'}\sin\delta_l\sin\delta_{l'}\cdot\frac{2\delta_{ll'}}{2l+1} \\ &= \sum_{l=0}^{+\infty}\frac{4\pi}{k^2}(2l+1)\sin^2\delta_l = \sum_{l=0}^{+\infty}\sigma_{总 l}\end{aligned} \tag{10-58}$$

其中

$$\int_0^{\pi}\mathrm{P}_l(\cos\theta)\mathrm{P}_{l'}(\cos\theta)\sin\theta\mathrm{d}\theta = \frac{2\delta_{ll'}}{2l+1} \tag{10-59}$$

$$\sigma_{总 l} = \frac{4\pi}{k^2}(2l+1)\sin^2\delta_l \tag{10-60}$$

由此发现，计算总散射截面 $\sigma_{总}$ 归结为计算各分波的相移 δ_l。当相移 $\delta_l=\left(n+\frac{1}{2}\right)\pi$ 时，$\delta_{总 l}$将达到最大值，其值为

$$(\sigma_{总 l})_{\max} = \frac{4\pi}{k^2}(2l+1) \tag{10-61}$$

称为幺正上限(unitary bound)。

讨论：

(1) 在低能散射(入射粒子的动量 p 较小)过程中，一般只取几个分波($l\sim 0,1$)。设入射波的动量为 p，则粒子的角动量大小为

$$l\hbar \sim pb \quad (b\text{ 为瞄准距离})$$

由于瞄准距离 b 必须在力程 a 之内，则 $l\hbar\leqslant pa$，也就是说 $l\leqslant\frac{pa}{\hbar}$。可见，对于低能散射($p$ 较小)，l 只考虑前几个，如 $l\sim 0,1$。因此，分波法适用于低能散射情况 。

(2) 势场 $V(r)$与相移 δ_l 的关系。

散射波的相位 $\theta=kr-\frac{1}{2}l\pi+\delta_l$，对于确定的 θ，当 $V(r)$为引力势(−)时，$V(r)$阻碍 r 的增加，因此，$\delta_l>0$；当 $V(r)$为排斥势(+)时，粒子的 r 迅速增大，则 $\delta_l<0$。

(3) 光学定理。

由式(10-56)计算散射振幅：

$$f(\theta)=\frac{1}{k}\sum_{l=0}^{+\infty}(2l+1)e^{i\delta_l}\sin\delta_l P_l(\cos\theta)$$
$$=\frac{1}{k}\sum_{l=0}^{+\infty}(2l+1)(\cos\delta_l+i\sin\delta_l)\sin\delta_l P_l(\cos\theta)$$

可知，其虚部为

$$\mathrm{Im}f(\theta)=\frac{1}{k}\sum_{l=0}^{+\infty}(2l+1)\sin^2\delta_l P_l(\cos\theta)$$

当散射角 $\theta=0$ 时，利用 $P_l(\cos\theta)=P_l(1)=1$，得

$$\mathrm{Im}f(0)=\frac{1}{k}\sum_{l=0}^{+\infty}(2l+1)\sin^2\delta_l=\frac{k}{4\pi}\sigma_{总} \tag{10-62}$$

或

$$\sigma_{总}=\frac{4\pi}{k}\mathrm{Im}f(0) \tag{10-63}$$

此即光学定理(optical theorem)，它反映了向前散射($\theta=0$)波幅 $f(0)$ 与总截面之间的关系。这是由于发生散射时，入射束中的粒子必然有一部分沿不同方向传播开去，即有一部分粒子从入射波中移出去，使入射波方向($\theta=0$，即向前散射方向)的散射波幅减弱，因而 $\mathrm{Im}f(0)\neq0$。

光学定理不仅对弹性散射过程是成立的，对非弹性散射过程也同样成立。

10.4　全同粒子散射

本节主要分析两个全同粒子的散射(scattering of identical particles)，例如两个 α 粒子($^4_2$He 的核，自旋为零)的散射或者两个电子(自旋为 1/2)的散射。由于全同粒子的碰撞与散射，具有波函数的交换对称性(对称和反对称)，故全同粒子的散射过程具有不可区分性。为了突出全同粒子散射的特点，本节首先讨论无自旋的不相同粒子的散射，然后讨论无自旋的两个全同粒子的散射，最后讨论自旋为$\frac{1}{2}$的粒子的散射。

10.4.1　无自旋不同粒子的散射

考虑 α 粒子($^4_2$He 的核)与氧原子核 O(^{16}O)的散射，它们的自旋都为零。如图 10-4 所示，采用探测器 D_1 与 D_2 测量质心系中两粒子散射角的分布。图 10-4(a)是在 θ 方向探测器 D_1 测量到 α 粒子，其散射振幅为 $f(\theta)$，微分散射截面为 $|f(\theta)|^2$。而在相反的方向($\pi-\theta$)探测器 D_2 测量到氧原子核 O，其散射振幅为 $f(\pi-\theta)$。在图 10-4(b)中，α 粒子与 O 核散射方向正好互换。O 核在 θ 方向的散射振幅 $f(\theta)$ 与 α 粒子在($\pi-\theta$)方向的散射振幅 $f(\pi-\theta)$ 相同，微分散射截面为 $|f(\pi-\theta)|^2$。因此，作为两个粒子的运动体系，在 θ 方向测得微分散射截面为

$$\sigma(\theta)=|f(\theta)|^2+|f(\pi-\theta)|^2 \tag{10-64}$$

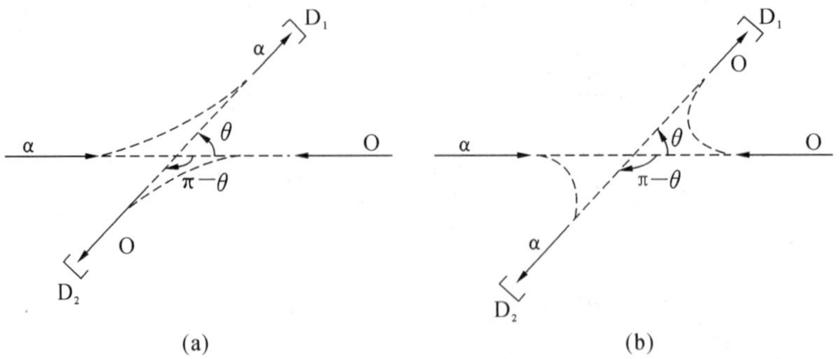

图 10-4　α-O 散射示意图

10.4.2　无自旋全同粒子的散射

以两个 α 粒子的散射为例，α 粒子自旋为零。根据量子力学的全同性原理，无法分辨两个 α 粒子哪个是入射粒子，哪个是靶粒子。在质心系中，考虑波函数的交换对称性，入射波函数沿 z 方向为

$$\Psi_i = e^{ikz} + e^{-ikz}$$

其中，$z=(z_1-z_2)$，是两个粒子相对坐标的 z 分量。描述相对运动的薛定谔方程为

$$\hat{H}\Psi(r) = \left[-\frac{\hbar^2}{2\mu}\nabla^2 + V(r)\right]\Psi(r) = E\Psi(r)$$

其中，r 是相对坐标变量。因为粒子交换时，相当于 $r\to -r, \theta\to\theta-\pi$。对于两个全同粒子，若自旋为零，体系具有波函数的交换对称性，散射后的波函数为

$$\Psi_i \xrightarrow{r\to\infty} e^{ikr\cos\theta} + f(\theta)\frac{e^{ikr}}{r}$$

α 粒子沿着 θ 方向的散射振幅为 $f(\theta)+f(\pi-\theta)$，其散射截面为

$$\begin{aligned}\sigma(\theta) &= |f(\theta)+f(\pi-\theta)|^2 \\ &= |f(\theta)|^2 + |f(\pi-\theta)|^2 + f^*(\theta)f(\pi-\theta) + f(\theta)f^*(\pi-\theta) \\ &= |f(\theta)|^2 + |f(\pi-\theta)|^2 + 2\mathrm{Re}[f^*(\theta)f(\pi-\theta)]\end{aligned} \tag{10-65}$$

式(10-65)中的最后一项是干涉项，这一项的存在，表明全同粒子与不同粒子的散射角分布有所不同。例如，在 $\theta=\pi/2$ 处，其散射截面分别为

全同粒子散射　　$\sigma(\theta) = 4|f(\pi/2)|^2$　　(10-66)

不同粒子散射　　$\sigma(\theta) = 2|f(\pi/2)|^2$　　(10-67)

进一步研究表明：

$$\sigma\left(\frac{\pi}{2}-\gamma\right) = \left|f\left(\frac{\pi}{2}-\gamma\right)+f\left(\frac{\pi}{2}+\gamma\right)\right|^2 = \sigma\left(\frac{\pi}{2}+\gamma\right)\quad(\gamma\text{ 为任意角}) \tag{10-68}$$

全同粒子散射截面(在质心系中)在 $\theta=\pi/2$ 处总是对称的。

10.4.3　自旋为 1/2 的全同粒子的散射

以两个电子的散射为例，电子的自旋为 1/2。对于两个电子交换，波函数是反对称波函

数。由两个电子组成的体系，自旋态有两种，即单态（也称为反对称自旋态，$m_s=0$）与三重态（也称为对称自旋态，$m_s=1$）。

当两个电子处于反对称自旋态（$m_s=0$）时，空间波函数应对称，散射振幅表示为$[f(\theta)+f(\pi-\theta)]$，微分散射截面为

$$\sigma_s(\theta)=|f(\theta)+f(\pi-\theta)|^2 \tag{10-69}$$

当两个电子处于对称自旋态（$m_s=1$）时，散射振幅表示为$[f(\theta)-f(\pi-\theta)]$，微分散射截面为

$$\sigma_a(\theta)=|f(\theta)-f(\pi-\theta)|^2 \tag{10-70}$$

假设入射电子束及靶电子均未极化，即自旋取向是无规则分布，根据统计分析可得，有$\frac{1}{4}$的概率电子处于单态，$\frac{3}{4}$的概率电子处于三重态，因此微分散射截面为

$$\begin{aligned}\sigma(\theta)&=\frac{1}{4}\sigma_s(\theta)+\frac{3}{4}\sigma_a(\theta)=\frac{1}{4}|f(\theta)+f(\pi-\theta)|^2+\frac{3}{4}|f(\theta)-f(\pi-\theta)|^2\\&=|f(\theta)|^2+|f(\pi-\theta)|^2-\frac{1}{2}[f^*(\theta)f(\pi-\theta)+f(\theta)f^*(\pi-\theta)]\end{aligned} \tag{10-71}$$

式(10-71)中的最后一项是干涉项。由此同样可以证明散射截面在 $\theta=\pi/2$ 处是对称的，即式(10-68)成立。

在 $\theta=\pi/2$ 处，微分散射截面为

$$\sigma(\pi/2)=|f(\pi/2)|^2 \tag{10-72}$$

其结果与无自旋不同粒子以及无自旋全同粒子的散射结果都不相同。

习　题

10-1　速度为 v 的粒子束被半径为 a 的刚体球散射，求经典弹性散射截面。

10-2　粒子受到势能为 $U(r)=\frac{a}{r^2}$ 的场的散射，求微分散射截面。

10-3　用玻恩近似法求粒子在势能 $U(r)=U_0\mathrm{e}^{-a^2r^2}$ 场中散射时的散射截面。

10-4　用玻恩近似法求粒子在势能

$$U(r)=\begin{cases}\dfrac{Ze_s^2}{r}-\dfrac{r}{b}, & r<a\\ 0, & r\geqslant a\end{cases}$$

场中散射的微分散射截面，式中 $b=\frac{a^2}{Ze_s^2}$。

参考文献

[1] 褚圣麟.原子物理学[M].北京:高等教育出版社,1979.

[2] WILLMOTT J C.原子物理学[M].李申生,译.北京:高等教育出版社,1985.

[3] 杨福家.原子物理学[M].北京:高等教育出版社,1985.

[4] 黄永义.原子物理学教程[M].西安:西安交通大学出版社,2013.

[5] 郑乐民.原子物理[M].2版.北京:北京大学出版社,2010.

[6] 陈中轩.现代量子力学教程[M].北京:原子能出版社,2000.

[7] 周世勋.量子力学教程[M].北京:高等教育出版社,1979.

[8] 朱栋培.量子力学基础[M].北京:中国科学技术大学出版社,2012.

[9] 曾谨言.量子力学教程[M].北京:科学出版社,2003.

[10] DAVISSON C J,GERMER L H. The scattering of electrons by a single crystal of nickel [J]. Nature,1927,119:558-560.

[11] SCHÖLLKOPFJ W,TOENNIES J P. Nondestructive mass selection of small van der Waals clusters[J]. Science,1994,266:1345-1348.

[12] 苏汝铿.量子力学[M].北京:高等教育出版社,2002.

[13] 钱伯初.量子力学[M].北京:电子工业出版社,2006.

[14] 井孝功.量子力学[M].哈尔滨:哈尔滨工业大学出版社,2004.

[15] 宋鹤山.量子力学[M].大连:大连理工大学出版社,2004.

[16] 索尼娅·费尔南德斯·比达尔,弗兰塞斯克·米拉列斯.邀你共进量子早餐[M].王晋炜,译.北京:人民邮电出版社,2019.

[17] 马兆远.量子大唠嗑[M].北京:中信出版集团股份有限公司,2016.

[18] 朱梓忠.1小时科普量子力学[M].北京:清华大学出版社,2018.

[19] 尤景汉,琚伟伟.量子力学简明教程[M].北京:中国工信出版集团,电子工业出版社,2016.

[20] 李联宁.量子计算机穿越未来世界[M].北京:清华大学出版社,2019.

[21] 布莱恩·克莱格.量子时代[M].张千会,杨桓,唐禾,等译.重庆:重庆出版社,2019.

[22] 布莱恩·克莱格.量子纠缠[M].刘先珍,译.重庆:重庆出版社,2011.

[23] 梁九卿,韦联福.量子物理新进展[M].北京:科学出版社,2011.

[24] 克里斯·伯恩哈特.人人可懂的量子计算[M].邱道之,周旭,萧利刚,等译.北京:机械工业出版社,2020.